高等职业教育"十四五"规划畜牧兽医宠物大类新形态纸数融合教材

动 物 药 理

DONG WU YAO LI

主　编　蔡双双　龚晓玲
副主编　张苗苗　张代涛　石浪涛　申红春　焦　莉
编　者　（按姓氏笔画排序）
　　　　文星星　湖南生物机电职业技术学院
　　　　方金娥　武汉市农业学校
　　　　石浪涛　黄冈职业技术学院
　　　　申红春　恩施职业技术学院
　　　　刘莎莎　娄底职业技术学院
　　　　张代涛　襄阳职业技术学院
　　　　张苗苗　湖北生物科技职业学院
　　　　龚晓玲　湖北省农业广播电视学校
　　　　焦　莉　沧州职业技术学院
　　　　蔡双双　湖北三峡职业技术学院
教改设计指导　余　莉　许　颖
课程思政指导　扬子红　杨大兴

华中科技大学出版社
http://press.hust.edu.cn
中国·武汉

内 容 简 介

本书是高等职业教育"十四五"规划畜牧兽医宠物大类新形态纸数融合教材。

本书内容包括绪论、药物基础知识、兽医临床常用药物的选用、兽医临床常用药物的实用技术,附录部分《兽药管理条例》《兽药生产质量管理规范(2020年修订)》《兽药经营质量管理规范》《兽用处方药和非处方药管理办法》《兽用处方药品种目录(第一批)》《兽用处方药品种目录(第二批)》《兽用处方药品种目录(第三批)》。书中设有对重点、要点的提醒内容,以便学生明确学习重点、巩固所学知识。

本书可作为高等职业院校畜牧兽医及相关专业的教学用书,还可作为从事动物养殖人员、基层畜牧兽医技术人员的参考用书。

图书在版编目(CIP)数据

动物药理/蔡双双,龚晓玲主编. —武汉:华中科技大学出版社,2023.8(2025.1重印)
ISBN 978-7-5680-9714-7

Ⅰ.①动… Ⅱ.①蔡… ②龚… Ⅲ.①兽医学-药理学-高等职业教育-教材 Ⅳ.①S859.7

中国国家版本馆 CIP 数据核字(2023)第 139996 号

动物药理	蔡双双 龚晓玲 主编
Dongwu Yaoli	

策划编辑:罗 伟
责任编辑:郭逸贤 方寒玉
封面设计:廖亚萍
责任校对:朱 霞
责任监印:周治超
出版发行:华中科技大学出版社(中国·武汉)　电　话:(027)81321913
　　　　　武汉市东湖新技术开发区华工科技园　邮　编:430223
录　　排:华中科技大学惠友文印中心
印　　刷:武汉市籍缘印刷厂
开　　本:889mm×1194mm　1/16
印　　张:13.75
字　　数:412千字
版　　次:2025年1月第1版第2次印刷
定　　价:49.80元

本书若有印装质量问题,请向出版社营销中心调换
全国免费服务热线:400-6679-118　竭诚为您服务
版权所有　侵权必究

高等职业教育"十四五"规划畜牧兽医宠物大类新形态纸数融合教材编审委员会

委员（按姓氏笔画排序）

于桂阳	永州职业技术学院	张代涛	襄阳职业技术学院
王一明	伊犁职业技术学院	张立春	吉林农业科技学院
王宝杰	山东畜牧兽医职业学院	张传师	重庆三峡职业学院
王春明	沧州职业技术学院	张海燕	芜湖职业技术学院
王洪利	山东畜牧兽医职业学院	陈 军	江苏农林职业技术学院
王艳丰	河南农业职业学院	陈文钦	湖北生物科技职业学院
方磊涵	商丘职业技术学院	罗平恒	贵州农业职业学院
付志新	河北科技师范学院	和玉丹	江西生物科技职业学院
朱金凤	河南农业职业学院	周启扉	黑龙江农业工程职业学院
刘 军	湖南环境生物职业技术学院	胡 辉	怀化职业技术学院
刘 超	荆州职业技术学院	钟登科	上海农林职业技术学院
刘发志	湖北三峡职业技术学院	段俊红	铜仁职业技术学院
刘鹤翔	湖南生物机电职业技术学院	姜 鑫	黑龙江农业经济职业学院
关立增	临沂大学	莫胜军	黑龙江农业工程职业学院
许 芳	贵州农业职业学院	高德臣	辽宁职业学院
孙玉龙	达州职业技术学院	郭永清	内蒙古农业大学职业技术学院
孙洪梅	黑龙江职业学院	黄名英	成都农业科技职业学院
李 嘉	周口职业技术学院	曹洪志	宜宾职业技术学院
李彩虹	南充职业技术学院	曹随忠	四川农业大学
李福泉	内江职业技术学院	龚泽修	娄底职业技术学院
张 研	西安职业技术学院	章红兵	金华职业技术学院
张龙现	河南农业大学	谭胜国	湖南生物机电职业技术学院

网络增值服务
使用说明

欢迎使用华中科技大学出版社医学资源网 yixue.hustp.com

1 教师使用流程

（1）登录网址：http://yixue.hustp.com（注册时请选择教师用户）

（2）审核通过后，您可以在网站使用以下功能：

下载教学资源　　建立课程　　管理学生　　布置作业　　查询学生学习记录等

2 学员使用流程

（建议学员在PC端完成注册、登录、完善个人信息的操作）

（1）PC端操作步骤

① 登录网址：http://yixue.hustp.com（注册时请选择普通用户）

注册 ▸ 登录 ▸ 完善个人信息

② 查看课程资源：（如有学习码，请在个人中心-学习码验证中先验证，再进行操作）

首页课程 ▸ 课程详情页 ▸ 查看课程资源

（2）手机端扫码操作步骤

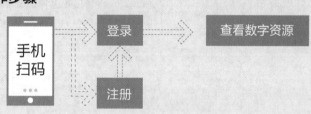

出版说明

随着我国经济的持续发展和教育体系、结构的重大调整,尤其是2022年4月20日新修订的《中华人民共和国职业教育法》出台,高等职业教育成为与普通高等教育具有同等重要地位的教育类型,人们对职业教育的认识发生了本质性转变。作为高等职业教育重要组成部分的农林牧渔类高等职业教育也取得了长足的发展,为国家输送了大批"三农"发展所需要的高素质技术技能型人才。

为了贯彻落实《国家职业教育改革实施方案》《"十四五"职业教育规划教材建设实施方案》《高等学校课程思政建设指导纲要》和新修订的《中华人民共和国职业教育法》等文件精神,深化职业教育"三教"改革,培养适应行业企业需求的"知识、素养、能力、技术技能等级标准"四位一体的发展型实用人才,实践"双证融合、理实一体"的人才培养模式,切实做到专业设置与行业需求对接、课程内容与职业标准对接、教学过程与生产过程对接、毕业证书与职业资格证书对接、职业教育与终身学习对接,特组织全国多所高等职业院校教师编写了这套高等职业教育"十四五"规划畜牧兽医宠物大类新形态纸数融合教材。

本套教材充分体现新一轮数字化专业建设的特色,强调以就业为导向、以能力为本位、以岗位需求为标准的原则,本着高等职业教育培养学生职业技术技能这一重要核心,以满足对高层次技术技能型人才培养的需求,坚持"五性"和"三基",同时以"符合人才培养需求,体现教育改革成果,确保教材质量,形式新颖创新"为指导思想,努力打造具有时代特色的多媒体纸数融合创新型教材。本教材具有以下特点。

(1)紧扣最新专业目录、专业简介、专业教学标准,科学、规范,具有鲜明的高等职业教育特色,体现教材的先进性,实施统编精品战略。

(2)密切结合最新高等职业教育畜牧兽医宠物大类专业课程标准,内容体系整体优化,注重相关教材内容的联系,紧密围绕执业资格标准和工作岗位需要,与执业资格考试相衔接。

(3)突出体现"理实一体"的人才培养模式,探索案例式教学方法,倡导主动学习,紧密联系教学标准、职业标准及职业技能等级标准的要求,展示课程建设与教学改革的最新成果。

(4)在教材内容上以工作过程为导向,以真实工作项目、典型工作任务、具体工作案例等为载体组织教学单元,注重吸收行业新技术、新工艺、新规范,突出实践性,重点体现"双证融合、理实一体"的教材编写模式,同时加强课程思政元素的深度挖掘,教材中有机融入思政教育内容,对学生进行价值引导与人文精神滋养。

(5)采用"互联网+"思维的教材编写理念,增加大量数字资源,构建信息量丰富、学习手段灵活、学习方式多元的新形态一体化教材,实现纸媒教材与富媒体资源的融合。

（6）编写团队权威，汇集了一线骨干专业教师、行业企业专家，打造一批内容设计科学严谨、深入浅出、图文并茂、生动活泼且多维、立体的新型活页式、工作手册式、"岗课赛证融通"的新形态纸数融合教材，以满足日新月异的教与学的需求。

本套教材得到了各相关院校、企业的大力支持和高度关注，它将为新时期农林牧渔类高等职业教育的发展做出贡献。我们衷心希望这套教材能在相关课程的教学中发挥积极作用，并得到读者的青睐。我们也相信这套教材在使用过程中，通过教学实践的检验和实践问题的解决，能不断得到改进、完善和提高。

高等职业教育"十四五"规划畜牧兽医宠物大类
新形态纸数融合教材编审委员会

前言

党的二十大报告中提出,要办好人民满意的教育,培养什么人、怎样培养人、为谁培养人是教育的根本问题。育人的根本在于立德。为落实立德树人的根本任务,培养德智体美劳全面发展的社会主义建设者和接班人,实施课程思政,响应国家"三教"改革政策,坚持科学性、实用性、适用性、先进性等原则,我们以《中华人民共和国兽药典》为准绳编写本教材。本教材坚持高职高专畜牧兽医专业与动物医学专业的人才培养目标,运用辩证唯物主义思想来阐述药理学的基本规律。

本教材在编写过程中重点突出了以下几个方面:一是将复杂的问题简单化,理论知识够用,以实用知识为重点,将理论知识与实践知识做到无缝对接。二是以学习者为中心,以科普的形式进行编写,使学习者易学,快速入门,增加适用的范围。三是便于记忆,在教材中列举了临床常用的制剂名称,解决难学难记的问题。四是方便学习者自主学习,对必须掌握的药物重点知识以提问的方式呈现出来,便于学习者思考和学习。五是有配套的校级在线精品课程学习资源,便于线上线下混合式教学。六是将社会主义核心价值观融入课程中,培养学习者的法律思维、辩证思维、底线思维等,使学习者在药物知识的学习中,塑造良好的品格,培养规范用药、安全用药、科学用药的习惯等。七是培养学习者的食品安全意识,使学习者将维护动物产品安全的责任使命牢记心中,做到全心全意为人们的健康服务。总之,为国家为人民培养德智体美劳全面发展的现代畜牧业的建设者和接班人,是本教材编写的宗旨和使命。

因为时间仓促,教材中难免存在不足之处和错误,希望使用者及时给予批评指正,也希望使用者提出改进建议,非常感谢!

编 者

目录

绪论 /1

项目一　药物基础知识 /4
- 任务1　兽药的基本知识 /4
- 任务2　药物对动物机体的作用 /7
- 任务3　药物的体内过程 /11
- 任务4　影响药物作用的因素 /16

项目二　兽医临床常用药物的选用 /20
- 任务5　抗微生物药物的选用 /20
- 任务6　抗生素的选用(1) /24
- 任务7　抗生素的选用(2) /31
- 任务8　抗生素的选用(3) /37
- 任务9　抗生素的选用(4) /43
- 任务10　合成抗菌药物的选用(1) /49
- 任务11　合成抗菌药物的选用(2) /58
- 任务12　抗真菌药与抗病毒药的选用 /62
- 任务13　影响消毒防腐药作用的因素 /65
- 任务14　消毒防腐药的选用(1) /68
- 任务15　消毒防腐药的选用(2) /73
- 任务16　抗寄生虫药的选用(1) /77
- 任务17　抗寄生虫药的选用(2) /84
- 任务18　作用于消化系统药物的选用 /89
- 任务19　作用于呼吸系统药物的选用 /94
- 任务20　作用于血液循环系统药物的选用 /97
- 任务21　作用于生殖系统药物的选用 /102
- 任务22　作用于中枢神经系统药物的选用 /106
- 任务23　作用于外周神经系统药物的选用 /112
- 任务24　解热镇痛抗炎药的选用 /118
- 任务25　调节体液和电解质平衡药的选用 /123
- 任务26　营养药物的选用 /130
- 任务27　糖皮质激素类药的选用 /137
- 任务28　特异性解毒药的选用 /142
- 任务29　抗组胺药与前列腺素类药物的选用 /146

项目三　兽医临床常用药物的实用技术 /150
- 任务30　动物给药技术 /150

　　任务 31　动物疫苗使用技术　　　　　　　　　　　　　　　　/152
　　任务 32　消毒液的配制　　　　　　　　　　　　　　　　　　/154
　　任务 33　畜舍空栏消毒技术　　　　　　　　　　　　　　　　/156
　　任务 34　驱虫技术　　　　　　　　　　　　　　　　　　　　/157
附录 1　兽药管理条例　　　　　　　　　　　　　　　　　　　　　/160
附录 2　兽药生产质量管理规范（2020 年修订）　　　　　　　　　　/169
附录 3　兽药经营质量管理规范　　　　　　　　　　　　　　　　　/197
附录 4　兽用处方药和非处方药管理办法　　　　　　　　　　　　　/202
附录 5　兽用处方药品种目录（第一批）　　　　　　　　　　　　　/204
附录 6　兽用处方药品种目录（第二批）　　　　　　　　　　　　　/207
附录 7　兽用处方药品种目录（第三批）　　　　　　　　　　　　　/208
参考文献　　　　　　　　　　　　　　　　　　　　　　　　　　　/209

绪 论

一、动物药理研究的内容

动物药理是研究药物与动物机体（包括病原体）相互作用规律的一门科学，是一门为临床合理用药防治疾病提供理论依据的兽医基础学科。一方面，研究药物对动物机体作用的规律，阐明药物防治疾病的基本原理，称为药物效应动力学，简称药效学。另一方面，研究机体对药物处置（包括吸收、分布、转化、排泄等）过程中药物浓度随时间变化的动态规律，称为药物代谢动力学，简称药动学。药物对机体的作用和机体对药物的处置过程在动物机体同时进行，并且相互联系，这是药物进入机体后一个过程的两个方面，所以要用辩证的、发展的思维来学习动物药理这门课程。

扫码看视频

二、学习动物药理的目的与任务

学习动物药理的目的是在掌握动物药理内容的基础上，为兽医临床合理用药、科学用药提供理论依据，使兽医能够科学合理地选用药物。

学习动物药理的任务是在辩证唯物主义思想的指导下，把药理学的基本理论与畜牧兽医生产实践结合起来，培养德智体美劳全面发展的畜牧兽医人才，为畜牧兽医生产服务，使学习者在未来的生产实践中能做到正确地选用药物，合理地使用药物，提高药物的治疗效果，避免药物的不良反应，保障动物产品的安全，提高人们的生活品质，维护人们的健康，从而促进畜牧产业的健康发展。

三、学习动物药理的方法

首先，要强化理论知识的学习。掌握药物的基本知识，药物的分类及临床常用药物的作用及应用，能熟练掌握每类药物的共性及各种药物的特殊性，对重点药物制剂要掌握其作用、作用机制、应用、不良反应及注意事项，做到合理选用药物，能更好地为临床使用奠定基础。

其次，加强实践知识的学习。积极地进入各养殖场所及动物医院进行实践知识的学习，将药物理论知识与临床实践紧密结合，熟悉临床常用药物的名称及使用剂量，观察药物临床使用的效果，分析药物出现不良反应的原因，总结实践结果，掌握药物使用的基本技能及操作方法。对动物药理有浓厚兴趣的同学，可以在教师的指导下，积极参与动物药理实验，观察实验动物表现，分析药物作用的效果及不良反应，为培养未来新兽药制剂人才奠定基础。

四、动物药理的专业地位及与其他课程的关系

对于高职高专的学生来说，动物药理是畜牧兽医专业与动物医学专业等专业的一门专业基础课程，主要是为学习兽医临床课程奠定基础。在正确选用药物的同时还要避免药物残留，为人们提供健康安全的动物产品保驾护航，所以做到科学合理地使用药物具有重要的现实意义。

动物药理主要是为学习兽医临床课程如动物传染病、动物寄生虫病、动物普通病（即内科疾病、外科疾病、产科疾病等）奠定基础的一门课程，学习本课程的前导课程有动物生物化学、动物解剖生理、动物微生物、动物病理、动物临床诊疗技术等课程，因此，动物药理是连接兽医基础与临床兽医之间的桥梁课程。

五、动物药理发展简史

（一）本草学或药物学阶段

1. 公元 1 世纪前后的《神农本草经》 公元 1 世纪前后的《神农本草经》是最早的一部中药学著作，它将"本草"作为对药物的总称，即含有以草类治病为本之意，借神农之名问世。收载有动物、植物、矿物药共 365 种，其中大黄导泻、麻黄止喘，人参、甘草、当归等现在仍行之有效。

2. 公元 6 世纪的《本草经集注》 陶弘景（456—536 年）总结前人积累的经验和知识，整理成《本草经集注》，共收载药物 730 种，还根据治疗属性将药物进行了分类，便于临床参考，对于医药学发展起到了促进作用。

3. 公元 7 世纪的《新修本草》 公元 657—659 年，唐朝政府组织编写《新修本草》，这是我国由国家颁布的第一部药典，也是世界上第一部由政府颁布的药典，比西方最早的《纽伦堡药典》（1546 年）早 800 多年。该书总结了 1000 多年来的药物学知识，征集了各地实物标本并绘制成图，共载药物 844 种，分为 9 类，对药物的性质、制药及用途都进行了详细的描述。《新修本草》的颁布，对药品的统一、药性的订正、药物的发展都起到了积极的促进作用。之后宋朝政府又修订了数次。

4. 明朝时代的《本草纲目》 最重要的本草书要数明代李时珍的《本草纲目》，李时珍广泛收集民间用药知识和经验，历时 30 年，编写了《本草纲目》，记载药物 1892 种，图 1000 多幅，药方 11000 多个。书分 52 卷，约 190 万字，提出了科学的分类法，促进了我国医药的发展，被誉为"中国古代的百科全书"，并受到国际医药界的重视，后被译成日、法、德、英等不同文字，流传甚广，是闻名世界的一部巨著，对推动世界医药学的发展起到了重要的作用。

5. 兽医方面的文献简况 古代无兽医专用本草，历代的重要药学著作均包含兽用本草内容。在西周时已设有专职兽医，采用灌药等方法，开始把医用和兽用本草分开。

公元 13—14 世纪，《痊骥通玄论》一书中便有兽医中草药篇的系统记载。

公元 17 世纪，明代喻本元、喻本亨合著了《元亨疗马集》（约公元 1608 年），收载药物 400 多种，方 400 余条，至今仍有重要价值，成为我国民间兽医的宝贵文献。

（二）近代药理学阶段

1. 近代我国药理学的发展简况 近代药物学的研究有清代赵学敏的《本草纲目拾遗》，在《本草纲目》的基础上新添药物 716 种。吴其浚的《植物名实图考》及《植物名实图考长篇》、陈存仁的《中国内学大辞典》（1935 年）等都是在《本草纲目》的基础上整理补充的。

2. 近代西方药理学的发展简况 19 世纪前半叶，实验药理学成为一门现代学科。研究者们从阿片中提取出了吗啡（德国，1804）用于麻醉；用青蛙实验确立了士的宁的作用部位在中枢神经系统的脊髓（法国，1819）；在研究百浪多息的作用中，发明了磺胺类药物，开创了合成药物的途径；20 世纪 40 年代从真菌的培养液中提取了青霉素等，这些药理学研究开创了实验药理学的先河。

（三）现代药理学的发展简况

中华人民共和国成立后，为了保障人民健康和畜牧生产的需要，1953 年我国出版了《中华人民共和国药典》，经多次再版后，现行的版本为《中国药典》（2020 年版）。我国农业部于 1965 年召开修订《兽药规范》会议，1968 年颁发了《兽药规范》（草案），1978 年重新修订《兽药规范》一部，并制订了《兽药规范》二部（草案），1992 年出版了《中华人民共和国兽药规范》。1990 年我国出版了《中华人民共和国兽药典》，分为一部（化学药）和二部（中草药）。2000 年又出版了第二版《中华人民共和国兽药典》，2015 年出版了《中华人民共和国兽药典》(2015年版),2017年5月我国农业农村部启动编制《中国兽药典》(2020年版)工作,并于2021年7月1日开始实施。《中华人民共和国兽药典》是兽药生产、经营、检验、使用和管理部门必须共同遵循的法典。

20世纪是药理学蓬勃发展的时期,随着生物化学、生物物理学和生理学的飞跃发展,新技术如同位素、电子显微镜、精密分析仪器、电子计算机等的应用,对药物作用原理的探讨由原来的器官水平,进入细胞、亚细胞及分子与量子水平。由此产生了生化药理学、分子药理学、药物遗传学、行为药理学、精神药理学、免疫药理学等新的药理学分支。这是学科间相互渗透、互相促进的结果,它标志着药理学科范围的纵深发展。

我国建立医药和兽医院校是从20世纪开始的。中华人民共和国成立后,特别是1978年以来,先后出版了《兽医临床药理学》《兽医药物代谢动力学》《动物毒理学》等著作,开展了抗菌药物、抗寄生虫药物的动力学研究,开发了若干新兽药、新制剂,极大地丰富了动物药理的内容。随着科学技术的日新月异,动物药理的理论知识和研究技术将获得更加迅猛的发展。

项目一　药物基础知识

任务1　兽药的基本知识

扫码学课件

扫码看视频

学习目标

▲知识目标
1. 掌握兽药的概念,明确毒物的概念。
2. 掌握假劣兽药的含义。
3. 掌握兽药GMP与兽药GSP的含义。

▲技能目标
1. 能判断什么样的药物是假劣兽药。
2. 会区别假兽药与劣兽药。

▲素质目标与思政目标
培养遵纪守法、诚实守信的职业品格。

假劣药物危害大！

有一养鸡大户,饲养雏鸡500余只,鸡1月龄时出现腹泻,在兽药店购买"泻立停"进行治疗,用了1周,不仅腹泻没有止住,而且开始出现死亡,经兽医检查,发现购买的药物只有商品名,没有标注药物成分。请分析原因。

一、药物与毒物的概念

药物是用于预防、治疗、诊断疾病的物质,或者是能有目的地调节生理功能的物质。兽药是以动物为主要使用对象的药物。

毒物是指能够对动物机体产生损害作用的物质。

兽医临床常用的是普通药,普通药是指在治疗剂量时一般不产生明显毒性的药物。如常用的抗菌消炎药,超过一定剂量也会对动物机体产生损害并引起中毒甚至死亡,因此药物和毒物之间没有绝对或明显的界限,只能以剂量的大小相对地加以区别,所以在临床使用兽药过程中对剂量的把握很重要!

二、假劣兽药的含义

根据《兽药管理条例》第四十七条规定,有下列情形之一的,为假兽药:
(1) 以非兽药冒充兽药或者以他种兽药冒充此种兽药的。
(2) 兽药所含成分的种类、名称与兽药国家标准不符合的。

- 兽药的使用对象有哪些?
- 什么是普通药?
- 药物和毒物之间究竟是什么样的关系呢?
- 临床用药剂量的把握很重要!

同时另外还规定,虽然不是假兽药,有下列情形之一的,按照假兽药处理:

(1) 国务院兽医行政管理部门规定禁止使用的。

(2) 依照《兽药管理条例》规定应当经审查批准而未经审查批准即生产、进口的;或者依照《兽药管理条例》规定应当经抽查检验、审查核对而未经抽查检验、审查核对即销售、进口的。

(3) 变质的。

(4) 被污染的。

(5) 所标明的适应证或者功能主治超出规定范围的。

根据《兽药管理条例》第四十八条规定,有下列情形之一的,为劣兽药:

(1) 成分含量不符合兽药国家标准或者不标明有效成分的。

(2) 不标明或者更改有效期或者超过有效期的。

(3) 不标明或者更改产品批号的。

(4) 其他不符合兽药国家标准,但不属于假兽药的。

以上情况就是假、劣兽药的范围。虽然在实践中假、劣兽药经常被一同提到,但是假、劣兽药还是有着严格的区分的。

《兽药管理条例》第五十六条规定,违反本条例规定,无兽药生产许可证、兽药经营许可证生产、经营兽药的,或者虽有兽药生产许可证、兽药经营许可证,生产、经营假、劣兽药的,或者兽药经营企业经营人用药品的,责令其停止生产、经营,没收用于违法生产的原料、辅料、包装材料及生产、经营的兽药和违法所得,并处违法生产、经营的兽药(包括已出售的和未出售的兽药,下同)货值金额 2 倍以上 5 倍以下罚款,货值金额无法查证核实的,处 10 万元以上 20 万元以下的罚款;无兽药生产许可证生产兽药,情节严重的,没收其生产设备;生产、经营假、劣兽药,情节严重的,吊销兽药生产许可证、兽药经营许可证;构成犯罪的,依法追究刑事责任;给他人造成损失的,依法承担赔偿责任。生产、经营企业的主要责任人和直接负责的主管人员终身不得从事兽药的生产、经营活动。

我们应当自觉遵守《兽药管理条例》,不做违规违法之事,保障兽药的质量,维护养殖户的利益。

三、兽药 GMP 与兽药 GSP 的含义

兽药 GMP 是《兽药生产质量管理规范》的简称,是兽药生产管理和质量控制的基本要求,旨在确保能够持续稳定地生产出符合注册要求的兽药。《兽药管理条例》第十四条规定:兽药生产企业应当按照国务院兽医行政管理部门制定的《兽药生产质量管理规范》组织生产。省级以上人民政府兽医行政管理部门,应当对兽药生产企业是否符合《兽药生产质量管理规范》的要求进行监督检查,并公布检查结果。企业应当严格执行本规范,坚持诚实守信,禁止任何虚假、欺骗行为。

国家制定了保证兽药在生产中的质量要求,同时为了保证兽药在流通过程中的质量,又制定了兽药 GSP,兽药 GSP 是《兽药经营质量管理规范》的简称,是为加强兽药经营质量管理,保证兽药质量,根据《兽药管理条例》而制定的。县级以上人民政府兽医行政管理部门应当对兽药经营企业是否符合 GSP 的要求进行监督检查,并公布检查结果。

无论是生产者还是经营者,都应该自觉遵守《兽药管理条例》,生产者遵守兽药 GMP 的规定,经营者遵守兽药 GSP 的规定,保证兽药质量,促进养殖业的发展。

- 什么样的兽药是假兽药?

- 什么样的兽药是劣兽药?

- 生产、经营假、劣兽药会受到什么样的处罚?

- 认真学习《兽药管理条例》等法律法规,增强法规意识。要做一个遵纪守法的好公民!

- 日常使用兽药过程中,经常会看到包装盒上有 GMP 标志,GMP 是什么意思呢?

- 在兽药经营企业会看到兽药 GSP 合格证书,GSP 是什么意思呢?

- 无论是生产者,还是经营者,都应保证兽药质量,对自己负责,也是对他人负责!做一个诚实守信的好公民!

小结

第一,药物与毒物的概念。药物与毒物之间没有绝对的界限,只能以剂量的大小相对地加以区别。

第二,假劣兽药的含义。作为使用者来说,都不希望使用假、劣兽药,希望生产者和经营者不要生产、销售假、劣兽药,维护使用者的利益。

第三,兽药 GMP 与兽药 GSP 的含义。兽药 GMP 和兽药 GSP 都是国家为了保证兽药质量而制定的规范。对相关从业者来说,既是法律要求也是法律保护,我们应该自觉遵守。

讨论

怎么知道购买的兽药是否为正规厂家生产的呢?

线上评测

扫码在线答题

你知道吗?

1. 你知道什么是药物的制剂与剂型吗?

药物的制剂是指将原料药物制成便于临床使用、保管和储藏的剂型的过程。药物的剂型有很多,根据药物的物理形态分为固体剂型、液体剂型、半固体剂型和气雾剂型四大类。兽医临床常用的剂型如下。

(1) 固体剂型:片剂、散剂、胶囊剂等。

(2) 液体剂型:溶液剂、注射剂、酊剂、乳剂等。

(3) 半固体剂型:软膏剂、舔剂、浸膏剂、糊剂等。

(4) 气雾剂型:将液体或固体药物利用雾化器喷出的微粒状制剂。

2. 你知道兽药的来源吗?

兽药的来源主要如下。

(1) 天然药物,即由来源于自然界的动物、植物、矿物、微生物等加工而成。

(2) 人工合成或半合成的药物,即应用化学的方法加工而成的药物,或者在天然药物结构的基础上加以改造而成的药物。

(3) 生物技术药物,即通过细胞工程、酶工程、基因工程等新技术生产的药物。

3. 你知道药物的储藏与保管的方法吗?

(1) 易光解的药物,需避光保存。如安乃近、肾上腺素注射液、复方氨基比林注射液、无水乙醇等。

（2）易吸湿、引湿和易吸收空气中二氧化碳的药物，需要密封、防潮保存。储藏室内相对湿度以50%～70%为宜。如氯化铵、氯化钾、胃蛋白酶、阿司匹林等易吸湿，氧化锌、氧化钙等易吸湿及吸收空气中的二氧化碳。

（3）易风化的药物宜置于常湿环境（50%～70%）中保存。如硫酸镁、硫酸钠、磷酸可待因、硫酸阿托品等。

（4）易受温度影响的药物，需防热或防冻结保存。"阴凉处保存"是指在不超过20 ℃的环境下保存，"冷放保存"或"冷藏保存"是指在2～10 ℃（一般为5 ℃）的环境下保存。抗生素应在阴凉处存放、生物制品多要求冷藏保存。《中华人民共和国兽药典》中未规定保存温度的，通常于15～25 ℃的环境下"常温保存"。

有的药物易受多种因素的影响，在保存时应满足其保存的条件。

任务2　药物对动物机体的作用

学习目标

▲知识目标
1. 明确药物作用的基本表现及药物作用的方式。
2. 掌握药物作用的两重性及药物的不良反应。
3. 掌握药物的量效关系。
4. 了解药物的构效关系。

▲技能目标
1. 能区别药物不良反应的类型。
2. 能合理避免药物不良反应的发生。

▲素质目标与思政目标
1. 培养规范用药的职业素养。
2. 培养良好的用药习惯，养成用药前阅读使用说明书，按照使用说明书的剂量及方法使用药物的用药习惯。

扫码学课件

扫码看视频

 案例导入

是剂量少了吗？

一养鸡户，为防止雏鸡拉稀，在饲料中一直添加土霉素进行预防，2个月后，发现雏鸡出现了拉稀，认为药物添加剂量可能少了，于是增加剂量，结果拉稀不仅没有止住，雏鸡反而开始出现死亡，且死亡数量逐日增加，请分析原因。

一、药物作用的基本表现

根据药物作用的基本表现，药物分为功能性药物和化学治疗药物。

功能性药物：可以使机体原有的生理活动或生化功能增强或减弱的药物，增强即兴奋、减弱即抑制，如止吐药、止咳药、镇静药等就是功能性药物。简而言之，功能性药物作

· 药物是怎么发挥治病作用的？

用的基本表现就是兴奋或抑制。

化学治疗药物：主要作用于动物体内的病原体，通过杀灭或驱除入侵的病原体（主要是病原微生物或寄生虫），使机体的生理、生化功能免受病原体的损害的药物，如抗菌药物、驱虫药。

二、药物作用的方式

1. 药物的吸收作用与局部作用　如猪气喘病的主要病变在呼吸道，而我们使用防治药物泰乐菌素拌料饲喂，则是通过消化道摄入的，药物经过消化吸收进入血液循环后在呼吸道发挥作用，这种作用就是吸收作用。如果皮肤化脓，将药物使用在化脓部位，药物就在用药局部发挥作用，这就是药物的局部作用。

2. 药物的直接作用与间接作用　有些药物如洋地黄被吸收后主要分布并作用于心脏，可加强心肌收缩力，起强心作用，由于心脏功能的加强，血液循环改善，肾脏血流量增加，出现尿量增加的现象。洋地黄的强心作用为直接作用，洋地黄的利尿作用则为间接作用。

3. 药物作用的选择性　药物进入动物机体后对某一器官、组织作用强，而对其他组织的作用很弱，甚至对相邻的器官组织也不产生影响，这种现象称为药物作用的选择性。有的药物作用的选择性高，如强心苷类药物对心脏的作用，缩宫素对子宫的作用，呋塞米对肾脏的作用等。而有的药物作用的选择性低甚至无选择性作用，如消毒防腐药，无选择性作用也称普遍细胞毒作用。

药物作用的选择性具有重要的临床意义：

（1）药物作用的选择性是药物分类与合理用药的基础。

（2）选择性高的药物毒副作用小。

三、药物作用的两重性

俗语说，"是药三分毒"，实际上说的就是药物作用的两重性，即药物的治疗作用与不良反应。药物在发挥治疗作用的同时，也常会产生不符合治疗目的的作用，甚至引起毒性反应，也就是说有些药物在发挥治疗作用的同时，存在不同程度的不良反应。

药物的治疗作用：对因治疗与对症治疗，对因治疗即能消除疾病的原因如抗菌药物、驱虫药等，对症治疗指能改善疾病的症状如镇咳药、止吐药等。在临床上常常对因治疗与对症治疗同时进行，即标本兼治，可取得更好的疗效。

药物的不良反应：与用药目的无关或对动物机体产生有害作用的反应。临床常见的药物的不良反应如下。

（1）副作用：药物在治疗剂量时产生的与治疗目的无关的反应。药物作用的选择性越低，副作用就越多。因此药物的副作用是可以预知的，但是不可以避免，有些副作用可以使用作用相反的药物消减。

（2）毒性作用：因用药剂量过大或用药时间过长导致对动物机体产生明显损害的作用。毒性反应有急性毒性、慢性毒性和特殊毒性之分。急性毒性是用药后立即发生的毒性反应，多因用药剂量过大或机体特别敏感所引起，如对乙酰氨基酚使用剂量过大出现的肝脏损害等。慢性毒性是长期用药后蓄积所产生的毒性，如长期使用维生素D对肝脏产生的损害。少数药物如驱虫药阿苯达唑等会出现特殊毒性：致癌、致畸、致突变等。药物的毒性反应通常是可预知的，也是可以避免的。

（3）过敏反应：又称变态反应。引起过敏反应的致敏原可能是药物本身，也可能是药物在体内的代谢物，也可能是药物制剂中的杂质等。这种反应与药物剂量无关，与药物的作用无关，各种动物反应的性质也各不相同，很难预知。对于过敏反应发生率高的药物在使用前可以先做皮试，在给动物用药后要耐心、细心观察，出现异常情况立即用肾上腺素及地塞米松等药物进行抗过敏治疗。

(4）继发性反应：药物治疗作用引起的不良后果，如长期使用抗菌药物后引起的真菌感染，也有的称为"二重感染"，也是因为药物使用剂量过大或使用时间过长所致。

（5）后遗效应：停药后血浆药物浓度已降至阈浓度以下时残存的药理效应。如长期应用皮质激素后突然停药出现的不适，但有的药物的后遗效应对机体是有利的，如抗菌药物的后遗效应。

四、药物的构效关系

药物的"构效关系"是指药物的化学结构与药理效应或活性之间的关系，也就是说药物药理作用的特异性取决于其特定的化学结构。长期存放的药物，其化学结构因为受外界因素如温度、光线等的影响会发生变化，由于化学结构发生了变化，其作用也相应减弱或消失，所以超过有效期的药物也就不能使用了。

五、药物的量效关系

药物的量效关系是指在一定范围内，药物的剂量越大，其作用效果越强。如果药物剂量低于该范围，则药物没有发挥作用，如果超过该范围，会引起中毒甚至引起动物死亡。即在一定范围内，药物的剂量与药物的作用效果正相关（图2-1）。

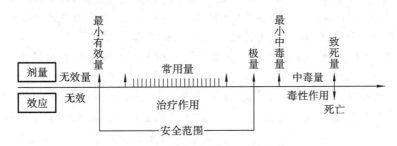

图 2-1　药物剂量和效应关系的示意图

药物剂量和效应关系的示意图告诉我们：药物剂量过小，不产生任何效应，称为无效量；能引起药物效应的最小剂量，称为最小有效量或阈剂量；随着剂量的增加，效应也逐渐增强，其中对 50% 个体有效的剂量称为半数有效量（用 ED_{50} 表示）；出现最大效应的剂量称为极量，再增加剂量，效应不再增加，反而可能出现毒性反应。出现中毒的最低剂量称为最小中毒量，引起死亡的剂量称为致死量。引起半数动物死亡的剂量称为半数致死量（用 LD_{50} 表示）。

临床常用的药物剂量（常用量或治疗量）比最小有效量大，比极量小。在最小有效量和极量之间用药是安全的，此范围称为安全范围。

总之，我们在使用药物治疗疾病时，一定要仔细阅读药物的使用说明书，严格按照使用说明书使用药物，尽可能避免药物不良反应的发生。

作为一名兽医技术人员，应有过硬的专业知识和技能，必须下功夫提升自己的专业能力，按照药物的使用说明书用药，把做事与做人有机地结合起来，才是"德才兼备"的具体表现。

药物的不良反应是怎么发生的？

线上评测

扫码在线答题

你知道吗？

1. 你知道药物的作用机制吗？

药物的作用机制是指药物为什么会起作用、如何发挥作用以及在哪个部位起作用。对药物作用机制的探索已进行了近1个世纪，有受体学说与非受体学说，有非特异性药物作用机制与特异性药物作用机制等等，由于药物的种类繁多、性质各异，且机体的生理生化过程又十分复杂，虽然人们的认知已从细胞水平、亚细胞水平深入到分子水平，但随着科学的发展，对药物作用机制的研究还会不断深入和完善，目前公认的药物作用机制有以下几种：

（1）通过受体而发挥作用。受体是指存在于细胞膜或细胞内的生物大分子物质（蛋白质、脂蛋白、核酸等），具有高度的特异性。当某一药物与受体结合后，能激活该受体，产生强大的效应，这一药物就是该受体的激动剂或兴奋剂，如拟胆碱药为胆碱受体的激动剂或兴奋剂。如果药物与受体结合后，产生阻断受体的作用，这种药物称为阻断剂或拮抗剂，如抗胆碱药阿托品为胆碱受体的阻断剂。

（2）改变组织细胞生活的理化环境而发挥作用。如内服6%的硫酸钠溶液可改变肠腔内渗透压，而产生泻下作用；内服碳酸氢钠可中和过多的胃酸，治疗胃酸过多症。

（3）影响酶的活性而发挥作用。如新斯的明可抑制胆碱酯酶的活性而产生拟胆碱作用；碘解磷定能恢复体内胆碱酯酶的活性而解除有机磷中毒。

（4）影响细胞的物质代谢过程而发挥作用。如某些维生素或微量元素可直接参与细胞的正常生理、生化过程；磺胺类药物由于阻断细菌的叶酸代谢而抑制细菌的生长繁殖。

（5）改变细胞膜的通透性而发挥作用。如表面活性剂苯扎溴铵、多黏菌素E等可改变细菌细胞膜的通透性而发挥抗菌作用。

（6）影响自体活性物质的生成而发挥作用。如阿司匹林能抑制生物活性物质前列腺素的合成而发挥解热镇痛作用。

药物的种类繁多，作用机制复杂，除上述几种作用机制外，还有影响离子通道、影响核酸、影响神经递质而发挥作用等机制。

2. 你知道兽药的治疗量是如何表示的吗？

兽药治疗量的表示方法主要有以下四种：

（1）按动物表示，如碱式硝酸铋片剂，内服一次量：马、牛15～30 g，猪、羊2～4 g，犬0.3～2 g，猫0.15～0.3 g。

（2）按饲料添加量表示，例如磷酸泰乐菌素，每吨饲料添加量：鸡4～50 g，蛋鸡22～55 g，猪20～100 g。

（3）按混饮添加量表示，如恩诺沙星溶液，每升水，禽50～75 mg。

（4）按每千克体重表示，如磺胺脒片，内服，一次量，每千克体重，家禽0.1～0.2 g，一日2次，连用3～5日。

任务3 药物的体内过程

▲知识目标
1. 明确药物的体内过程。
2. 掌握药物的吸收、分布、转化、排泄的概念及其对药物作用的影响。

▲技能目标
1. 能在不同的病症情况下,选择合适的给药途径。
2. 能合理规避肝肾功能不好时使用药物引起的蓄积毒性。

▲素质目标与思政目标
1. 培养科学用药、规范用药的职业素养。
2. 培养一心为民服务的职业理念。

扫码学课件

扫码看视频

 案例导入

使用抗菌药物,肝脏变硬化!

一个体小猪场,饲喂200多头育肥猪,猪长至50 kg左右时出现腹泻,请兽医诊治,用抗菌药物治疗1周,未出现明显好转,于是饲养者自行到兽药店购买抗菌药物继续连续使用1周后,有猪只死亡,对死亡猪进行剖检,发现肝脏变硬,肠道内残存少量食物,其他组织器官未见明显病变。请分析原因。

药物从进入动物机体至排出体外的过程称为药物的体内过程。药物的体内过程包括药物的吸收、分布、生物转化、排泄四个环节,在药物代谢动力学上把吸收和分布称为机体对药物的处置,把生物转化和排泄称为药物的消除。

一、药物的吸收

药物的吸收是指药物从用药部位进入血液循环的过程。除了静脉注射外,其他给药途径比如皮下注射、肌内注射、消化道给药、呼吸道给药等均有吸收的过程。

药物吸收的数量和速度直接影响药效,吸收越多越快,药效则越强越快。影响药物吸收的因素有很多,比如药物的理化性质、药物的剂型、给药途径等,但药物的理化性质、药物的剂型是兽药厂家解决的问题,我们改变不了,但给药途径掌握在使用者的手中,使用者应该根据兽药厂家推荐的使用方法,采用恰当的给药途径,使药物发挥最佳的效果。临床常用的给药途径如下。

(1) 内服给药。多数药物内服均可被吸收,有的药物在胃内即开始被吸收,主要的吸收部位是小肠,因为小肠绒毛有广大的表面积和丰富的血液供应,不管是弱酸、弱碱或中性化合物均可在小肠被吸收。一般溶解的药物或液体剂型较易被吸收,固体剂型的药物如丸剂、片剂等,吸收前药物要从剂型中释放出来,故吸收较慢。

内服药物的吸收还受排空率的影响,排空率主要影响药物进入小肠的速度。不同动物的排空率不一样,如马胃容积小,不停进食,排空时间很短;牛则没有排空。此外,排空率还受其他生理因素、胃内容物的容积和成分等的影响,胃肠内容物多可使药物浓度变低,影响吸收。

- 什么样的给药途径没有吸收的过程?
- 药物吸收的快慢与药物作用有什么样的关系?
- 内服药物主要的吸收部位在哪里?
- 影响内服药物吸收的主要因素有哪些?

内服药物还受胃肠液的 pH 影响，胃肠液的 pH 主要影响药物的解离度。不同动物胃内容物的 pH 不一样：马为 5.5，猪、犬为 3~4，牛前胃为 5.5~6.5，牛真胃约为 3，鸡嗉囊为 3.17。酸性药物在胃液中不易解离而易被吸收，碱性药物在胃液中易解离而不易被吸收。

内服的药物还受药物之间的相互影响，如四环素内服易与肠道内的金属元素或矿物元素钙、镁、铁、锌等离子络合，阻碍药物吸收或使药物失活。

(2) 注射给药。常用的注射给药主要有静脉注射、肌内注射和皮下注射。药物从肌内、皮下注射后一般在 30 分钟内血药浓度达峰值，吸收速度主要取决于注射部位的血管分布状态，另外也与药物浓度、药物解离度、非解离型分子的脂溶性、吸收的表面积等有关。

(3) 呼吸道给药。气体或挥发性液体麻醉药物和其他气雾剂型药物可通过呼吸道吸收。肺的表面积大，血流量大（经肺的血流量为全身的 10%~12%），肺泡细胞结构较薄，故药物在肺内易被吸收。对于呼吸道感染，可直接局部给药使药物到达感染部位发挥作用，缺点是难以掌握剂量，给药方法较复杂。

(4) 皮肤给药。一般药物在完整皮肤上均很难被吸收，但浇淋剂是经皮肤吸收的一种剂型，它必须具备两个条件，一是药物必须从制剂基质中溶解出来，然后穿过角质层和上皮细胞；二是由于药物通过被动扩散吸收，故药物必须是脂溶性的。另外药物中的基质如二甲基亚砜、氮酮等可促进药物吸收。但目前最好的浇淋剂的生物利用度不足 20%，所以，用抗菌药物或抗真菌药治疗皮肤较深层的感染时，全身治疗比局部用药效果更好。

一种药物既可以内服给药也可以注射给药，采取什么方式给药好呢？这个就要具体问题具体分析了，如果患畜病得很重，我们一般采取注射给药的方式，因为注射给药比内服给药吸收快且吸收量要多，药物作用快。

一种药物是可溶性的，既可以拌料也可以拌水，那么采用饮水给药的方式比较好，因为溶液剂较粉剂更易吸收，药物发挥作用的效果好于拌料给药。

在实际生产中我们应该根据具体情况，按照药物说明书的给药方法综合考虑，采用恰当的途径给药，不可随意选择给药途径。

临床常用的几种给药途径有消化道给药、呼吸道给药、注射给药（包括静脉注射、肌内注射、皮下注射等）、皮肤黏膜给药等，一般而言吸收由快到慢的顺序：吸入给药（呼吸道给药）、肌内注射（注射给药）、皮下注射（注射给药）、内服给药（消化道给药）、皮肤黏膜给药，由于静脉注射给药没有吸收的过程，所以静脉注射给药的药效发挥速度是最快的。每一种给药途径有其优点，也有其缺点，不存在绝对的好与不好，我们要根据具体情况来决定。

内服给药药效发挥的时间要比注射给药慢，因为内服给药除了受消化道内容物、胃肠排空率、pH 等因素的影响外，还有重要的影响因素即存在"首过效应"（图 3-1）。

首过效应又叫第一关卡效应，即内服药物在胃肠道被吸收后，经门静脉到肝脏，一部分经肝脏代谢（转化），进入全身血液循环的药量减少的现象，又称为首过消除。不同药物的首过效应强度不同，首过效应强的药物可使生物利用度明显降低，因而使药物作用减弱，因此不宜内服给药。

二、药物的分布

药物的分布是指药物吸收进入血液循环后，从血液转运到各组织器官的过程。

影响药物在体内分布的因素有很多，如药物与血浆蛋白的结合率、各器官的血流量、药物与组织的亲和力、血脑屏障、体液 pH 和药物的理化性质等，这些因素使得药物在体内的分布多呈不均匀性，影响药物作用的效果。

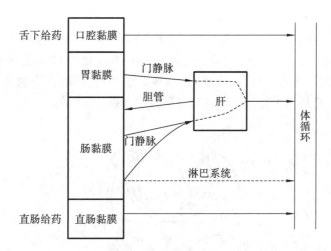

图 3-1 药物经胃肠道进入血液循环

药物进入血液后部分与血浆蛋白结合,形成结合型药物暂时储存于血浆中,而发挥药物作用的是游离型药物。有的药物与血浆蛋白结合率高,有的药物与血浆蛋白结合率低,与血浆蛋白结合率高的药物,分布较慢,药效也相应较弱,在体内消除也相应较慢,但在体内的作用维持时间较长。与血浆蛋白结合率低的药物反之。这也是有的药物一天要给药两次,有的药物一天要给药三次,而有的药物一天只给药一次的原因之一。药物的半衰期指药物在体内的浓度(血药浓度)或药量消除(下降)一半所需要的时间。为了保证药物在体内持续发挥作用,就要及时补充剂量以维持药效。所以在临床用药过程中我们应该遵守给药方法及疗程,按照要求使用药物。

三、药物的生物转化(代谢)

药物的生物转化(或转化)是指药物在体内经化学变化发生结构变化的过程,又称为药物代谢。药物转化的目的是灭活,但有些药物在体内转化后才具有活性,称为活化作用(活化),如非那西丁在体内转化为对乙酰氨基酚后才发挥解热镇痛作用,百浪多息转化为氨苯磺胺才具有抗菌作用等;另外有少数药物在转化后,能生成有高度反应性的中间体,使毒性增强,甚至产生"三致"作用(即致畸、致癌、致突变)和细胞坏死等作用,这种现象称为生物毒性作用,如苯并芘本身是无毒的,但其在体内代谢生成的环氧化物有很强的致癌作用。

药物转化的方式主要是通过氧化、还原、水解和结合的方式进行,将大分子的药物转化为小分子的物质,易于从体内排出体外。转化分两步进行,第一步主要是通过氧化、还原、水解的方式使药物分子产生一些极性基团,如—OH、—COOH 和—NH_2 等,这些基团有利于药物与内源性物质结合进行第二步反应。经第一步代谢生成的极性代谢物或未经代谢的原型药物经结合方式与内源性的化合物如葡萄糖醛酸、硫酸、氨基酸、谷胱甘肽等结合,称为结合反应。通过结合反应生成极性更强、更易溶于水、更利于从尿液或胆汁排出、药理活性完全消失的代谢物,称为解毒作用。

肝脏是药物转化的主要场所,主要在肝脏内参与药物转化的肝脏微粒体药物代谢酶系简称肝药酶。最主要的肝药酶是细胞色素 P-450 混合功能氧化酶系(CYP450)。肝功能不良时,肝药酶活性降低,药物转化减慢,易引起药物蓄积中毒,所以当肝功能不良时,应该减少给药剂量或者延长给药时间。

此外,血浆、肾脏、肺、脑、脾、皮肤、胃肠黏膜、肠道微生物也存在细胞色素 P-450,但其活性较低,仅能进行部分药物的转化。

四、药物的排泄

药物的排泄是药物在体内进行了吸收、分布、转化后以原形或代谢物的形式排出体外的过程。

肾脏是重要的排泄器官,一些极性高(离子化)的药物的代谢物或原型药物的排泄途径主要是通过肾脏排泄,肾脏排泄与肾小管液的pH和药物的pKa(酸度系数)有关,例如弱有机酸在碱性溶液中高度解离,重吸收少,排泄快;弱有机酸在酸性溶液中解离少,重吸收多,排泄慢。有机碱则相反。药物的肾脏排泄如图3-2所示。

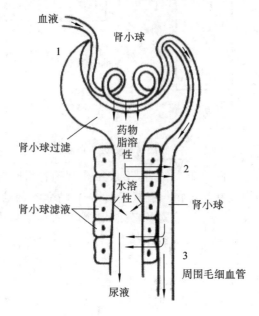

图3-2 药物的肾脏排泄
(1.滤过;2.重吸收;3.重吸收排泄)

各种动物尿液的pH不一样,同一种药物在不同种属动物体内的排泄速度往往有很大差别,这也是同一种药物在不同动物体内有不同的动力学行为的原因之一。有些药物以原型从尿液排出,可以用于治疗泌尿系统感染,有些药物如磺胺类药物在酸性尿液中易析出结晶而损害肾脏,可以使用碳酸氢钠碱化尿液提高其溶解度等。

有些药物主要经胆汁排出,也可经乳汁、汗液、唾液或呼吸道排出少部分药物。研究发现碱性药物在乳汁中的浓度高于血浆,静脉注射碱性药物易从乳汁排泄,因此有些药物规定了弃奶期,在治疗产奶动物疾病时,我们应该遵守职业规范,按照药物规定的弃奶期废弃乳汁,维护消费者的健康。

"为人民服务"不是一句空洞的口号,它体现在学习工作的点滴之中,对我们来说,科学用药、规范用药、正确用药,用最优质的服务、最小的代价,为人民获取最大的利益,就是为人民服务的现实体现。

小结

药物的体内过程是指药物从进入机体至排出体外的全过程,包括吸收、分布、转化和排泄四个环节。吸收多、吸收快的药物作用快、药效好,反之亦然。药物在体内的分布是不均匀的,受多种因素的影响,血浆蛋白结合率高的药物分布慢、作用弱、排泄慢,但在体内维持时间长,反之亦然。药物转化的主要场所是肝脏,在肝脏内有药物转化酶,肝功能不好时,肝药酶减少,活性降低,药物的转化减慢,易发生药物蓄积中毒。药物排泄的主要器官是肾脏,肾脏功能不好时也影响药物的排泄。所以在用药时要兼顾肝肾的功能状态。

讨论

（1）药物的转化和排泄称为消除，请问你是如何理解的？

（2）内服的药物是拌料给药好还是通过饮水给药好？

线上评测

扫码在线答题

 **你知道吗？**

1. 什么是生物利用度？

生物利用度是指药物以某种剂型从给药部位吸收进入全身循环的速率和程度。它包括生物利用程度（EBA）和生物利用速度（RBA）。EBA是试验制剂中被吸收的药物总量与标准制剂的相对百分数；RBA是试验制剂中药物被吸收的速率与标准制剂的相对百分数。

生物利用度是决定药物量效关系的首要因素，具有重要的临床意义。相同含量的药物制剂不一定能取得相同的药效，虽然药物制剂的主药含量相同，但辅料和制备工艺过程不同可导致产生的药效不同，这也是测定药物制剂生物利用度重要性的原因。生物利用度是用于测定药物制剂等药效的主药参数，其目的在于评估与已知药物制剂相似的产品。

2. 什么是药物的"肝肠循环"？

肝肠循环是指从胆汁排泄进入小肠的药物中，某些具有脂溶性的药物（如四环素）可被直接重吸收，另一些与葡萄糖醛酸的结合物则可被肠道微生物的β-葡萄糖苷酸酶所水解并释放出原型药物，然后被重吸收。当药物剂量的大部分进入肝肠循环时，便会延缓药物的消除，延长半衰期。已知的红霉素、吲哚美辛、己烯雌酚等都能形成肝肠循环（图3-3）。

3. 什么是药物蓄积作用？

药物的蓄积作用是指排泄缓慢的药物如磺胺类药物、克伦特罗等在连续用药的情况下会存于体内。药物蓄积过量，则会发生蓄积中毒。

4. 什么是药物残留？怎样防止药物残留？

在动物食品卫生学上，把药物因排泄缓慢而存留于动物组织或者动物产品（如肉、蛋、奶等）中的作用称为药物残留，多由于违规用药及用药失误造成，影响动物食品卫生及人类身体健康。

药物及其代谢物在动物产品中残留的数量称为残留量。允许在动物食品中残留的兽药的最高量，称为最高残留限量（MRL）。为了避免动物食品中残留的兽药超量，供食动物使用的兽药，都需要规定休药期。休药期是指食品动物从停止用药到许可屠宰或其乳蛋等产品许可上市销售的间隔时间。

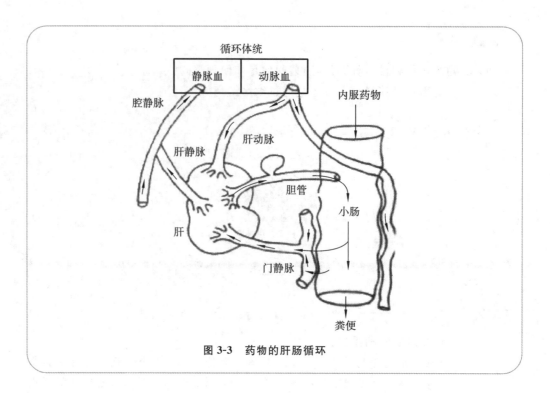

图 3-3 药物的肝肠循环

任务 4　影响药物作用的因素

扫码学课件

扫码看视频

学习目标

▲知识目标
1. 明确影响药物作用的因素。
2. 掌握药物方面、动物方面、外界因素对药物作用的影响。

▲技能目标
1. 能合理规避影响药物作用的不利因素。
2. 能采取方式减少外界因素对药物作用的影响。

▲素质目标与思政目标
1. 培养热爱专业、树立技能、成就梦想的信念。
2. 培养规范用药、灵活用药、合理用药的科学素养。
3. 培养辩证思维的职业素养。

青霉素治疗无效！

一蛋鸡场，采用网上育雏，鸡1月龄时，部分鸡只出现皮肤溃烂症状，经诊断为葡萄球菌感染。蛋鸡场老板将过期的青霉素粉针剂溶解后加入饮水中，让鸡饮用，结果感染鸡只不仅没有好转，并且开始出现死亡。请分析原因。

影响药物作用的因素有很多,归纳起来有药物方面、动物方面和外界因素三大方面。

一、药物方面

1. 药物的化学结构　药物的储藏不符合条件时,其化学结构易受外界因素如温度、湿度、光线、空气等的影响发生变化,影响药物的作用效果。

2. 药物的剂型　注射剂、粉剂、片剂等不同剂型的药物由于吸收快慢、吸收多少的不同,影响药物吸收的速率和程度,即生物利用度。相同含量的药物制剂不一定能具有相同的药效,就是因为生物利用度不一样。药物制剂的主含量相同,但辅料和制备工艺过程不同也可以导致产生的药效不同,这也就是临床要测定生物利用度的重要原因。同一种药物制成不同的剂型,吸收速率也不一样,如溶液剂要比片剂吸收快。

3. 药物的剂量　在一定范围内随着剂量的增加药物的作用也随之增强,即药物的"量效关系",如巴比妥类药物,小剂量使用时可催眠,中等剂量使用时可镇静与抗惊厥,大剂量使用时可麻醉。也有少数药物,随着剂量或浓度的不同,作用的性质发生了质的变化,如人工盐,小剂量使用时可健胃,大剂量使用时则表现为泻下作用。

4. 药物的给药途径　给药途径不同,主要影响药物的生物利用度和药效出现的快慢,常用的给药方法中静脉注射发挥作用最快,因为静脉注射没有吸收的过程。其次是肌内注射,再次是皮下注射,最后是内服。有些药物选择不同的给药途径可引起药物作用发生质的变化,如硫酸镁内服时产生泻下作用,而采用注射剂静脉注射时则可产生中枢解痉和抗惊厥作用。

5. 药物的联合使用　将两种或两种以上的药物同时或短时间先后使用,称为药物的联合使用。其目的如下:①提高药物的治疗效果,如磺胺类药物与抗菌增效剂的联合使用,青霉素与克拉维酸的配合使用。②治疗不同的疾病或合并症,例如支原体与大肠杆菌的混合感染,可同时使用泰乐菌素与大观霉素进行治疗。③减少药物的不良反应,如磺胺类药物治疗犬猫疾病时,要配合碳酸氢钠一起使用,因为磺胺类药物在弱酸性尿液中易析出结晶而损害肾脏,碳酸氢钠可碱化尿液,避免磺胺结晶的产生。

药物联合使用时,要严禁配伍禁忌的产生。两种或两种以上的药物配合应用时,可能会产生物理性、化学性或疗效性变化而不宜使用,称为配伍禁忌。有些配伍禁忌会出现肉眼可见的浑浊、沉淀、产生气体及变色等现象,但有些配伍禁忌则是肉眼看不到的,如外科手术时,严禁将肌松药琥珀胆碱与麻醉药硫喷妥钠混合使用,因琥珀胆碱在碱性的硫喷妥钠溶液中可水解失效,这个过程是肉眼不可见的。所以在临床上混合使用两种以上药物时须慎重,要牢记药物的性质及作用特点、注意事项等,如四环素易与钙、铁、镁等金属离子络合,减少四环素的溶解与吸收,使四环素的实际含量减少而失效,故在使用四环素时须注意忌与金属离子配合使用。

6. 给药方案　给药方案是指包括给药的剂型、剂量、途径、时间间隔和持续时间等的给药方法。在使用药物治疗疾病过程中除了考虑剂型、剂量、给药途径外,还要考虑时间间隔和持续时间,有些药物给药一次即可奏效,如解热镇痛药、驱虫药等,大多数药物治疗疾病时必须重复用药,需要按照一定的剂量和时间多次给药,才能达到治疗效果,称为疗程。抗菌药物要有充足的疗程才能保证稳定的疗效,可避免产生耐药性,如抗生素一般要求2~3天为一个疗程,磺胺类药物则要求3~5天为一个疗程,有些微生物的感染也要求较长的疗程,如支原体感染往往需要5~7天为一个疗程。故在临床使用药物治疗疾病过程中,除了按照药物使用说明书的要求使用外,也要根据动物病情及其发展情况综合考虑给药方案。也就是具体问题具体分析,避免主观主义和经验主义!

二、动物方面

1. 种属差异　不同动物对不同药物的敏感度不同,如牛对赛拉嗪最敏感,使用剂量仅为犬、猫的1/10,而猪最不敏感,这是种属的不同表现出的量的差异;如吗啡对马、犬具有抑制作用,而对牛、羊、猫则具有兴奋作用,这是种属的不同表现出的质的差异。

2. 生理因素 一般幼龄动物对药物比成年动物敏感,因为幼龄动物的肝药酶及肾功能发育不完善,一些由肝药酶代谢和肾脏排泄的药物的半衰期被延长,临床用药剂量应适当减少或延长给药时间间隔。还有因大多数药物可从产奶动物乳汁排泄,会造成乳汁中的药物残留,故用药后要遵守弃奶期即休药期规定,在一定时间内不得供人食用。

3. 病理因素 解热镇痛药能使发热动物的体温降低,而对正常动物的体温没有影响。严重贫血的动物,由于血浆蛋白的减少,可使血浆蛋白结合率高的药物的作用增强,同时也可使药物的转化和排泄增加,消除半衰期。

4. 个体差异 对有些个体使用中毒剂量的药物也没有发生中毒,这种个体对药物表现特别不敏感,称为耐受性;有些个体对药物特别敏感,使用常用量也会出现中毒的现象,称为高敏性。研究表明这种个体差异主要是不同个体之间的药酶活性(P-450)存在很大的差异,从而造成药物代谢速率上的差异。个体差异除了表现出药物作用量的差异外,有的还出现质的差异,如马、犬等动物使用青霉素等药物后出现变态反应,也叫过敏反应,但大多数动物都不会发生,这种在极少数具有特殊体质的个体才发生的现象,称为特异质。

三、外界因素

药物的作用是通过动物机体来实现的,而动物机体的健康状况对药物的效应产生直接或间接的影响。对于一些感染性疾病如病毒感染,能够战胜病毒感染的主要是动物的抗病力即抵抗力,也就是动物机体的健康的防御机制。饲养管理水平好,如饲料营养全面,品质又好,患病动物的采食量会增加,相应会增强抗病力;圈舍环境干净整洁,干燥通风,空气质量好,有一定的活动空间,有利于动物疾病的康复。所以动物患病后我们不能仅仅只依靠药物,还是要做好动物的福利,配合良好的护理,使药物的作用得到更好的发挥。

在临床使用药物过程中,使用者都希望使用的药物作用效果好,能很快将动物的疾病治好,但是药物作用的效果是药物与动物机体相互作用的综合表现,同时受多种因素的影响,主要有药物方面、动物方面和外界因素三个方面。对于使用者来说,一定要严格按照药物的使用说明书使用药物,同时要兼顾动物机体的状况,还要考虑动物生存的环境情况,尽可能规避一些影响药物作用的不利因素,做好动物福利,使药物的作用得到充分的发挥。

制订给药方案时需要考虑哪些因素?

扫码在线答题

你知道吗?

1. 你"认识"处方吗?如何正确开写处方?

动物诊疗处方是执业兽医师在动物诊疗活动中开写的药单,它是具有法律责任的重要文书。它既是执业兽医为预防和治疗畜禽等动物疾病用药的书面凭证,也是动物医院药房配制药物或兽药生产企业制备药剂的文字依据。从事兽医及药房等工作的人员,都需要掌握有关处方的知识及使用处方的技能,确保兽药的安全使用。

动物诊疗处方的结构由三部分构成,即登记部分、处方部分和签名部分。

登记部分:登记或说明畜主、畜别、年龄、体重、品种、毛色或特征、处方编号、临床诊断、开具日期等,便于查阅处方和积累经验等。

处方部分:处方的左上角印有 Rp 或 R 符号,此为拉丁文 *Recipe* 的简写,为处方开头用语,其意思是请取或请配取的意思,在 Rp 之后或下一行,分别填写药品名称、规格、数量、用法用量等,药品剂量与数量一般用阿拉伯数字书写。

签名部分:执业兽医师和司药者签名的部分,签名前要仔细检查与核对药物与临床诊断的相符性,药物的剂量、用法、给药途径,是否有重复给药的现象,是否有药物的配伍禁忌等,准确无误即可签名,注明年月日等。

执业兽医师正确地开写处方,需要注意以下问题:

(1) 手写处方字迹要清楚,不可以潦草,一般用黑色墨迹笔书写,不可用铅笔书写;不得涂改,如需修改,需要在修改处签名。

(2) 药名应以《中华人民共和国兽药典》或《兽医药品规范》为准,不要开写别名或俗名,以免混淆。

(3) 药物的剂量单位以国家规定的法定剂量单位为准,如克(g)、毫升(ml),一般不必写出,其他单位一律应写明(mg、μg、μl、支、盒、瓶、袋等)。

(4) 如果剂量小于1时,应在小数点前加写"0"字,各药的小数点必须上下对齐。

(5) 开写复方(即开写两种以上的药物处方)时,应按照下列顺序将药物写出:主药(发挥主要治疗作用的药物)—佐药(协助或加强主药作用的药物)—矫正药(矫正主药、佐药的不良作用或气味的药物)—赋形药(能使调制成适当剂型,以便于给药和发挥疗效的药物)。

(6) 在一张处方笺上开写两个以上的处方时,每个处方均应按其内容完整书写,两个处方之间用"♯"字隔开;或者在每个处方的第一个药物名称的左方加写次序号码①②等。

(7) 处方中各药物之间应无配伍禁忌。

处方书写完毕,需要经过校对后签名确认。

2. 什么是兽药的治疗指数?有何临床意义?

治疗指数是半数致死量(LD50)与半数有效量(ED50)的比值,即 LD50/ED50。此数值越大药物越安全。它是将药物的治疗作用和毒性两个方面结合起来的综合数据。用于化疗药物(如抗菌药物、抗寄生虫药、抗肿瘤药等)时称为化疗指数。治疗指数可反映药物安全范围的大小。一般半数致死量(LD50)越大,半数有效量(ED50)越小,则治疗指数越大,表明药物的安全范围大,一般认为化疗药物的治疗指数应大于5。

项目二 兽医临床常用药物的选用

任务5 抗微生物药物的选用

扫码学课件

扫码看视频

学习目标

▲知识目标
1. 掌握抗微生物药物的概念及分类。
2. 掌握抗菌药物的分类及抗菌谱的概念。
3. 掌握耐药性产生的原因及避免耐药性产生的方法。
4. 掌握机体、药物、病原微生物三者之间的关系。

▲技能目标
1. 能合理避免抗菌药物耐药性的发生。
2. 会正确处理机体、药物、病原微生物三者之间的关系。

▲素质目标与思政目标
培养合理、规范、科学使用抗菌药物的职业素养。

一、抗微生物药物的概念

抗微生物药物是一类对病原微生物如细菌、真菌、放线菌、支原体、立克次氏体、衣原体、螺旋体和病毒等具有选择性抑制或杀灭作用的药物,也就是主要用于治疗病原微生物所致的感染性疾病的药物。

- 病原微生物分为哪几类？

二、抗微生物药物的分类

抗微生物药物分为抗菌药物、抗病毒药物、抗真菌药物三大类。我们通常所说的抗菌药物除了对病毒和真菌没有作用外,对其他种类的病原微生物如细菌、放线菌、支原体、立克次氏体、衣原体、螺旋体都有不同程度的选择性抑制或杀灭作用。所以抗菌药物的"菌"不仅指细菌,还包括除了病毒和真菌以外的其他病原微生物。

- 抗微生物药物分为哪几类？

三、抗菌药物的分类

抗菌药物分为抗生素与合成抗菌药物两大类。

根据抗生素的化学结构,抗生素又分为β-内酰胺类(包括青霉素类和头孢菌素类)、氨基糖苷类、四环素类、酰胺醇类、大环内酯类、林可胺类、多肽类、截短侧耳素类、多烯类抗生素等。

根据合成抗菌药物的化学结构,合成抗菌药物又分为磺胺类、抗菌增效剂类、氟喹诺酮类、喹噁啉类、硝基咪唑类等。

- 抗菌药物分为哪几类？

四、抗菌谱

抗菌药物抑制或杀灭细菌的范围,称为抗菌谱。如青霉素主要对革兰氏阳性菌有作

- 什么是抗菌谱？

用,链霉素主要对革兰氏阴性菌有较好的作用,抗菌范围较窄,称为窄谱抗菌药物;有些药物如四环素、氟苯尼考、氟喹诺酮类等,除了对细菌有作用外,对支原体、立克次氏体、衣原体也有选择性抑制作用,称为广谱抗菌药物。

五、耐药性

临床使用抗菌药物过程中,由于使用不当或长期使用导致病原微生物对抗菌药物的敏感性降低或消失的现象称为耐药性,又称抗药性,也称为获得耐药性。某种病原微生物对某一药物产生耐药性后,往往对同一类的药物也具有耐药性,这种现象称为交叉耐药。交叉耐药又分为完全交叉耐药和部分交叉耐药,如多杀性巴氏杆菌对磺胺嘧啶耐药后,对其他磺胺类药物均耐药,这就是完全交叉耐药,完全交叉耐药是双向的;部分交叉耐药是单向的,如对链霉素耐药的细菌,对同类其他药物卡那霉素、庆大霉素、新霉素仍然敏感。因此,在临床使用抗菌药物时,我们要合理、规范、科学地使用,这是防止病原微生物产生耐药性的重要措施。

- 耐药性与耐受性有什么区别?
- 端正科学态度,掌握各种抗菌药物的特性,细心诊治,是需要我们做到的。
- 合理、规范、科学地使用抗菌药物很重要!

六、抗菌活性

抗菌药物抑制或杀灭病原微生物的能力,称为抗菌活性。药物的抗菌活性可用体外抑菌试验和体内治疗实验测定,临床上一般通过体外抑菌试验的方法测定,包括稀释法(如试管稀释法)和扩散法(如纸片法)。

稀释法可以测定抗菌药物的最小抑菌浓度(MIC)和最小杀菌浓度(MBC),如图 5-1 所示。

- 什么是抗菌活性?
- 稀释法如何测定抗菌活性?

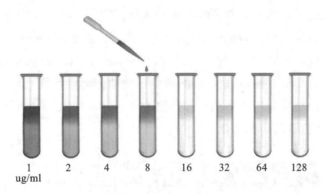

图 5-1 药敏试验(试管稀释法)

扩散法也就是纸片法,较简单,通过测定抑菌圈直径大小来判定病原微生物对药物的敏感性,临床应用较多,如图 5-2 所示。

- 纸片法如何测定抗菌活性?

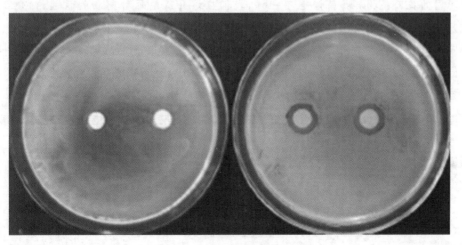

图 5-2 药敏试验(纸片法)

一种病原微生物对某一药物产生耐药性后,该药物对该病原微生物的抗菌活性就会下降,因此临床在选用抗菌药物之前,最好先进行药敏试验,以选择对病原微生物敏感的药物,提高治疗效果,减少不必要的损失。

七、抗菌药物、机体、病原微生物三者作用的关系

• 什么是"化疗三角"?

使用抗菌药物来治疗感染性疾病,称为化学治疗,简称化疗。使用抗菌药物防治畜禽疾病的过程中,药物、机体、病原微生物三者之间存在复杂的相互作用关系,被称为"化疗三角"。如图5-3所示。

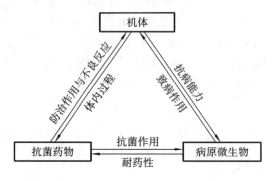

图5-3 药物、病原微生物、机体三者的关系

• "化疗三角"有什么临床意义?

抗菌药物作用于体内病原微生物的同时也会对机体带来不良反应。一方面,病原微生物导致机体发病,也可能对化疗药物产生耐药性;另一方面,机体固有的防御系统对病原微生物有一定的抵抗力,同时机体对药物的处置过程也会影响药物的作用。所以我们应该尽量避免或减少药物对机体的不良反应,保护机体自身的防御功能,促进疾病的康复。总之,化学治疗要针对性地选择药物,根据药物的药动学特征,给予充足的剂量和疗程,不仅要防止病原微生物产生耐药性和药物不良反应,同时还要加强饲养管理,注意保护和发挥动物机体自身的防御功能。

小结

抗微生物药物分为抗菌药物、抗真菌药物和抗病毒药物三大类。根据不同的病原微生物,选择不同的药物。

不同的抗菌药物其抗菌谱也不一样,我们应该弄清楚每种药物的抗菌谱,便于针对性地用药。抗菌药物使用不当或长期使用易导致机体产生耐药性,合理使用抗菌药物是避免产生耐药性的重要措施。如果在使用抗菌药物之前做一个药敏试验,选择敏感性药物,可提高治疗效果。在使用抗菌药物过程中如果兼顾抗菌药物、病原微生物、机体三者的关系即"化疗三角",会使抗菌药物起到更好的治疗作用。

讨论

(1)耐药性是如何产生的?怎样避免?

(2)如何正确处理抗菌药物、病原微生物、机体三者之间的关系?

线上评测

扫码在线答题

你知道吗？

你知道抗菌药物的作用机制吗？

抗菌药物的作用机制主要是通过在细菌生长繁殖过程中破坏细菌结构完整性和干扰正常代谢功能而产生作用的（图5-4）。

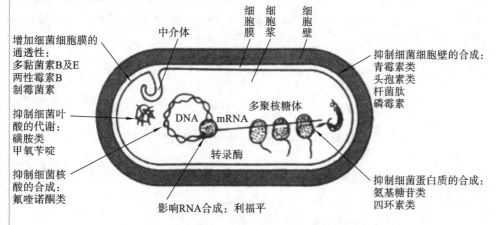

图5-4 细菌的基本结构及抗菌药物作用原理

（1）抑制细菌细胞壁的合成。属于这类作用方式的抗菌药物有青霉素类、头孢菌素类、杆菌肽、磷霉素等，它们分别抑制黏肽合成过程的不同环节。如磷霉素主要在胞质内抑制黏肽的前体物质核苷形成。杆菌肽主要在细胞膜上抑制线性多糖肽链的形成。β-内酰胺类能与细菌细胞膜上的青霉素结合蛋白（PBP）结合，使其活性丧失，造成细菌内黏肽的交叉联结受到阻碍，细胞壁缺损。β-内酰胺类抗生素主要影响正在繁殖的细菌，故这类抗生素称为繁殖期杀菌剂。

（2）增加细菌细胞膜的通透性。属于这种作用方式的抗菌药物有多肽类（如多黏菌素B和黏菌素）及多烯类（如两性霉素B、制霉菌素等）。多肽类的分子有两极性，能与细胞膜的蛋白质及磷脂结合，使细胞膜受损。两性霉素B及制霉菌素等可与真菌细胞膜上的类固醇结合，使细胞膜通透性增加。而细菌细胞膜不含类固醇，故对细菌无效。动物细胞膜上含有少量类固醇，故长期或大剂量使用两性霉素B可出现溶血性贫血。咪唑类（如酮康唑）可抑制真菌细胞膜中类固醇的生物合成，损伤细胞膜而增加其通透性。

（3）抑制细菌蛋白质的合成。属于这种作用方式的抗菌药物有氨基糖苷类、四环素类、酰胺醇类、大环内酯类、林可胺类。细菌蛋白质的合成场所在细胞质内的核糖体上，细胞蛋白质的合成过程分3个阶段，即起始阶段、延长阶段和终止阶段。不同抗生素对3个阶段的作用不完全相同，有的可作用于3个阶段如氨基糖苷类;有的仅作用于延长阶段如林可胺类。四环素类主要作用于细菌核糖体的 30S 亚基,而酰胺醇类、大环内酯类、林可胺类则主要作用于 50S 亚基,由于这些药物在核糖体 50S 亚基上的结合点相同或相连,故合用时可能发生拮抗作用。

(4) 抑制细菌核酸的合成。核酸具有调控蛋白质合成的功能,核酸合成受阻,则蛋白质合成受阻而引起菌体死亡。属于这种作用方式的抗菌药物有新生霉素、灰黄霉素、利福平、氟喹诺酮类药物等,这些药物可抑制或阻碍细菌细胞 DNA 或 RNA 的合成。如利福平可与 DNA 依赖的 RNA 多聚糖(转录酶)的 β 亚单位结合从而抑制其合成,使转录过程受阻而阻碍 mRNA 的合成;氟喹诺酮类药物的作用靶点为 A 亚基,抑制 A 亚基的切割及封口活性,使 DNA 螺旋酶活性丧失,干扰细菌 DNA 的合成,导致细菌死亡。

(5) 抑制细菌叶酸的代谢。属于这种作用方式的抗菌药物主要有磺胺类药物与抗菌增效剂。磺胺类药物主要抑制二氢叶酸合成酶,阻断二氢叶酸的合成。抗菌增效剂主要抑制二氢叶酸还原酶,阻断四氢叶酸的合成,最终抑制核酸的合成,从而产生抑菌作用。

任务 6　抗生素的选用(1)

扫码学课件

扫码看视频

学习目标

▲知识目标
1. 掌握兽医临床常用青霉素类抗生素的作用及应用。
2. 掌握兽医临床常用头孢菌素类抗生素的作用及应用。
3. 掌握 β-内酰胺酶抑制剂克拉维酸的作用及应用。

▲技能目标
1. 能合理选用青霉素类抗生素与头孢菌素类抗生素。
2. 会使用 β-内酰胺酶抑制剂克拉维酸。

▲素质目标与思政目标
1. 培养"四心"(热心、耐心、信心、放心)的职业素养。
2. 培养科学用药的职业素养。

• 为什么会出现这种情况?

案例导入

注射青霉素,出现猪死亡!

某兽医出诊,给一农户家饲喂的一头 2 日不吃饲料的 35 kg 育肥猪进行诊治,注射青霉素 80 万单位,头孢噻呋 100 mg,打完针后就离开了,不到 30 分钟,农户打电话告诉兽医说打针的猪出现张口喘气,等兽医返回时,猪已死亡。请分析原因。

本任务主要介绍 β-内酰胺类抗生素。

β-内酰胺类抗生素包括青霉素类抗生素和头孢菌素类抗生素两大类，因为在他们的结构中都含有 β-内酰胺环，它们的作用机制均为抑制细菌细胞壁的合成。

一、青霉素类抗生素

（1）青霉素：又称苄青霉素、青霉素 G，兽医临床常用的制剂有注射用青霉素钠与注射用青霉素钾。主要用于治疗革兰氏阳性菌感染，也用于治疗放线菌及钩端螺旋体等感染。

青霉素的盐溶液易溶于水，但水溶液性质不稳定，易水解，水解率随温度的升高而升高，所以临床应用时最好现配现用。因其不耐酸不耐酶，所以临床仅能注射用，无内服制剂。其作用机制是抑制细菌细胞壁的合成，由于动物细胞无细胞壁，故其毒性小，但会引起过敏反应，对某些动物，青霉素可诱导胃肠道的二重感染。所以在应用时应注意观察，发生过敏反应后立即抗过敏处理。在开始的案例中，如果兽医打完针后耐心等待 20～30 分钟，仔细观察，及时处理出现的过敏现象猪就不会出现死亡情况，避免不必要的损失。在职业生涯中，我们要做到"四心"，即对服务对象要热心，对受治客体（猪、牛、羊、犬、猫等）要有耐心，对自己的技能水平有信心，以优质的服务让百姓放心。

（2）普鲁卡因青霉素：长效青霉素，遇酸、碱、氧化剂等迅速失效，故临床禁止与酸性药物、碱性药物、氧化剂等混合使用。肌内注射后，普鲁卡因青霉素在局部水解释放出青霉素，缓慢吸收，血中浓度较低，达峰时间较长，体内维持时间较长，故属长效青霉素。抗菌谱及抗菌机制同青霉素。兽医临床常用的制剂是注射用普鲁卡因青霉素（粉针剂）与普鲁卡因青霉素注射液（无菌混悬油溶液），主要用于革兰氏阳性菌、放线菌、钩端螺旋体引起的慢性感染。可与青霉素混合配制成注射剂，以兼顾长效和速效。

（3）苄星青霉素：长效青霉素，吸收和排泄缓慢，血药浓度较低，体内维持时间长。兽医临床使用的制剂是注射用苄星青霉素，主要用于革兰氏阳性菌引起的轻度或慢性感染。可用于长途运输家畜时防治呼吸道感染及肺炎、牛的肾盂肾炎、子宫蓄脓等。

（4）氨苄西林：又叫氨苄青霉素、安比西林，为半合成青霉素，耐酸，但不耐酶，广谱。兽医临床常用的制剂是氨苄西林可溶性粉与注射用氨苄西林钠，内服或肌内注射均易吸收，用于敏感菌所致的全身感染，包括妊娠动物感染及脑部感染。但其对革兰氏阳性菌的作用不及青霉素，对革兰氏阴性菌的作用不及卡那霉素、庆大霉素和黏菌素。对耐青霉素的金黄色葡萄球菌、铜绿假单胞菌无效。

（5）阿莫西林：又叫羟氨苄青霉素，为半合成青霉素，作用同氨苄西林，其耐酸性较氨苄西林强，在胃酸中较稳定，对肠球菌和沙门菌的作用比氨苄西林强两倍。兽医临床使用的制剂是阿莫西林可溶性粉，主要用于鸡的革兰氏阳性菌和革兰氏阴性菌感染。

（6）苯唑西林：又叫苯唑青霉素、新青霉素Ⅱ，为半合成青霉素。耐酸，耐酶，对青霉素耐药的金黄色葡萄球菌有效，但对青霉素敏感菌株的杀菌活性不如青霉素。兽医临床使用的制剂是注射用苯唑西林钠，肌内注射，主要用于青霉素耐药的金黄色葡萄球菌引起的败血症、肺炎、乳腺炎、烧伤创面等感染。

（7）氯唑西林：又叫邻氯青霉素，为半合成青霉素。耐酸，耐酶，对耐青霉素的菌株有效，尤其是对耐药金黄色葡萄球菌有很强的杀菌作用，所以又被称为抗葡萄球菌青霉素，但对青霉素敏感菌的作用不如青霉素。常用于动物的骨、皮肤和软组织的葡萄球菌感染及耐青霉素的葡萄球菌引起的乳腺炎等。

（8）苄星氯唑西林：半合成青霉素，药理作用同氯唑西林，主要用于敏感菌引起的奶牛干乳期乳腺炎。

二、头孢菌素类抗生素

头孢菌素类抗生素又称为先锋霉素类抗生素，是一类广谱半合成抗生素。

- β-内酰胺类抗生素包括哪两大类？
- 临床常用的青霉素类抗生素有哪些？
- 使用青霉素时应注意哪些问题？
- 用药后注意观察 20～30 分钟，无异常现象才可离开，服务客户要有耐心，以优质的服务让客户放心！

- 如何理解长效青霉素？

- 长效青霉素临床主要用于治疗什么疾病？

- 临床常用的长效青霉素有哪些？

- 临床常用的半合成青霉素有哪些？

- 如何理解耐酸、耐酶的含义？

- 临床常用的耐酸、耐酶的青霉素有哪些？

- 兽医临床常用的头孢菌素类抗生素有哪些？

- 头孢氨苄的抗菌作用有什么特点？

- 兽医临床使用的作用最强的头孢菌素类抗生素是什么？

- β-内酰胺酶抑制剂的作用原理是什么？

- 注意阿莫西林与克拉维酸的配制比例，要养成科学用药的职业素养！

（1）头孢氨苄：头孢氨苄是人、动物共用的头孢菌素类药物。广谱抗菌，对革兰氏阳性菌的作用强于对革兰氏阴性菌的作用，但对铜绿假单胞菌耐药。兽医临床使用的制剂是头孢氨苄注射液与头孢氨苄片，主要用于耐药金黄色葡萄球菌及敏感菌引起的消化道、呼吸道、泌尿生殖道感染及奶牛乳腺炎。

（2）头孢噻呋：头孢噻呋是动物专用的第三代头孢菌素类药物，内服不吸收，肌内、皮下注射吸收迅速，体内分布广泛，但不能通过血脑屏障，广谱杀菌，对革兰氏阳性菌（包括耐药金黄色葡萄球菌）及革兰氏阴性菌的作用均较强，抗菌活性比氨苄西林强。临床主要用于治疗牛的急性呼吸系统感染、猪放线杆菌性胸膜肺炎、牛乳腺炎、禽大肠杆菌、沙门菌感染等。

（3）头孢喹肟：又称为头孢喹诺，是动物专用的第四代头孢菌素类药物。内服吸收很少，肌内、皮下注射吸收迅速。广谱抗菌，其抗菌活性比头孢噻呋强。临床主要用于治疗由多杀性巴氏杆菌或胸膜肺炎放线杆菌引起的猪、牛呼吸系统感染及奶牛乳腺炎。

三、β-内酰胺酶抑制剂

耐药金黄色葡萄球菌产生的β-内酰胺酶能将青霉素类及头孢菌素类的β-内酰胺环水解而失去抗菌作用，而β-内酰胺酶抑制剂能抑制β-内酰胺酶的作用，临床上与β-内酰胺类抗生素（青霉素类与头孢菌素类）合用有协同抗菌功能。兽医临床常用的β-内酰胺酶抑制剂主要是克拉维酸。

克拉维酸，又称为棒酸，是从棒状链霉菌发酵液中提取的一种抗生素，其钾盐为无色针状结晶，易溶于水，水溶液极不稳定。克拉维酸仅有微弱的抗菌活性，是一种革兰氏阳性菌和革兰氏阴性菌所产生的β-内酰胺酶的"自杀"抑制剂（不可逆结合），故称为β-内酰胺酶抑制剂。内服吸收好，也可注射，但不能单独用于抗菌治疗，主要与β-内酰胺类抗生素（青霉素类与头孢菌素类）配伍应用，如临床常使用的阿莫西林＋克拉维酸钾（4∶1）用于治疗畜禽耐药的金黄色葡萄球菌引起的感染。

小结

β-内酰胺类抗生素

头孢菌素、青霉素，β-内酰胺类抗生素。
主抗革兰氏阳性菌，首选天然青霉素，
急性感染选短效，短效制剂钠与钾[1]；
慢性感染选长效，用药次数减少了。
苄星青霉素为长效，再加普卡青霉素[2]。
氨苄西林半合成，耐酸不耐酶可内服；
作用广谱但较弱，金葡菌铜绿菌[3]不怕它。
阿莫西林半合成，广谱抗菌耐酸强；
苯唑西林半合成，青霉无效选苯唑[4]；
氯唑西林半合成，抗葡萄球菌有特效。
头孢菌素均广谱，头孢喹肟强噻呋[5]；
青霉[6]无效选头孢[7]，用药顺序别错了。
金葡菌耐药不可怕，配伍克拉维酸解决了。

注释：①指青霉素钠与青霉素钾。②指普鲁卡因青霉素。③指金黄色葡萄球菌与铜绿假单胞菌。④指苯唑西林。⑤指头孢噻呋。⑥指青霉素类抗生素。⑦指头孢菌素类抗生素。

 **讨论**

比较青霉素类抗生素与头孢菌素类抗生素的异同点。

 线上评测

扫码在线答题

你知道吗？

1. 为什么青霉素类抗生素与头孢菌素类抗生素称为 β-内酰胺类抗生素？

青霉素的基本结构是 6-氨基青霉烷酸（6-APA），头孢菌素的母核是 7-氨基头孢烷酸（7-ACA），二者结构中都具有 β-内酰胺环的化学结构，故称为 β-内酰胺类抗生素。

2. 青霉素过敏后怎样治疗？

猪、牛、羊、马、犬、猴都有发生青霉素过敏反应的病例，脱敏可用地塞米松注射液，急救过敏症和过敏性休克可注射 0.1% 盐酸肾上腺素注射液。

3. 青霉素不能与哪些药剂合用？

青霉素 G 钠（或钾）忌用偏酸偏碱的稀释液溶解稀释，忌与偏酸偏碱的药物混合使用，且稀释后应及时使用，避免高温和接触乙醇和氧化剂，以防药效降低。

青霉素 G 忌与磺胺类药物混合使用，磺胺类药物为强碱性。

青霉素 G 忌与盐酸土霉素、盐酸四环素、硫酸庆大霉素、硫酸卡那霉素、硫酸多黏菌素 E、硫酸阿托品、葡萄糖、维生素 C 等酸性药物混合使用。

兽医临床常用的药物制剂

1. 注射用青霉素钠

【性状】 本品为白色结晶性粉末。

【作用与用途】 主要用于革兰氏阳性菌感染，也用于放线菌及钩端螺旋体等的感染。

【用法与剂量】 肌内注射：一次量，每千克体重，马、牛 1万～2万单位；羊、猪、驹、犊 2万～3万单位；犬、猫 3万～4万单位；禽 5万单位。一日 2～3次，连用 2～3日。临用前，加灭菌注射用水适量使之溶解。

【不良反应】 ①主要是过敏反应，大多数家畜均可发生，但发生率较低。局部反应表现为注射部位水肿、疼痛，全身反应为荨麻疹、皮疹，严重者可引起休克死亡。②对某些动物，青霉素可诱导胃肠道的二重感染。

【注意事项】 ①青霉素钠易溶于水，水溶液不稳定，易水解，水解率随温度的升高而升高，因此注射液应在临用前配制。必须保存时，应置于冰箱中（2～8 ℃）保存，可保存 7日，在室温下只能保存 24 小时。②治疗破伤风时，宜与破伤风抗毒素合用。③注意配伍禁忌。④大剂量注射可能出现高钠血症或高钾血症,对肾功能减退或心功能不全患畜会产生不良后果。

【休药期】 弃奶期72小时。

【规格】 ①40万单位(0.24 g);②80万单位(0.48 g);③100万单位(0.6 g);④160万单位(0.96 g);⑤400万单位(2.4 g)。

2. 注射用青霉素钾

【性状】 本品为白色结晶性粉末。

【作用与用途】 主要用于革兰氏阳性菌感染,也用于放线菌及钩端螺旋体等的感染。

【用法与剂量】 肌内注射:一次量,每千克体重,马、牛1万～2万单位;羊、猪、驹、犊2万～3万单位;犬、猫3万～4万单位;禽5万单位。一日2～3次,连用2～3日。临用前,加灭菌注射用水适量使之溶解。

【不良反应】 同注射用青霉素钠。

【注意事项】 同注射用青霉素钠。

【休药期】 弃奶期72小时。

【规格】 ①40万单位(0.25 g);②80万单位(0.5 g);③100万单位(0.625 g);④160万单位(1.0 g);⑤400万单位(2.5 g)。

3. 注射用普鲁卡因青霉素

【性状】 本品为白色粉末。

【作用与用途】 主要用于革兰氏阳性菌感染,也用于放线菌及钩端螺旋体等的感染。

【用法与剂量】 肌内注射:一次量,每千克体重,马、牛1万～2万单位;羊、猪、驹、犊2万～3万单位;犬、猫3万～4万单位。一日1次,连用2～3日。

【不良反应】 同注射用青霉素钠。

【注意事项】 ①大环内酯类、四环素类和酰胺醇类等抗生素对青霉素的杀菌活性有干扰作用,不宜合用。②重金属离子(铜、汞等)、醇类、酸、氧化剂、还原剂等可破坏青霉素的活性。③本品忌与酸性药物混合使用,否则可产生絮状物或沉淀。

【休药期】 牛、羊4日;猪5日;弃奶期72小时。

【规格】 ①40万单位(普鲁卡因青霉素30万单位、青霉素钠或钾10万单位);②80万单位(普鲁卡因青霉素60万单位、青霉素钠或钾20万单位);③160万单位(普鲁卡因青霉素120万单位、青霉素钠或钾40万单位);④400万单位(普鲁卡因青霉素300万单位、青霉素钠或钾100万单位);

4. 普鲁卡因青霉素注射液

【性状】 本品为细微颗粒的混悬油溶液。静置后,细微颗粒下沉,振摇后呈均匀的淡黄色混悬液。

【作用与用途】 主要用于革兰氏阳性菌感染,也用于放线菌及钩端螺旋体等的感染。

【用法与剂量】 肌内注射:一次量,每千克体重,马、牛1万～2万单位;羊、猪、驹、犊2万～3万单位;犬、猫3万～4万单位。一日1次,连用2～3日。

【不良反应】 同注射用青霉素钠。

【注意事项】 同注射用普鲁卡因青霉素。

【休药期】 牛10日;羊9日;猪7日;弃奶期48小时。

【规格】 ①5 ml:75万单位(普鲁卡因青霉素742 mg);②10 ml:300万单位(普鲁卡因青霉素2967 mg);③10 ml:450万单位(普鲁卡因青霉素4451 mg)。

5．注射用苄星青霉素

【性状】 本品为白色结晶性粉末。

【主要用途】 为长效青霉素,用于革兰氏阳性菌感染。

【用法与剂量】 肌内注射：一次量,每千克体重,马、牛2万~3万单位；羊、猪3万~4万单位；犬、猫4万~5万单位。必要时3~4日重复一次。

【不良反应】 同注射用青霉素钠。

【注意事项】 ①本品血药浓度较低,急性感染时应与青霉素钠并用。②注射液应在临用前配制。③应注意与其他药物的相互作用和配伍禁忌,以免影响其药效。

【休药期】 牛、羊4日；猪5日；弃奶期3日。

【规格】 ①30万单位；②60万单位；③120万单位。

6．注射用苯唑西林钠

【性状】 本品为白色粉末或结晶性粉末。

【主要用途】 主要用于败血症、肺炎、乳腺炎、烧伤创面感染等。

【用法与剂量】 肌内注射：一次量,每千克体重,马、牛、羊、猪10~15 mg；犬、猫15~20 mg。一日2~3次,连用2~3日。

【不良反应】 主要的不良反应是过敏反应,但发生率低。局部反应表现为注射部位水肿、疼痛,全身反应为荨麻疹、皮疹,严重者可引起休克或死亡。

【注意事项】 ①苯唑西林钠水溶液不稳定,易水解,水解率随温度的升高而加快,因此注射液应在临用前配制。必须保存时,应置于冰箱中(2~8 ℃),可保存7日,在室温下只能保存24小时。②大剂量注射可能出现高钠血症,对肾功能减退或心功能不全患畜会产生不良后果。

【休药期】 牛、羊14日；猪5日；弃奶期3日。

【规格】 ①0.5 g；②1.0 g；③2.0 g。

7．苄星氯唑西林乳房注入剂

【性状】 本品为淡黄色的混悬油溶液,放置后分层,振摇后能均匀分散。

【主要用途】 主要用于敏感菌引起的奶牛干乳期乳腺炎。

【用法与剂量】 乳房注入,干乳期奶牛,每乳室0.5 g。

【注意事项】 ①产犊前42日内禁用,泌乳期禁用。②对青霉素过敏者不要接触本品。使用人员应避免直接接触产品中的药物,用后及时洗手。如出现皮肤红疹,应马上请医生诊治。脸、唇和眼肿胀或呼吸困难为严重过敏表现,急需医疗救护。③避免儿童接触。

【休药期】 牛28日；弃奶期：产犊后96小时。

【规格】 ①10 ml：0.5 g；②250 ml：12.5 g。

8．阿莫西林可溶性粉

【性状】 本品为白色或类白色粉末。

【主要用途】 主要用于鸡对阿莫西林敏感的革兰氏阳性菌和革兰氏阴性菌感染。

【用法与剂量】 内服：一次量,每千克体重,鸡20~30 mg,一日2次,连用5日。混饮：每升水,鸡60 mg,连用3~5日。

【不良反应】 对胃肠道正常菌群有较强的干扰作用。

【注意事项】 ①蛋鸡产蛋期禁用。②对青霉素耐药的革兰氏阳性菌感染不宜使用。③现配现用。

【休药期】 鸡7日。

【规格】 ①5％；②10％。

9. 注射用氨苄西林钠

【性状】 本品为白色或类白色粉末或结晶性粉末。

【主要用途】 主要用于对氨苄西林敏感菌的感染。

【用法与剂量】 肌内、静脉注射：一次量，每千克体重，家畜10~20 mg。一日2~3次，连用2~3日。

【不良反应】 本类药物可出现与剂量无关的过敏反应，表现为皮疹、发热、嗜酸性细胞增多、白细胞和血小板减少、贫血、淋巴结病或全身性过敏反应。

【注意事项】 对青霉素酶敏感，不宜用于耐青霉素的金黄色葡萄球菌感染。

【休药期】 牛6日；猪15日；弃奶期2日。

【规格】 ①0.5 g；②1.0 g；③2.0 g。

10. 注射用硫酸头孢喹肟

【性状】 本品为类白色至淡黄色结晶性粉末。

【主要用途】 主要用于多杀性巴氏杆菌或胸膜肺炎放线杆菌引起的猪呼吸道疾病。

【用法与剂量】 肌内注射：一次量，每千克体重，猪2 mg，一日2次，连用3~5日。

【注意事项】 ①对β-内酰胺类抗生素过敏的动物禁用。②对青霉素和头孢类抗生素过敏者勿接触本品。③现配现用。④本品在溶解时会产生气泡，操作时应加以注意。

【休药期】 猪3日。

【规格】 ①50 mg；②0.1 g；③0.2 g；④0.5 g。

11. 硫酸头孢喹肟注射液

【性状】 本品为细微颗粒的混悬油溶液。静置后，细微颗粒下沉，摇匀后呈均匀的类白色至浅褐色的混悬液。

【主要用途】 主要用于多杀性巴氏杆菌或胸膜肺炎放线杆菌引起的猪呼吸道疾病。

【用法与剂量】 肌内注射：一次量，每千克体重，猪2~3 mg，一日2次，连用3日。

【注意事项】 ①对β-内酰胺类抗生素过敏的动物禁用。②对青霉素和头孢类抗生素过敏者勿接触本品。③使用前充分摇匀。

【休药期】 猪3日。

【规格】 ①5 ml：0.125 g；②10 ml：0.1 g；③10 ml：0.25 g；④20 ml：0.5 g；⑤30 ml：0.75 g；⑥50 ml：1.25 g；⑦100 ml：2.5 g。

12. 注射用头孢噻呋

【性状】 本品为类白色至淡黄色疏松块状物。

【主要用途】 主要用于猪细菌性呼吸道感染和鸡的大肠杆菌、沙门菌感染。

【用法与剂量】 肌内注射：一次量，每千克体重，猪3 mg，一日1次，连用3日。皮下注射：一日龄雏鸡，每羽0.1 mg。

【不良反应】 ①可能引起胃肠道菌群紊乱或二重感染。②有一定肾毒性。

【注意事项】 ①对肾功能不全动物应调整剂量。②对β-内酰胺类抗生素高敏的人应避免接触本品，避免儿童接触。

【休药期】 猪1日。

【规格】 ①0.1 g；②0.2 g；③0.5 g；④1.0 g。

13. 注射用头孢噻呋钠

【性状】 本品为白色至灰黄色粉末或疏松块状物。

【主要用途】 主要用于畜禽细菌性疾病，如猪细菌性呼吸道感染和鸡的大肠杆菌、沙门菌感染等。

【用法与剂量】 肌内注射：一次量，每千克体重，猪3~5 mg，一日1次，连用3日。皮下注射：一日龄雏鸡，每羽0.1 mg。

【不良反应】 ①可能引起胃肠道菌群紊乱或二重感染。②有一定肾毒性。③可能出现局部一过性疼痛。

【注意事项】 ①现配现用。②对肾功能不全动物应调整剂量。③对β-内酰胺类抗生素高敏的人应避免接触本品,避免儿童接触。

【休药期】 猪4日。

【规格】 ①0.1 g;②0.2 g;③0.5 g;④1.0 g;⑤4.0 g。

任务 7　抗生素的选用(2)

▲知识目标
1. 掌握氨基糖苷类抗生素的抗菌谱及共同特征。
2. 掌握兽医临床常用氨基糖苷类抗生素的作用及应用。

▲技能目标
能合理选用氨基糖苷类抗生素。

▲素质目标与思政目标
1. 培养规范用药的科学素养。
2. 培养责任心的职业素养。

扫码学课件

扫码看视频

案例导入

一针下去,猪不能站立了!

一头20 kg的仔猪出现腹泻,兽医注射链霉素600 mg进行治疗,注射完毕,过了几分钟发现仔猪趴了下来,不能站立。为什么?请分析原因。

• 为什么会出现这种情况呢?

本任务主要介绍氨基糖苷类抗生素。

氨基糖苷类抗生素的化学结构中都含有氨基糖分子和非糖部分的糖原结合而成的苷,故称为氨基糖苷类抗生素。

一、兽医临床使用的氨基糖苷类抗生素

我国批准用于兽医临床使用的氨基糖苷类抗生素主要有链霉素、双氢链霉素、卡那霉素、庆大霉素、新霉素、大观霉素及安普霉素等。

• 兽医临床使用的氨基糖苷类抗生素有哪些?

二、氨基糖苷类抗生素的共同特征

(1) 均为有机碱,能与酸形成盐。临床常用制剂为硫酸盐或盐酸盐,易溶于水,性质稳定。但在碱性环境中抗菌作用增强。

(2) 为静止期杀菌药。其作用机制主要是抑制细菌蛋白质的合成过程,本类药物对静止期细菌杀灭作用强。

• 氨基糖苷类抗生素的共同特征有哪些?

(3) 对需氧革兰氏阴性杆菌的作用强,对厌氧菌无效,对革兰氏阳性菌的作用较弱,但对金黄色葡萄球菌包括耐药菌株较敏感。对革兰氏阴性杆菌和阳性球菌存在明显的抗菌后效应(PAE)。

(4) 内服吸收很少,几乎完全从粪便排出,利于其作为肠道感染用药。注射给药吸收迅速而完全,大部分以原型从尿中排出,可用于泌尿系统感染。

- 氨基糖苷类抗生素的不良反应有哪些？
- 氨基糖苷类抗生素中毒后如何解救？
- 责任心很重要！

（5）品种间存在不完全的交叉耐药性，使用时应注意。细菌主要通过钝化酶耐药。

（6）不良反应主要是损害第八对脑神经（听神经）、具有肾毒性及对神经肌肉有阻断作用。出现严重不良反应后可肌内注射新斯的明或静脉注射氯化钙等缓解。故在使用此类药物时，一定要认真阅读使用说明书，严格控制剂量和疗程，避免不良反应的发生，对客户或动物负责，也是对自己负责。本任务开始的案例就是由于氨基糖苷类抗生素使用剂量过大导致仔猪中毒而不能站立。避免发生使用药物中毒是执业兽医应该注意的事情。在职业生涯中一定要用一颗责任心对待自己的工作，这也是基本的职业素养的要求。

三、临床常用的药物的作用及应用

（1）链霉素：兽医临床使用的制剂是注射用硫酸链霉素，主要用于治疗敏感的革兰氏阴性菌和结核分枝杆菌感染。猫对链霉素较敏感，慎用。犬、猫外科手术全身麻醉后，合用青霉素和链霉素预防感染时，常出现意外死亡，这是由于全身麻醉剂和肌肉松弛剂对神经肌肉的阻断有增强作用。

- 链霉素忌与全麻药物配伍应用，为什么？
- 使用链霉素时应注意哪些问题？

注意事项：链霉素与其他氨基糖苷类抗生素有交叉过敏反应，对氨基糖苷类抗生素过敏的患畜禁用。患畜出现脱水（可致血药浓度增高）或肾功能损害时慎用。用本品治疗尿路感染时，食肉动物和杂食动物可同时内服碳酸氢钠使尿液呈碱性，以增强药效。与头孢菌素类抗生素、右旋糖酐、强效利尿药、红霉素等合用，可增强本类药物的耳毒性。骨骼肌松弛药（如氯化琥珀胆碱等）或具有此种作用的药物可加强本类药物的神经肌肉阻断作用。Ca^{2+}、Mg^{2+}、Na^+、NH_4^+ 和 K^+ 等阳离子可抑制本类药物的抗菌活性。

（2）双氢链霉素：同链霉素。但耳毒性比链霉素强。

- 卡那霉素的抗菌特点有哪些？

（3）卡那霉素：兽医临床使用的制剂是注射用硫酸卡那霉素与硫酸卡那霉素注射液。其抗菌谱与链霉素相似，但抗菌活性稍强，对铜绿假单胞菌无效。主要用于治疗多数革兰氏阴性杆菌和部分耐青霉素的金黄色葡萄球菌所引起的败血症及泌尿道、呼吸道感染，亦可用于猪气喘病。不良反应及注意事项同硫酸链霉素。

- 庆大霉素的抗菌特点有哪些？

（4）庆大霉素：兽医临床主要使用的制剂是硫酸庆大霉素注射液，抗菌谱较广，抗菌活性强，对革兰氏阳性菌和革兰氏阴性菌均有作用，临床可用于革兰氏阴性菌和革兰氏阳性菌引起的感染。主要用于耐药的金黄色葡萄球菌、铜绿假单胞菌、变形杆菌和大肠杆菌等所引起的各种疾病。猫较敏感，常用量即可造成恶心、呕吐、流涎及共济失调等，其他不良反应及注意事项同硫酸链霉素。

- 新霉素的抗菌特点有哪些？

（5）新霉素：本品为白色或类白色粉末，抗菌谱与链霉素相似。兽医临床使用的制剂有硫酸新霉素片、硫酸新霉素可溶性粉及硫酸新霉素滴眼液。硫酸新霉素片主要用于治疗犬、猫敏感的革兰氏阴性菌所致的胃肠道感染。硫酸新霉素可溶性粉用于治疗鸡、猪敏感的革兰氏阴性菌所致的胃肠道感染。硫酸新霉素滴眼液用于敏感菌所致的结膜炎、角膜炎等。

- 大观霉素的抗菌特点有哪些？

（6）大观霉素：兽医临床使用的制剂有盐酸大观霉素可溶性粉与盐酸大观霉素盐酸林可霉素可溶性粉，前者主要用于革兰氏阴性菌及支原体感染，后者用于革兰氏阴性菌、革兰氏阳性菌及支原体感染。大观霉素对动物的肾毒性和耳毒性相对较小，但可引起神经肌肉阻断作用。

- 安普霉素的抗菌特点有哪些？

（7）安普霉素：兽医临床常用的制剂有硫酸安普霉素可溶性粉与硫酸安普霉素预混剂。前者主要用于革兰氏阴性菌引起的猪和鸡的肠道感染，后者主要用于革兰氏阴性菌引起的猪的肠道感染。

不良反应：内服可能损害肠壁绒毛而影响肠道对脂肪、蛋白质、糖、铁等的吸收，也可引起肠道菌群失调，发生厌氧菌或真菌等二重感染。

小结

氨基糖苷抗生素,碱性环境作用强;
主抗革兰阴性菌,静止细菌害怕它;
内服给药吸收少,消化道感染少不了。
损害第八对脑神经,损害肾脏也不少;
神经肌肉有阻断,不良反应可不少;
规范用药记心间,利民利己利动物。
常用药物品种多,链霉素结核①离不了;
卡那霉素活性强,铜绿单胞②则无效;
庆大霉素活性强,广谱抗菌用途广;
新霉素内服吸收少,肠道感染少不了;
大观霉素毒性小,阴性菌支原体作用好;
安普霉素别忘了,消化道感染缺不了。

注释:①指结核分枝杆菌。②指铜绿假单胞菌。

氨基糖苷类抗生素的不良反应有哪些？如何避免？

扫码在线答题

你知道吗？

1. 兽医临床常见的革兰氏阴性菌有哪些？

兽医临床常见的革兰氏阴性菌主要有布鲁氏菌、沙门菌、巴氏杆菌、大肠杆菌、鼻疽菌等。

2. 新霉素为何只可内服而不能注射使用？

新霉素在氨基糖苷类抗生素中的毒性最大,内服给药或局部给药吸收少,很少出现毒性反应。如果注射给药,会损伤听神经及对神经肌肉有阻断作用,严重时能抑制呼吸,故一般不注射使用。

3. 治疗结核病的药物有哪些？

注射用硫酸链霉素、利福平和异烟肼都是治疗结核病的药物。注射用硫酸链霉素,治疗奶牛结核病急性暴发,连用6~7日为一疗程。利福平,又称甲哌利福霉素,是DNA和RNA聚合酶的抑制剂,可抑制蛋白质合成,治疗家畜结核病,与链霉素、异烟肼合用效果更佳。异烟肼(雷米封),为主抗结核分枝杆菌药

兽医临床常用的药物制剂

1. 注射用硫酸链霉素

【性状】 本品为白色或类白色粉末。

【主要用途】 主要用于敏感的革兰氏阴性菌和结核分枝杆菌感染。

【用法与剂量】 肌内注射：一次量，每千克体重，家畜 10~15 mg。一日 2 次，连用 2~3 日。

【不良反应】 ①具有耳毒性。链霉素最常引起耳前庭损害，这种损害可随连续给药的药物积累而加重，并呈剂量依赖性。②猫对链霉素较敏感。常量即可造成恶心、呕吐、流涎及共济失调等。③剂量过大导致神经肌肉阻断。犬、猫在外科手术麻醉后，合用青霉素和链霉素预防感染时，常出现意外死亡，这是由于全身麻醉剂和肌肉松弛剂对神经肌肉阻断有增强作用。④长期应用可引起肾脏损害。

【注意事项】 ①链霉素与其他氨基糖苷类抗生素有交叉过敏反应，对氨基糖苷类抗生素过敏的患畜禁用。②患畜出现脱水或肾功能损害时慎用。③用本品治疗尿路感染时，食肉动物和杂食动物可同时内服碳酸氢钠使尿液呈碱性，以增强药效。④与头孢菌素类抗生素、右旋糖酐、强效利尿药（如呋塞米等）、红霉素等合用，可增强本类药物的耳毒性。⑤Ca^{2+}、Mg^{2+}、Na^+、NH_4^+ 和 K^+ 等阳离子可抑制本类药物的抗菌活性。⑥骨骼肌松弛药或具有此种作用的药物可加强本类药物的神经肌肉阻断作用。

【休药期】 牛、羊、猪 18 日；弃奶期 3 日。

【规格】 ①0.75 g(75 万单位)；②1.0 g(100 万单位)；③2.0 g(200 万单位)；④4.0 g(400 万单位)；⑤5.0 g(500 万单位)。

2. 硫酸卡那霉素注射液

【性状】 本品为无色至淡黄色或淡黄绿色的澄明液体。

【主要用途】 主要用于败血症及泌尿道、呼吸道感染，亦用于猪气喘病。

【用法与剂量】 肌内注射：一次量，每千克体重，家畜 10~15 mg。一日 2 次，连用 3~5 日。

【不良反应】 ①与链霉素一样具有耳毒性、肾毒性，并且其耳毒性比链霉素、庆大霉素更强。②神经肌肉阻断作用常由剂量过大所致。

【注意事项】 ①与其他氨基糖苷类抗生素有交叉过敏反应，对氨基糖苷类抗生素过敏的患畜禁用。②患畜出现脱水或肾功能损害时慎用。③用本品治疗尿路感染时，同时内服碳酸氢钠可使尿液呈碱性，增强药效。④与头孢菌素、右旋糖酐、强效利尿药（如呋塞米等）、红霉素等合用，可增强本类药物的耳毒性。⑤Ca^{2+}、Mg^{2+}、Na^+、NH_4^+ 和 K^+ 等阳离子可抑制本类药物的抗菌活性。

【休药期】 28 日；弃奶期 7 日。

【规格】 ①2 ml：0.5 g(50 万单位)；②5 ml：0.5 g(50 万单位)；③10 ml：0.5 g(50 万单位)；④10 ml：1.0 g(100 万单位)；⑤100 ml：10 g(1000 万单位)。

3. 注射用硫酸卡那霉素

【性状】 本品为白色或类白色粉末。

【主要用途】 主要用于败血症及泌尿道、呼吸道感染，亦用于猪气喘病。

【用法与剂量】 肌内注射：一次量，每千克体重，家畜 10~15 mg。一日 2 次，连用 2~3 日。

【不良反应】 ①具有肾毒性和不可逆的耳毒性。②猫对链霉素较敏感，常量即可造成恶心、呕吐、流涎及共济失调等。③犬、猫在外科手术麻醉后，与青霉素合用预防感染时,常出现意外死亡。

【注意事项】 ①与其他氨基糖苷类抗生素有交叉过敏反应,对氨基糖苷类抗生素过敏的患畜禁用。②患畜出现脱水或肾功能损害时慎用。③用本品治疗尿路感染时,同时内服碳酸氢钠可使尿液呈碱性,增强药效。④与头孢菌素、右旋糖酐、强效利尿药(如呋塞米等)、红霉素等合用,可增强本类药物的耳毒性。⑤Ca^{2+}、Mg^{2+}、Na^+、NH_4^+ 和 K^+ 等阳离子可抑制本类药物的抗菌活性。⑥导盲犬、牧羊犬和为听觉缺陷者服务的犬慎用。

【休药期】 牛、羊、猪28日;弃奶期7日。

【规格】 ①0.5 g(50万单位);②1.0 g(100万单位);③2.0 g(200万单位)。

4. 硫酸庆大霉素注射液

【性状】 本品为无色至微黄色或微黄绿色的澄明液体。

【主要用途】 主要用于革兰氏阴性菌和阳性菌感染。

【用法与剂量】 肌内注射:一次量,每千克体重,家畜 2～4 mg;犬、猫 3～5 mg。一日 2 次,连用 2～3 日。

【不良反应】 ①具有耳毒性。常引起耳前庭损害,这种损害可随连续给药的药物积累而加重,并呈剂量依赖性。②大剂量可对神经肌肉有阻断作用。犬、猫在外科手术麻醉后,与青霉素合用预防感染时,常出现意外死亡。③偶见过敏反应。猫较敏感,常量即可造成恶心、呕吐、流涎及共济失调等。④可导致可逆性肾毒性。

【注意事项】 ①庆大霉素可与 β-内酰胺类抗生素合用治疗严重感染,但在体外混合存在配伍禁忌。②本品与青霉素合用,对链球菌具有协同作用。③有呼吸抑制作用,不宜静脉推注。④与四环素、红霉素等合用可能出现拮抗作用。⑤与头孢菌素合用可能使肾毒性增强。

【休药期】 猪、牛、羊40日。

【规格】 ①2 ml∶0.08 g(8万单位);②5 ml∶0.2 g(20万单位);③10 ml∶0.2 g(20万单位);④10 ml∶0.4 g(40万单位)。

5. 硫酸新霉素片

【性状】 本品为白色片。

【主要用途】 主要用于犬、猫敏感的革兰氏阴性菌所致的胃肠道感染。

【用法与剂量】 内服:一次量,每千克体重,犬、猫 10～20 mg。一日 2 次,连用 3～5 日。

【不良反应】 新霉素在氨基糖苷类抗生素中的毒性最大,但内服给药或局部给药吸收少,很少出现毒性反应。

【注意事项】 本品内服可影响维生素 A、维生素 B_{12} 或洋地黄类药物的吸收。

【休药期】 牛、羊、猪28日;弃奶期7日。

【规格】 ①0.1 g(10万单位);②0.25 g(25万单位)。

6. 硫酸新霉素可溶性粉

【性状】 本品为类白色至淡黄色粉末。

【主要用途】 主要用于禽敏感的革兰氏阴性菌所致的胃肠道感染。

【用法与剂量】 混饮:每升水,禽 50～75 mg。连用 3～5 日。

【不良反应】 新霉素在氨基糖苷类抗生素中的毒性最大,但内服给药或局部给药吸收少,很少出现毒性反应。

【注意事项】 ①蛋鸡产蛋期禁用。②可影响维生素 A、维生素 B_{12} 的吸收。

【休药期】 鸡5日;火鸡14日。

【规格】 ①100 g∶3.25 g(325万单位);②100 g∶5 g(500万单位);③100 g∶6.5 g(650万单位);④100 g∶20 g(2000万单位);⑤100 g∶32.5 g(3250万单位)。

7. 硫酸新霉素滴眼液

【性状】 本品为无色至微黄色的澄明液体。

【主要用途】 主要用于结膜炎、角膜炎等。

【用法与剂量】 滴眼。

【规格】 8 ml：40 mg(4万单位)。

8. 盐酸大观霉素可溶性粉

【性状】 本品为白色或类白色粉末。

【主要用途】 主要用于革兰氏阴性菌及支原体感染。

【用法与剂量】 混饮：每升水，鸡1～2 g。连用3～5日。

【不良反应】 大观霉素对动物的毒性相对较小，很少引起肾毒性及耳毒性。但同其他氨基糖苷类抗生素一样，可引起神经肌肉阻断作用。

【注意事项】 蛋鸡产蛋期禁用。

【休药期】 鸡5日。

【规格】 ①5 g：2.5 g(250万单位)；②50 g：25 g(2500万单位)；③100 g：50 g(5000万单位)。

9. 盐酸大观霉素盐酸林可霉素可溶性粉

【性状】 本品为白色或类白色粉末。

【主要用途】 主要用于革兰氏阴性菌、革兰氏阳性菌及支原体感染。

【用法与剂量】 混饮：每升水，5～7日龄雏鸡0.2～0.32 g。连用3～5日。

【注意事项】 仅用于5～7日龄雏鸡。

【规格】 ①5 g：大观霉素2 g(200万单位)与林可霉素1 g；②50 g：大观霉素20 g(2000万单位)与林可霉素10 g；③100 g：大观霉素10 g(1000万单位)与林可霉素5 g；④100 g：大观霉素40 g(4000万单位)与林可霉素20 g。

10. 硫酸安普霉素可溶性粉

【性状】 本品为微黄色至黄褐色粉末。

【主要用途】 主要用于猪、鸡革兰氏阴性菌引起的肠道感染。

【用法与剂量】 混饮：每升水，鸡250～500 mg。连用5日。每千克体重，猪12.5 mg，连用7日。

【不良反应】 ①内服可能损害肠壁绒毛而影响肠道对脂肪、蛋白质、糖、铁等的吸收。②也可引起肠道菌群失调，发生厌氧菌、真菌等二重感染。

【注意事项】 ①蛋鸡产蛋期禁用。②本品遇铁锈易失效，混饲器具要注意防锈，也不宜与微量元素混合使用。③饮水给药必须当天配制。

【休药期】 猪21日，鸡7日。

【规格】 ①100 g：10 g(1000万单位)；②100 g：40 g(4000万单位)；③100 g：50 g(5000万单位)。

11. 硫酸安普霉素预混剂

【性状】 本品为微黄色至黄褐色粉末。

【主要用途】 主要用于猪革兰氏阴性菌引起的肠道感染。

【用法与剂量】 混饲：每1000千克饲料，猪80～100 g。连用7日。

【不良反应】 ①内服可能损害肠壁绒毛而影响肠道对脂肪、蛋白质、糖、铁等的吸收。②也可引起肠道菌群失调，发生厌氧菌、真菌等二重感染。③长期或大量应用可引起肾毒性。

【注意事项】 本品遇铁锈易失效，混饲器具要注意防锈，也不宜与微量元素混合使用。

【休药期】 猪 21 日。
【规格】 ①100 g : 3 g(300 万单位);②1000 g : 165 g(16500 万单位)。

任务 8　抗生素的选用(3)

学习目标

▲知识目标
1. 掌握大环内酯类抗生素的抗菌特点。
2. 掌握兽医临床常用的大环内酯类抗生素的作用及应用。
3. 掌握四环素类抗生素的抗菌特点。
4. 掌握兽医临床常用的四环素类抗生素的作用及应用。

▲技能目标
1. 能合理选用大环内酯类抗生素。
2. 能合理选用四环素类抗生素。

▲素质目标与思政目标
培养规范用药、科学用药的职业素养。

扫码学课件

扫码看视频

案例导入

土霉素真的那么可怕吗？

某地老百姓,对土霉素有种"谈虎色变"的感觉,说到土霉素,就说"这个药不能用,用后没有腹泻的会出现腹泻,腹泻的病例会出现腹泻更加严重的现象",对土霉素这种药物有种惧怕心理。为什么？请分析原因。

本任务主要介绍大环内酯类、四环素类抗生素。

一、大环内酯类抗生素

大环内酯类抗生素是由链霉菌产生或半合成的一类弱碱性抗生素,具有 14～16 元环内酯的基本化学结构。

(一)兽医临床常用的大环内酯类抗生素

兽医临床常用的此类药物主要有红霉素、吉他霉素、泰乐菌素、替米考星、泰万菌素、泰拉霉素等。除了红霉素、吉他霉素也可用于人以外,其他均是动物专用的大环内酯类抗生素。

(二)大环内酯类抗生素的抗菌谱

大环内酯类抗生素主要对多数革兰氏阳性菌、支原体等有良好作用,对少数革兰氏阴性菌也有作用。

(三)大环内酯类抗生素的抗菌机制

大环内酯类抗生素主要是通过影响细菌蛋白质的合成而发挥作用,限于快速分裂的细菌和支原体,属于生长期快速抑菌剂。

(四)耐药性

大环内酯类抗生素之间有不完全的交叉耐药性。

• 兽医临床常用的大环内酯类抗生素有哪些?

（五）兽医临床常用的药物

（1）红霉素：临床常用的制剂是注射用乳糖酸红霉素、红霉素片及硫氰酸红霉素可溶性粉，主要用于耐青霉素葡萄球菌引起的感染性疾病，也可用于其他革兰氏阳性菌及支原体引起的感染。

（2）吉他霉素：又称北里霉素、柱晶白霉素，临床常用制剂为吉他霉素片、吉他霉素预混剂与酒石酸吉他霉素可溶性粉，主要用于革兰氏阳性菌、支原体及钩端螺旋体等引起的感染。

（3）泰乐菌素：临床常用制剂有注射用酒石酸泰乐菌素（皮下或肌内注射）与酒石酸泰乐菌素可溶性粉，主要用于革兰氏阳性菌及支原体引起的感染。

不良反应：可能有肝毒性，表现为胆汁淤积，也可引起呕吐与腹泻；肌内注射可引起局部疼痛，静脉注射可引起血栓性静脉炎及静脉周围炎，禁止静脉注射。

（4）泰万菌素：同泰乐菌素。

（5）替米考星：临床常用的制剂有替米考星注射液、替米考星预混剂及替米考星溶液，主要用于胸膜肺炎放线杆菌、巴氏杆菌及支原体引起的感染。

使用注意：替米考星注射液主要是皮下注射，禁止静脉注射，对动物的毒性作用主要是心血管系统，可引起心动过速和收缩力减弱。故使用时须严格控制剂量和密切监测心血管状态。

（6）泰拉菌素：抗菌谱与泰乐菌素相似，对胸膜肺炎放线杆菌、巴氏杆菌、支原体的活性较泰乐菌素强。

二、四环素类抗生素

我国批准用于兽医临床的四环素类抗生素有四环素、土霉素、金霉素和多西环素。

（一）四环素类抗生素的共同特征

（1）为广谱抗生素。它们对革兰氏阳性菌和阴性菌、螺旋体、立克次氏体、支原体、衣原体、原虫（球虫、阿米巴虫）均可产生抑制作用。

（2）为速效抑菌剂。其作用机制是干扰细菌蛋白质的合成，可逆性地与细菌核糖体30S亚基上的受体结合，阻断肽链延长而抑制蛋白质合成，使细菌的生长繁殖迅速受到抑制。

（3）天然的四环素类抗生素之间存在交叉耐药性。

（4）按抗菌活性大小排序依次为多西环素＞金霉素＞四环素＞土霉素。

（5）抗菌特点：对革兰氏阳性菌的作用不如青霉素类和头孢菌素类抗生素，对革兰氏阴性菌的作用不如氨基糖苷类和酰胺醇类抗生素。

（6）不良反应：主要是会引起局部刺激作用，导致肠道菌群紊乱，发生二重感染，肝肾损害等。因此在使用此类药物时，不可随意而为，一定要为客户负责，遵守药物使用说明书，控制好药物的剂量和疗程，避免不良反应的发生而带来损失。在本任务开始的案例中，人们就是因为害怕土霉素的不良反应而不敢使用土霉素的。

（二）兽医临床常用的四环素类抗生素

（1）四环素：临床常用的制剂是注射用盐酸四环素和盐酸四环素可溶性粉，主要用于革兰氏阳性菌、革兰氏阴性菌和支原体感染。

（2）土霉素：临床常用的制剂是注射用盐酸土霉素和盐酸土霉素可溶性粉，主要用于革兰氏阳性菌、革兰氏阴性菌、立克次氏体、支原体等引起的感染。

（3）金霉素：临床常用制剂是盐酸金霉素可溶性粉，其作用同土霉素，但对耐青霉素的金黄色葡萄球菌感染的疗效优于土霉素和四环素。

（4）多西环素：又称脱氧土霉素、强力霉素，为半合成四环素。临床常用的制剂是盐酸多西环素片和盐酸多西环素可溶性粉，主要用于革兰氏阳性菌、革兰氏阴性菌和支原体等引起的感染。

小结

大环内酯类抗生素

大环内酯类抗生素,生长快速抑菌剂;
主抗革兰阳性菌,支原体感染少不了。
药物品种不算少,交叉耐药不完全。
青葡菌①耐药不可怕,备用药物红霉素;
泰乐泰万泰拉素②,支原体感染不可少;
吉他霉素抗支原③,钩端螺旋④也敏感;
替米考星作用好,胸膜肺炎少不了。

四环素类抗生素

四环素类抗生素,天然药物四土金⑤;
强力霉素半合成,作用最强在此品。
广谱抗菌不虚名,也有弱点放线菌;
作用虽广无优势,不良反应可不少;
安全用药牢记心,减少损失众欢喜。

注释:①青葡菌:对青霉素耐药的葡萄球菌。②泰乐泰万泰拉素:泰乐菌素、泰万菌素、泰拉霉素。③支原:支原体。④钩端螺旋:钩端螺旋体。⑤四土金:四环素、土霉素、金霉素。

四环素类抗生素抗菌特点的临床意义。

扫码在线答题

你知道吗?

你知道支原体有什么特点吗?

支原体又称为霉形体,是一类介于细菌和病毒之间能独立生活的最小的单细胞原核微生物。支原体无细胞壁,形态多形和易变,有球形、扁圆形、玫瑰花形、丝状及分枝状等,革兰氏染色阴性,故对抗革兰氏阳性菌的青霉素类和头孢菌素类抗生素不敏感。

支原体引起的疾病主要有猪气喘病(又称猪支原体肺炎、猪地方流行性肺炎)、鸡的慢性呼吸道病、牛传染性胸膜肺炎、山羊传染性胸膜肺炎等。

兽医临床常用的药物制剂

1. 注射用乳糖酸红霉素

【性状】 本品为白色或类白色的结晶或粉末或疏松块状物。

【主要用途】 本品为大环内酯类抗生素,主要用于耐青霉素葡萄球菌引起的感染性疾病,也可用于其他革兰氏阳性菌及支原体引起的感染。

【用法与剂量】 静脉注射:一次量,每千克体重,马、牛、羊、猪4～5 mg;犬、猫5～10 mg。一日2次,连用2～3日。

【不良反应】 2～4月龄驹使用红霉素后,可出现体温过高、呼吸困难,在高温环境尤易出现。

【注意事项】 ①本品局部刺激性强,不宜肌内注射。静脉注射的浓度过高或速度过快时,易发生局部疼痛和血栓性静脉炎,故静脉注射速度应缓慢。②在pH过低的溶液中很快失效,注射溶液的pH应维持在5.5以上。

【休药期】 牛14日、羊3日、猪7日;弃奶期72日。

【规格】 ①0.25 g(25万单位);②0.3 g(30万单位)。

2. 酒石酸吉他霉素可溶性粉

【性状】 本品为白色或类白色的粉末。

【主要用途】 本品为大环内酯类抗生素,主要用于革兰氏阳性菌、支原体等引起的感染性疾病。

【用法与剂量】 混饮:每升水,鸡0.25～0.5 g。连用3～5日。

【休药期】 鸡7日。

【规格】 ①10 g∶5 g(500万单位);②100 g∶10 g(1000万单位)。

3. 注射用酒石酸泰乐菌素

【性状】 本品为淡黄色粉末。

【主要用途】 本品为大环内酯类抗生素,主要用于支原体及敏感革兰氏阳性菌引起的感染性疾病。

【用法与剂量】 皮下或肌内注射:一次量,每千克体重,猪、禽5～13 mg。

【不良反应】 ①可能具有肝毒性,表现为胆汁淤积,也可引起呕吐和腹泻,尤其是大剂量给药时。②具有刺激性,肌内注射可引起剧烈疼痛,静脉注射后可引起血栓性静脉炎及静脉周围炎。

【注意事项】 有局部刺激性。

【休药期】 猪21日,禽28日。

【规格】 ①1 g(100万单位);②2 g(200万单位);③3 g(300万单位);④6.25 g(625万单位)。

4. 酒石酸泰乐菌素可溶性粉

【性状】 本品为白色至浅黄色粉末。

【主要用途】 本品为大环内酯类抗生素,主要用于禽革兰氏阳性菌及支原体感染。

【用法与剂量】 混饮:一次量,每升水,禽500 mg。连用3～5日。

【注意事项】 蛋鸡产蛋期禁用。

【休药期】 鸡1日。

【规格】 ①100 g∶10 g(1000万单位);②100 g∶20 g(2000万单位);③100 g∶50 g(5000万单位)。

5. 替米考星注射液

【性状】 本品为淡黄色至棕红色澄明液体。

【主要用途】 本品为大环内酯类抗生素,主要用于胸膜肺炎放线杆菌、巴氏杆菌及支原体感染。

【用法与剂量】 皮下注射:一次量,每千克体重,牛 10 mg。仅注射一次。

【不良反应】 本品对动物的毒性作用主要表现在心血管系统,可引起心动过速和收缩力减弱。牛一次静脉注射 5 mg 每千克体重即可致死,猪、灵长类动物和马静脉注射也有致死性危险。牛皮下注射 50 mg 每千克体重可引起心肌毒性,皮下注射 150 mg 每千克体重可致死。

【注意事项】 ①泌乳期奶牛和肉牛犊禁用。②本品禁止静脉注射。③皮下注射可出现局部反应(水肿等),避免与眼接触。④注射本品时应密切监测心血管状态。

【休药期】 牛 35 日。

【规格】 10 ml∶3 g。

6. 替米考星预混剂

【主要用途】 本品为大环内酯类抗生素,主要用于猪胸膜肺炎放线杆菌、巴氏杆菌及支原体感染。

【用法与剂量】 混饲:每 1000 kg 饲料,猪 200～400 g。连用 15 日。

【不良反应】 ①本品对动物的毒性作用主要表现在心血管系统,可引起心动过速和收缩力减弱。②动物内服后可能出现剂量依赖性胃肠道紊乱,如呕吐、腹泻、腹痛等。

【注意事项】 替米考星对眼睛有刺激性,可引起过敏反应,避免直接接触。

【休药期】 猪 14 日。

【规格】 ①10%;②20%。

7. 替米考星溶液

【性状】 本品为淡黄色至棕红色澄明液体。

【主要用途】 本品为大环内酯类抗生素,主要用于巴氏杆菌及支原体感染引起的鸡的呼吸道疾病。

【用法与剂量】 混饮:每升水,鸡 75 mg。连用 3 日。

【不良反应】 本品对动物的毒性作用主要表现在心血管系统,可引起心动过速和收缩力减弱。

【注意事项】 蛋鸡产蛋期禁用。

【休药期】 鸡 12 日。

【规格】 ①10%;②25%。

8. 注射用盐酸四环素

【性状】 本品为黄色混有白色的结晶性粉末。

【主要用途】 本品为四环素类抗生素,主要用于革兰氏阳性菌、革兰氏阴性菌和支原体感染。

【用法与剂量】 静脉注射:一次量,每千克体重,家畜 5～10 mg。一日 2 次,连用 2～3 日。

【不良反应】 ①本品的水溶液有较强的刺激性,静脉注射可引起静脉炎和血栓。②可导致肠道菌群紊乱,长期应用可出现维生素缺乏症,重者造成二重感染。大剂量静脉注射对马肠道菌有广谱抑制作用,可引起耐药沙门菌或不明病原微生物的继发感染,导致严重甚至致死性的腹泻。③四环素进入机体后与钙结合,随钙沉积于牙齿和骨骼中,影响牙齿和骨发育。④本品可导致肝肾损害。过量四环素可致严重的肝损害和剂量依赖性肾脏功能改变。⑤本品可导致心血管效应。牛静脉注射四环素速度过快,可出现急性心力衰竭。

【注意事项】 ①本品易透过胎盘和进入乳汁,因此孕畜、哺乳畜禁用,泌乳期牛、羊禁用。②肝肾功能严重不良的患畜忌用本品。③马注射后可发生胃肠炎,慎用。

【休药期】 牛、羊、猪8日;弃奶期48小时。

【规格】 ①0.25 g;②0.5 g;③1 g;④2 g;⑤3 g。

9. 注射用盐酸土霉素

【性状】 本品为黄色结晶性粉末。

【主要用途】 本品为四环素类抗生素,主要用于革兰氏阳性菌、革兰氏阴性菌、立克次氏体和支原体等感染。

【用法与剂量】 静脉注射:一次量,每千克体重,家畜5～10 mg。一日2次,连用2～3日。

【不良反应】 ①本品具有局部刺激作用。盐酸盐水溶液有较强的刺激性,肌内注射可引起注射部位疼痛、炎症和坏死,静脉注射可引起静脉炎和血栓。静脉注射宜用稀释液,缓慢滴注,以减轻局部反应。②本品可导致肠道菌群紊乱。对马肠道菌产生广谱抑制作用,可引起耐药沙门菌或不明病原微生物的继发感染,导致严重甚至致死性的腹泻。这种情况在大剂量静脉给药后常出现,但低剂量肌内注射也可能出现。③本品可导致肝肾损害。对肝、肾细胞有毒性作用,可引起多种动物的剂量依赖性肾脏功能改变。牛大剂量(33 mg/kg)静脉注射可致脂肪肝及近端肾小管坏死。④本品可引起氮质血症,而且可因类固醇类药物的存在而加剧,还可引起代谢性酸中毒及电解质失衡。

【注意事项】 ①泌乳牛、羊禁用。②肝肾功能严重不良的患畜禁用。③马注射后可发生胃肠炎,慎用。④静脉注射宜缓慢;不宜肌内注射。

【休药期】 牛、羊、猪8日;弃奶期48小时。

【规格】 ①0.2 g;②1 g;③2 g;④3 g。

10. 盐酸多西环素片

【性状】 本品为淡黄色片。

【主要用途】 本品为四环素类抗生素,主要用于革兰氏阳性菌、革兰氏阴性菌和支原体等感染。

【用法与剂量】 内服:一次量,每千克体重,猪、驹、犊、羔3～5 mg;犬、猫5～10 mg;禽15～25 mg。一日1次,连用3～5日。

【不良反应】 ①本品内服后可引起呕吐。②本品可导致肠道菌群紊乱。长期应用可出现维生素缺乏症,重者造成二重感染。对马肠道菌产生广谱抑制作用,可引起耐药沙门菌或不明病原微生物的继发感染,导致严重甚至致死性的腹泻。③本品过量应用会导致胃肠功能紊乱,如厌食、呕吐或腹泻。

【注意事项】 ①蛋鸡产蛋期、孕畜、哺乳畜、泌乳期奶牛禁用。②肝肾功能严重不良的患畜禁用。③成年反刍动物、马属动物和兔不宜内服。④避免与乳制品和含钙量较高的饲料同服。

【休药期】 牛、羊、猪、禽28日。

【规格】 ①10 mg;②25 mg;③50 mg;④0.1 g。

任务 9　抗生素的选用(4)

扫码学课件

扫码看视频

学习目标

▲知识目标
1. 掌握兽医临床常用林可胺类抗生素的作用及应用。
2. 掌握兽医临床常用酰胺醇类抗生素的作用及应用。
3. 掌握兽医临床常用截短侧耳素类抗生素的作用及应用。
4. 掌握兽医临床常用多肽类抗生素的作用及应用。

▲技能目标
能合理选用林可胺类、酰胺醇类、截短侧耳素类、多肽类抗生素。

▲素质目标与思政目标
1. 树立爱国爱民的思想理念。
2. 培养遵纪守法的行为观念,倡导法律思维和底线思维。

案例导入

牛肉中检出氯霉素!

2020 年 12 月,某生态旅游度假区食品超市售卖的牛肉中检测出氯霉素,氯霉素检测值为 0.85 μg/kg,标准值为不得检出,不符合国家食品安全规定。请问你如何看待此消息?

本任务主要介绍林可胺类、酰胺醇类、截短侧耳素类、多肽类抗生素。

一、林可胺类抗生素

林可胺类抗生素是从林可链霉菌发酵液中提取的一类抗生素,对革兰氏阳性菌和支原体有较强的抗菌活性,对厌氧菌也有一定作用,我国批准用于兽医临床的林可胺类抗生素仅有林可霉素。

林可霉素,又称为洁霉素,临床使用的制剂主要有盐酸林可霉素片、盐酸林可霉素注射液、盐酸大观霉素盐酸林可霉素可溶性粉,主要用于革兰氏阳性菌感染,也可用于猪密螺旋体病和支原体等感染。

二、酰胺醇类抗生素

酰胺醇类抗生素属于广谱抗生素,包括氯霉素、甲砜霉素、氟苯尼考等,由于最先开发使用的是氯霉素,又称为氯霉素类抗生素。由于氯霉素严重干扰动物造血功能,可引起粒细胞及血小板生成减少,也可致不可逆性再生障碍性贫血,国家已禁止将氯霉素用于所有食品动物,希望广大兽医和养殖户自觉遵守国家规定,禁止将氯霉素用于食品动物,保护人们的健康。在本任务开始的案例中,违规使用禁用药物氯霉素,是从业人员不应该做的事情。我们一定要遵守国家的规定,一定要具备法律思维和底线思维,做有利于国家、有利于人民的事。

兽医临床使用的酰胺醇类抗生素是甲砜霉素和氟苯尼考。其抗菌机制是抑制细菌蛋白质的合成;属于广谱抑菌剂,对革兰氏阴性菌的作用比对革兰氏阳性菌的强,尤其是对伤寒杆菌和副伤寒杆菌高度敏感。细菌对本类药物也可产生耐药性,且甲砜霉素与氟

• 林可胺类抗生素的抗菌谱是什么?

• 国家为我,我爱国家! 我们要认真学习国家法律法规和国家政策,做遵纪守法的践行者,国家禁止的行为坚决不做,做利己、利民、利国的事情。

• 酰胺醇类抗生素的抗菌谱是什么?

苯尼考之间存在完全交叉耐药。

（1）甲砜霉素：又称为甲砜氯霉素，兽医临床常用的制剂有甲砜霉素片与甲砜霉素粉，主要用于治疗畜禽肠道、呼吸道等细菌性感染。由于本品有较强的免疫抑制作用，疫苗接种期或免疫功能严重缺损的动物禁用；因有胚胎毒性，妊娠期及哺乳期家畜慎用；因对肝药酶有抑制作用，肾功能不全的患畜要减量或延长给药间隔时间。

（2）氟苯尼考：又称氟甲砜霉素，兽医临床使用的制剂有氟苯尼考可溶性粉、氟苯尼考注射液、氟苯尼考粉、氟苯尼考预混剂、氟苯尼考溶液、氟苯尼考甲硝唑滴耳液，主要用于革兰氏阴性菌如巴氏杆菌和大肠杆菌等引起的感染。应用时的注意事项同甲砜霉素。

三、截短侧耳素类抗生素

截短侧耳素类抗生素主要包括泰妙菌素和沃尼妙林，两者都是畜禽专用的抗生素。

（1）泰妙菌素：又称为泰妙灵、支原净，兽医临床使用的制剂有延胡索酸泰妙菌素可溶性粉与延胡索酸泰妙菌素预混剂，抗菌谱与大环内酯类抗生素相似，但对支原体的作用比大环内酯类抗生素强，主要用于防治鸡慢性呼吸道病、猪气喘病、猪传染性胸膜肺炎，也用于防治猪密螺旋体痢疾和猪增生性肠炎。

（2）沃尼妙林：作用机制同泰妙菌素，可抑制细菌蛋白质的合成，兽医临床主要用于防治猪密螺旋体痢疾、猪气喘病、猪结肠螺旋体病（结肠炎）和猪增生性肠炎（回肠炎，细胞内劳森菌感染引起）。

四、多肽类抗生素

多肽类抗生素是一类具有多肽结构的化学物质，目前我国农业农村部批准在兽医临床上和畜禽业生产中使用的多肽类抗生素有黏菌素、杆菌肽、维吉尼亚霉素和恩拉霉素。

（1）黏菌素：又称为多黏菌素E、抗敌素，为窄谱杀菌剂，主要对革兰氏阴性杆菌的作用强，尤其是对铜绿假单胞菌具有强大的杀菌作用，主要作用机制是使细菌细胞膜的通透性增加，使细菌细胞内物质外漏，导致其代谢及功能紊乱而死亡。兽医临床使用的制剂为硫酸黏菌素可溶性粉，主要用于治疗猪、鸡革兰氏阴性菌所致的肠道感染。

（2）杆菌肽：抗菌谱与青霉素相似，兽医临床常用的制剂是杆菌肽锌预混剂，主要用于防治革兰氏阳性菌引起的感染。

（3）恩拉霉素：抗菌谱及抗菌机制同青霉素，兽医常用制剂为恩拉霉素预混剂，用于预防革兰氏阳性菌感染。

（4）维吉尼亚霉素：又称为维吉尼霉素、弗吉尼亚霉素，作用同恩拉霉素。

小结

林可胺类抗生素，仅有一个林可霉素；
主抗革兰阳性菌，支原体感染离不了。
酰胺醇类抗生素，抗菌范围虽然广，
抗阴①作用强阳菌②，吓倒伤寒副伤寒。
甲砜霉素氟苯尼考，临床用途范围广；
虽好不可长期用，抑制免疫很糟糕，
胚胎毒性也可见，还可抑制肝药酶。
泰妙菌素支原净，强于大环内酯类；
沃尼妙林同泰妙③，均为截短侧耳素。
多肽抗生素有两极④，既有抗阴①有抗阳②；
抗阴①最好黏菌素，绿脓杆菌最害怕。

其他均为抗阳菌②,作用有比青霉素。

国家限制抗生素,饲料不可乱添加;

应用治病不受限,抗菌药治病是正道;

兽医要把法规记,利国利民利自己。

注释：①指革兰氏阴性菌。②指革兰氏阳性菌。③指泰妙菌素。④指既有抗革兰氏阴性菌,也有抗革兰氏阳性菌。

使用氟苯尼考时应注意哪些问题？

扫码在线答题

你知道吗？

你知道伤寒与副伤寒的病原体是什么吗？

伤寒、副伤寒的病原体属于沙门菌属的沙门菌。沙门菌为革兰氏阴性菌,是一类寄生于人和动物肠道内的无芽孢直杆菌。对革兰氏阴性菌有效的药物主要有氨基糖苷类药物、氟喹诺酮类药物、黏菌素及磺胺类药物等,由于沙门菌属的耐药菌株不断在增加,在使用之前最好做药敏试验。

兽医临床常用的药物制剂

1. 盐酸林可霉素片

【性状】 本品为白色或类白色片。

【主要用途】 本品为林可胺类抗生素,主要用于革兰氏阳性菌感染,亦可用于猪密螺旋体和支原体等感染。

【用法与剂量】 内服：一次量,每千克体重,猪 10～15 mg；犬、猫 15～25 mg。一日 1～2 次,连用 3～5 日。

【不良反应】 本品具有神经肌肉阻断作用。

【注意事项】 猪用药后可能出现胃肠道功能紊乱。

【休药期】 猪 6 日。

【规格】 ①0.25 g；②0.5 g。

2. 盐酸林可霉素注射液

【性状】 本品为无色至微黄色或微黄绿色的澄明液体。

【主要用途】 本品为林可胺类抗生素,主要用于革兰氏阳性菌感染,亦可用于猪密螺旋体和支原体等感染。

【用法与剂量】 肌内注射：一次量，每千克体重，猪10 mg，一日1次；犬、猫10 mg。一日2次，连用3～5日。

【不良反应】 本品具有神经肌肉阻断作用。

【注意事项】 肌内注射给药可能会引起一过性腹泻或排软便。虽然极少见，如出现应采取必要的措施以防脱水。

【休药期】 猪2日。

【规格】 ①2 ml：0.12 g；②2 ml：0.2 g；③2 ml：0.3 g；④2 ml：0.6 g；⑤5 ml：0.3 g；⑥5 ml：0.5 g；⑦10 ml：0.3 g；⑧10 ml：0.6 g；⑨10 ml：1 g；⑩10 ml：1.5 g；⑪10 ml：3 g；⑫100 ml：30 g。

3. 甲砜霉素片

【性状】 本品为白色片。

【主要用途】 本品为酰胺醇类抗生素，主要用于畜禽肠道、呼吸道等细菌性感染。

【用法与剂量】 内服：一次量，每千克体重，畜禽5～10 mg。一日2次，连用2～3日。

【不良反应】 ①本品具有血液系统毒性，虽然不会引起再生障碍性贫血，但其引起的可逆性红细胞生成抑制比氯霉素更常见。②本品有较强的免疫抑制作用，约比氯霉素强6倍。③长期内服可引起消化功能紊乱，出现维生素缺乏或二重感染。④有胚胎毒性。⑤对肝微粒体药物代谢酶有抑制作用，可影响其他药物的代谢，提高血药浓度，增强药效或毒性，例如可显著延长戊巴比妥钠的麻醉时间。

【注意事项】 ①疫苗接种期或免疫功能严重缺损的动物禁用。②妊娠期及哺乳期家畜慎用。③肾功能不全患畜要减量或延长给药间隔时间。

【休药期】 28日；弃奶期7日。

【规格】 ①25 mg；②100 mg。

4. 甲砜霉素粉

【性状】 本品为白色粉末。

【主要用途】 本品为酰胺醇类抗生素，主要用于畜禽肠道、呼吸道等细菌性感染及鱼类细菌性疾病。

【用法与剂量】 内服：一次量，每千克体重，畜禽5～10 mg。一日2次，连用2～3日。拌饵投喂：每千克体重，鱼16.7 mg。一日1次，连用3～4日。

【不良反应】 同甲砜霉素片。

【注意事项】 同甲砜霉素片。

【休药期】 28日；弃奶期7日；鱼500度日。

【规格】 ①5％；②15％。

5. 氟苯尼考可溶性粉

【性状】 本品为白色或类白色粉末。

【主要用途】 本品为酰胺醇类抗生素，主要用于鸡敏感细菌所致的细菌性疾病。

【用法与剂量】 混饮：每升水，鸡100～200 mg，连用3～5日。

【不良反应】 有较强的免疫抑制作用。

【注意事项】 ①蛋鸡产蛋期禁用。②疫苗接种期间或免疫功能严重缺损的动物禁用。

【休药期】 鸡5日。

【规格】 5%。

6. 氟苯尼考注射液
【性状】 本品为无色至微黄色的澄明液体。

【主要用途】 本品为酰胺醇类抗生素,主要用于巴氏杆菌和大肠杆菌感染。

【用法与剂量】 肌内注射:一次量,每千克体重,鸡 20 mg,猪 15～20 mg;2 日 1 次,连用 2 次。鱼 0.5～1 mg,一日 1 次。

【不良反应】 ①本品高于推荐剂量使用时有一定的免疫抑制作用。②本品有胚胎毒性,妊娠期及哺乳期家畜慎用。

【注意事项】 ①蛋鸡产蛋期禁用。②疫苗接种期间或免疫功能严重缺损的动物禁用。③肾功能不全的患畜须适当减量或延长给药间隔时间。

【休药期】 猪 14 日,鸡 28 日,鱼 375 度日。

【规格】 ①2 ml∶0.6 g;②5 ml∶0.25 g;③5 ml∶0.5 g;④5 ml∶0.75 g;⑤5 ml∶1 g;⑥5 ml∶1.5 g;⑦10 ml∶0.5 g;⑧10 ml∶1 g;⑨10 ml∶1.5 g;⑩10 ml∶2 g;⑪50 ml∶2.5 g;⑫100 ml∶5 g;⑬100 ml∶10 g;⑭100 ml∶30 g。

7. 氟苯尼考粉
【性状】 本品为白色或类白色粉末。

【主要用途】 本品为酰胺醇类抗生素,主要用于巴氏杆菌和大肠杆菌感染。

【用法与剂量】 内服:每千克体重,猪、鸡 20～30 mg;一日 2 次,连用 3～5 日。鱼 10～15 mg,一日 1 次,连用 3～5 日。

【不良反应】 ①本品高于推荐剂量使用时有一定的免疫抑制作用。②本品有胚胎毒性,妊娠期及哺乳期家畜慎用。

【注意事项】 ①蛋鸡产蛋期禁用。②疫苗接种期间或免疫功能严重缺损的动物禁用。③肾功能不全的患畜须适当减量或延长给药间隔时间。

【休药期】 猪 20 日,鸡 5 日,鱼 375 度日。

【规格】 ①2%;②5%;③10%;④20%。

8. 氟苯尼考预混剂
【性状】 本品为白色或类白色粉末。

【主要用途】 本品为酰胺醇类抗生素,主要用于巴氏杆菌和大肠杆菌感染。

【用法与剂量】 混饲:每1000 kg 饲料,猪 1000～2000 g,连用 7 日。

【不良反应】 ①本品高于推荐剂量使用时有一定的免疫抑制作用。②本品有胚胎毒性,妊娠期及哺乳期家畜慎用。

【注意事项】 ①疫苗接种期间或免疫功能严重缺损的动物禁用。②肾功能不全的患畜须适当减量或延长给药间隔时间。

【休药期】 猪 14 日。

【规格】 2%。

9. 氟苯尼考溶液
【性状】 本品为无色或淡黄色的澄明液体。

【主要用途】 本品为酰胺醇类抗生素,主要用于治疗巴氏杆菌和大肠杆菌感染。

【用法与剂量】 混饮:每升水,鸡 100～150 mg,连用 5 日。

【不良反应】 ①本品高于推荐剂量使用时有一定的免疫抑制作用。②本品有胚胎毒性,妊娠期及哺乳期家畜慎用。

【注意事项】 ①蛋鸡产蛋期禁用。②疫苗接种期间或免疫功能严重缺损的动物禁用。③肾功能不全患畜需适当减量或延长给药间隔时间。

【休药期】 鸡 5 日。

【规格】 ①5%；②10%。

10. 氟苯尼考甲硝唑滴耳液

【性状】 本品为无色至微黄色的澄明油状液体。

【主要用途】 本品为酰胺醇类抗生素，主要用于犬、猫的细菌性中耳炎、外耳炎。

【用法与剂量】 混饮：每升水，鸡 100～150 mg，连用 5 日。

【不良反应】 对破损皮肤有轻度刺激作用。

【注意事项】 避免儿童接触。

【规格】 20 ml：氟苯尼考 500 mg 与甲硝唑 60 mg。

11. 延胡索酸泰妙菌素可溶性粉

【性状】 本品为白色或类白色粉末。

【主要用途】 本品为截短侧耳素类抗生素，主要用于防治鸡慢性呼吸道病，猪气喘病、猪传染性胸膜肺炎，也用于防治猪密螺旋体痢疾和猪增生性肠炎（回肠炎）。

【用法与剂量】 混饮：每升水，猪 45～60 mg，连用 5 日。鸡 125～250 mg，连用 3 日。

【不良反应】 使用正常剂量时，猪有时会出现皮肤红斑。使用过量时，可引起猪短暂流涎、呕吐和中枢神经抑制。

【注意事项】 ①禁止与莫能菌素、盐霉素、甲基盐霉素等聚醚类抗生素合用。②使用时避免药物与眼及皮肤接触。

【休药期】 猪 7 日，鸡 5 日。

【规格】 ①5%；②10%；③45%。

12. 延胡索酸泰妙菌素预混剂

【主要用途】 本品为截短侧耳素类抗生素，主要用于防治猪气喘病、猪传染性胸膜肺炎，也用于防治猪密螺旋体痢疾。

【用法与剂量】 混饲：每 1000 千克饲料，猪 40～100 g，连用 5～10 日。

【不良反应】 使用正常剂量时，猪有时会出现皮肤红斑。使用过量时，可引起猪短暂流涎、呕吐和中枢神经抑制。

【注意事项】 ①禁止与莫能菌素、盐霉素、甲基盐霉素等聚醚类抗生素合用。②使用时避免药物与眼及皮肤接触。③环境温度高于 40 ℃ 时，含药饲料的储存期不得超过 7 日。

【休药期】 猪 7 日。

【规格】 ①10%；②80%。

13. 硫酸黏菌素可溶性粉

【性状】 本品为白色或类白色粉末。

【主要用途】 本品为多肽类抗生素，主要用于猪、鸡革兰氏阴性菌所致的肠道感染。

【用法与剂量】 混饮：每升水，猪 40～200 mg，鸡 20～60 mg。混饲：每千克饲料，猪 40～80 mg。

【注意事项】 ①蛋鸡产蛋期禁用。②连续使用不宜超过 1 周。

【休药期】 猪、鸡 7 日。

【规格】 ①100 g：2 g(0.6 亿单位)；②100 g：5 g(1.5 亿单位)；③100 g：10 g(3 亿单位)。

任务 10　合成抗菌药物的选用(1)

▲知识目标
1. 明确磺胺类药物的分类、抗菌谱、作用机制、耐药性及不良反应等。
2. 掌握兽医临床常用的磺胺类药物的作用及应用。
3. 掌握兽医临床常用的抗菌增效剂的作用及应用。

▲技能目标
1. 能合理选用磺胺类药物。
2. 能合理使用抗菌增效剂。

▲素质目标与思政目标
1. 培养规范用药、科学用药的职业素养。
2. 培养为人们健康服务的理念及守护食品安全的责任使命。

案例导入

兽药残留超标乌鸡案！

　　2022 年 4 月，山东省莘县农业农村局接到该县市场监督管理局案件移送函，称山东某公司销售的乌鸡产品经检测常规兽药甲氧苄啶、磺胺类药物残留超标。经溯源，该批乌鸡由山东莘县华盛食品有限公司生产，共计 515 只，销售金额 7728 元。2022 年 5 月，莘县农业农村局依法对该公司作出没收违法所得 7728 元、罚款 5000 元的行政处罚。

本任务主要介绍磺胺类药物及抗菌增效剂。

一、磺胺类药物

(一)磺胺类药物的基本化学结构

磺胺类药物的基本化学结构是对氨基苯磺酰胺，简称磺胺(图 10-1)。结构中一个氨基、一个磺酰胺基必须位于苯环的对位上面，也就是二者必须面对面，若

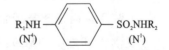

图 10-1　磺胺类药物的基本结构

氨基上的氢离子被其他物质取代，则抗菌作用消失；若磺酰胺基上的氢离子被其他物质取代，则形成一系列的磺胺类药物。

(二)磺胺类药物的分类

根据磺胺类药物的吸收特点和临床应用可将其分为三大类。

(1) 肠道易吸收的磺胺类药物，也就是用于全身感染性疾病的磺胺类药物，如磺胺甲噁唑(SMZ)、磺胺嘧啶(SD)、磺胺间甲氧嘧啶(SMM)、磺胺对甲氧嘧啶(SMD)、磺胺二甲嘧啶(SM2)等。

(2) 肠道难吸收的磺胺类药物，也就是用于肠道感染的磺胺类药物，如磺胺脒(SG)、酞磺胺噻唑(PST)等。

(3) 外用的磺胺类药物，也就是外用于局部感染的磺胺类药物，如磺胺醋酰钠(SA-Na)、

磺胺嘧啶银(SD-Ag)等。

(三)磺胺类药物的抗菌谱

磺胺类药物属于广谱慢效抑菌剂。抗菌谱广,对大多数革兰氏阳性菌、部分革兰氏阴性菌都有良好的抗菌作用,对衣原体,某些原虫如球虫、弓形虫等也有效;对螺旋体、支原体、立克次氏体、结核分枝杆菌无效。

(四)磺胺类药物的作用机制

磺胺类药物的作用机制主要是竞争性抑制细菌二氢叶酸合成酶,妨碍细菌叶酸的合成,影响细菌核酸合成,从而抑制细菌的生长和繁殖。为了保证其竞争优势,提高药物的作用效果,首次使用磺胺类药物时剂量要加倍。

(五)磺胺类药物的体内过程

吸收后的磺胺类药物分布于全身各组织和体液中。磺胺类药物中磺胺嘧啶与血浆蛋白的结合率最低,易于通过血脑屏障进入脑脊液中,故常作为脑部细菌感染的首选药。磺胺类药物主要在肝脏代谢,主要是通过对位氨基的乙酰化失去抗菌活性,在酸性尿液中磺胺及乙酰化磺胺溶解度下降,易析出结晶,损害肾脏,故使用磺胺类药物时同时内服碳酸氢钠碱化尿液,可提高磺胺类药物的溶解度,促进其从尿中排出。

(六)磺胺类药物的耐药性

细菌对磺胺类药物易产生耐药性,且不同磺胺类药物之间有不同程度的交叉耐药性,但与其他抗菌药物之间无交叉耐药的现象。

(七)磺胺类药物的不良反应

临床常见的磺胺类药物的不良反应主要是急性中毒与慢性中毒,急性中毒多因使用剂量过大或静脉注射速度过快所致,多表现为神经症状;慢性中毒多见于用药时间过长(超过1周)或使用剂量较大所致,多表现为肾脏损伤、胃肠道菌群紊乱、造血功能破坏、免疫系统抑制、家禽生产力下降等等。所以在临床选用磺胺类药物的过程中一定要有一颗责任心,规范使用,科学使用,尽可能避免药物不良反应的出现,避免因药物不规范使用带来的损失,同时注意休药期,保护人们的健康。在本任务开始的案例中,该公司就是因为没有注意磺胺类药物的休药期而导致药物残留。兽医直接的责任是保护动物的健康,间接的责任和义务则是保护人们的健康,为人们提供健康安全的食品动物是兽医的使命,因此我们一定要遵守用药规范,遵守国家法规,避免药物残留,守护食品安全底线。

(八)临床常用磺胺类药物的作用及应用

(1)磺胺二甲嘧啶(SM2):临床常用的制剂有磺胺二甲嘧啶片与磺胺二甲嘧啶钠注射液,主要用于敏感菌引起的感染,也可用于球虫和弓形虫感染。

(2)磺胺甲噁唑(SMZ):临床常用制剂有磺胺甲噁唑片与复方磺胺甲噁唑片,主要用于敏感菌引起的家畜呼吸道、泌尿道等感染。

(3)磺胺对甲氧嘧啶(SMD):临床使用的制剂有磺胺对甲氧嘧啶片、复方磺胺对甲氧嘧啶片与复方磺胺对甲氧嘧啶钠注射液,主要用于敏感菌引起的泌尿道、呼吸道、皮肤软组织等感染,也可用于球虫感染。

(4)磺胺间甲氧嘧啶(SMM):临床常用的制剂有磺胺间甲氧嘧啶片与磺胺间甲氧嘧啶钠注射液,主要用于敏感菌引起的感染,也用于猪弓形虫和鸡住白细胞虫等感染。

(5)磺胺脒(SG):临床常用制剂为磺胺脒片,主要用于肠道敏感菌的感染。

(6)磺胺氯达嗪钠:临床常用制剂是复方磺胺氯达嗪钠粉,主要用于畜禽大肠杆菌和巴氏杆菌感染。

二、抗菌增效剂

抗菌增效剂是一类能增强磺胺类药物和多种抗生素疗效的药物,是人工合成的二氨基嘧啶类药物,常与磺胺类药物配伍使用,可使磺胺类药物的作用增加十倍至数十倍。其作用机制是抑制二氢叶酸还原酶,与磺胺类药物配合使用双重阻断细菌叶酸的合成,可使抑菌作用变为杀菌作用。如复方磺胺甲噁唑片,就是在磺胺类药物里添加了抗菌增效剂甲氧苄啶(TMP)制成的。临床常用的抗菌增效剂是甲氧苄啶和二甲氧苄啶。

(1)甲氧苄啶(TMP):又称为甲氧苄氨嘧啶、三甲氧苄氨嘧啶,内服易吸收,抗菌谱广,单用易产生耐药,主要与磺胺类药物以1:5的比例配伍使用,用于敏感菌所致的全身感染。甲氧苄啶还可增强多种抗生素(如红霉素、四环素、庆大霉素、黏菌素等)的抗菌作用。

(2)二甲氧苄啶(DVD):又称为二甲氧苄氨嘧啶,内服吸收很少,抗菌活性比甲氧苄啶弱,临床常用的制剂是磺胺喹噁啉二甲氧苄啶预混剂,主要用于畜禽肠道感染。

以上是兽医临床常用的磺胺类药物及抗菌增效剂,我们要以科学的态度对待药物的选用,严格遵守使用规范。

磺胺类药物与抗菌增效剂的作用机制如图10-2所示。

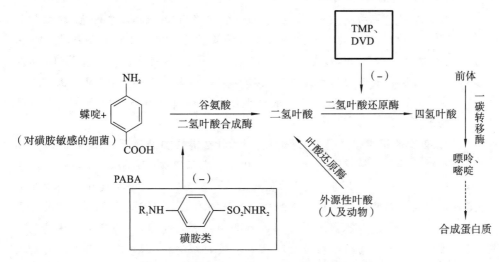

图10-2 磺胺类药物与抗菌增效剂的作用机制

> - 抗菌增效剂的抗菌机制是什么?
> - 兽医临床常用的抗菌增效剂有哪些?
> - 甲氧苄啶与磺胺类药物的配制比例是多少?

 小结

化学合成磺胺药,广谱抑菌作用慢;
对抗细菌和原虫①,衣原体感染也有效;
其他病原不敏感,抗菌范围记心间。
碱性环境作用好,避免肾脏遭损害;
首次剂量要加倍,避免耐药可增效。
主要症状消除了,继续用药两三天。
如果添加增效剂,效果增强数十倍;
添加比例1比5,磺胺仍是重头戏。
磺胺药物分三类,分类使用效果好;
药物名称要牢记,合理使用效果显。

注释:①指原生动物。

讨论

兽医临床使用磺胺类药物时应注意哪些问题？

线上评测

扫码在线答题

你知道吗？

1. 你知道原虫的特点吗？

原虫是单细胞动物，整个虫体就是一个细胞，由细胞膜、细胞质、细胞核组成，具有完整的生理功能。原虫寄生于动物的腔道、体液、组织和细胞内。原虫微小，多数为 1~30 μm，形态多样，有圆形、卵圆形、柳叶形或不规则等形状，其不同的发育阶段有不同的形态。对动物致病的原虫有伊氏锥虫、梨形虫、球虫、弓形虫等，其中球虫、弓形虫对广谱抗生素土霉素、四环素及合成抗菌药物磺胺类药物敏感。

2. 首次使用磺胺类药物治疗疾病时为什么需要加倍剂量？

对磺胺类药物敏感的细菌必须利用对氨基苯甲酸（PABA）和二氢蝶啶，在二氢叶酸合成酶的作用下，形成四氢叶酸，合成叶酸，进而合成蛋白质得以生长繁殖。磺胺类药物的抗菌机制是能选择性地与对氨基苯甲酸竞争二氢叶酸合成酶，阻断菌体合成叶酸，致使菌体核酸和蛋白质合成受阻，从而产生菌体抑制作用。由于磺胺类药物的结构与对氨基苯甲酸的结构相似，只有在高浓度的情况下才能保证其竞争优势，与二氢叶酸合成酶结合，抑制菌体叶酸的合成，从而抑制细菌核酸和蛋白质的合成，所以磺胺类药物首次使用要加倍剂量，然后再按常规剂量给药。

兽医临床常用的药物制剂

1. 磺胺二甲嘧啶片

【性状】 本品为白色至微黄色片。

【主要用途】 本品为磺胺类药物，用于敏感菌感染，也可用于球虫和弓形虫感染。

【用法与剂量】 内服：一次量，每千克体重，家畜首次剂量 140~200 mg，维持量 70~100 mg。一日 1~2 次，连用 3~5 日。

【不良反应】 磺胺二甲嘧啶及其代谢物可在尿液中形成沉淀，在大剂量给药或小剂量长期给药时更易产生结晶，引起结晶尿、血尿或肾小管堵塞。

【注意事项】 ①本品易在泌尿道中析出结晶，应给患畜大量饮水。大剂量、长期应用时宜同时给予等量的碳酸氢钠。②肾功能受损时排泄缓慢，应慎用。③本品可引起肠道菌群失调，长期用药可引起维生素 B 和维生素 K 的合成或吸收减少，宜补充相应的维生素。④在家畜出现过敏反应时,应立即停药并给予对症治疗。

【休药期】 牛10日,猪15日,禽10日;弃奶期7日。

【规格】 0.5 g。

2. 磺胺二甲嘧啶钠注射液

【性状】 本品为无色至微黄色的澄明液体;遇光易变质。

【主要用途】 本品为磺胺类药物,用于敏感菌感染,也可用于球虫和弓形虫感染。

【用法与剂量】 静脉注射:一次量,每千克体重,家畜50～100 mg。一日1～2次,连用2～3日。

【不良反应】 磺胺二甲嘧啶钠及其代谢物可在尿液中产生沉淀,在大剂量给药或小剂量长期给药时更易产生结晶,引起结晶尿、血尿或肾小管堵塞。

【注意事项】 ①应用本品期间应给患畜大量饮水,以防结晶尿的产生,必要时亦可加服碳酸氢钠等碱性药物。②肾功能受损时排泄缓慢,应慎用。③本品遇酸类可析出结晶,故不宜用5％葡萄糖溶液稀释。④注意交叉过敏反应。在出现过敏反应或其他严重不良反应时,应立即停药并给予对症治疗。

【休药期】 28日;弃奶期7日。

【规格】 ①5 ml：0.5 g;②10 ml：1 g;③100 ml：10 g。

3. 磺胺甲噁唑片

【性状】 本品为白色片。

【主要用途】 本品为磺胺类药物,用于敏感菌引起的家畜的呼吸道、泌尿道等感染。

【用法与剂量】 内服:一次量,每千克体重,家畜首次剂量50～100 mg,维持量25～50 mg。一日2次,连用3～5日。

【不良反应】 ①磺胺甲噁唑及其代谢物可在尿液中产生沉淀,在大剂量给药或小剂量长期给药时更易产生结晶,引起结晶尿、血尿或肾小管堵塞。②马内服本品可能产生腹泻。

【注意事项】 ①本品易在泌尿道中析出结晶,应给患畜大量饮水。大剂量、长期应用时宜同时给予等量的碳酸氢钠。②肾功能受损时排泄缓慢,应慎用。③可引起肠道菌群失调,长期用药可引起维生素B和维生素K的合成或吸收减少,宜补充相应的维生素。④注意交叉过敏反应。在家畜出现过敏反应时,应立即停药并给予对症治疗。

【休药期】 28日;弃奶期7日。

【规格】 0.5 g。

4. 复方磺胺甲噁唑片

【性状】 本品为白色片。

【主要用途】 本品为磺胺类药物,用于敏感菌引起的家畜的呼吸道、泌尿道等感染。

【用法与剂量】 内服:一次量,每千克体重,家畜20～25 mg。一日2次,连用3～5日。

【不良反应】 主要表现为急性反应如过敏反应,慢性反应表现为粒细胞减少、血小板减少、肝脏损害、肾脏损害及中枢神经毒性反应。

【注意事项】 ①对磺胺类药物有过敏史的患畜禁用。②本品易在泌尿道中析出结晶,应给予患畜大量饮水。大剂量、长期应用时宜同时给予等量的碳酸氢钠。③可引起肠道菌群失调,长期用药可引起维生素B和维生素K的合成或吸收减少,宜补充相应的维生素。④在家畜出现过敏反应时,应立即停药并给予对症治疗。⑤肾功能受损时排泄缓慢,应慎用。⑥不能用于有肝脏实质损伤的犬和马。

【休药期】 28日;弃奶期7日。

5. 磺胺对甲氧嘧啶片

【性状】 本品为白色或微黄色片。

【主要用途】 本品为磺胺类药物,用于敏感菌感染,也可用于球虫感染。

【用法与剂量】 内服:一次量,每千克体重,家畜首次剂量50～100 mg,维持量25～50 mg。一日1～2次,连用3～5日。

【不良反应】 ①磺胺对甲氧嘧啶及其代谢物可在尿液中产生沉淀,在大剂量给药或小剂量长期给药时更易产生结晶,引起结晶尿、血尿或肾小管堵塞。②马内服本品可能产生腹泻。

【注意事项】 ①本品易在泌尿道中析出结晶,应给患畜大量饮水。大剂量、长期应用时宜同时给予等量的碳酸氢钠。②肾功能受损时排泄缓慢,应慎用。③本品可引起肠道菌群失调,长期用药可引起维生素B和维生素K的合成或吸收减少,宜补充相应的维生素。④注意交叉过敏反应。在家畜出现过敏反应时,应立即停药并给予对症治疗。

【休药期】 28日。

【规格】 0.5 g。

6. 复方磺胺对甲氧嘧啶片

【性状】 本品为白色片。

【主要用途】 本品为磺胺类药物,用于敏感菌引起的家畜的呼吸道、泌尿道及皮肤软组织等感染。

【用法与剂量】 内服:一次量,每千克体重,家畜20～25 mg。一日2～3次,连用3～5日。

【不良反应】 主要表现为急性反应如过敏反应,慢性反应表现为粒细胞减少、血小板减少、肝脏损害、肾脏损害及中枢神经毒性反应。

【注意事项】 ①本品易在泌尿道中析出结晶,应给予患畜大量饮水。大剂量、长期应用时宜同时给予等量的碳酸氢钠。②肾功能受损时排泄缓慢,应慎用。③本品可引起肠道菌群失调,长期用药可引起维生素B和维生素K的合成或吸收减少,宜补充相应的维生素。④在家畜出现过敏反应时,应立即停药并给予对症治疗。⑤不能用于有肝脏实质损伤的犬。

【休药期】 28日;弃奶期7日。

【规格】 0.5 g。

7. 复方磺胺对甲氧嘧啶钠注射液

【性状】 本品为无色至微黄色的澄明液体。

【主要用途】 本品为磺胺类药物,用于敏感菌引起的家畜的呼吸道、泌尿道及皮肤软组织等感染。

【用法与剂量】 肌内注射:一次量,每千克体重,家畜15～20 mg。一日1～2次,连用2～3日。

【不良反应】 主要表现为急性反应如过敏反应,慢性反应表现为粒细胞减少、血小板减少、肝脏损害、肾脏损害及中枢神经毒性反应。

【注意事项】 ①本品遇酸类可析出结晶,故不宜5%葡萄糖溶液稀释。②长期或大剂量应用时易在泌尿道中析出结晶,宜同时给予碳酸氢钠,并给予患畜大量饮水。③在家畜出现过敏反应或其他严重不良反应时,应立即停药并给予对症治疗。④不能用于有肝脏实质损伤的犬和马。

【休药期】 28日;弃奶期7日。

【规格】 ①10 ml:磺胺对甲氧嘧啶钠1 g+甲氧苄啶0.2 g;②10 ml:磺胺对甲氧

嘧啶钠 1.5 g+甲氧苄啶 0.3 g；③10 ml：磺胺对甲氧嘧啶钠 2 g+甲氧苄啶 0.4 g。

8. 磺胺间甲氧嘧啶片

【性状】 本品为白色或微黄色片。

【主要用途】 本品为磺胺类药物，用于敏感菌感染，也可用于猪弓形虫和鸡住白细胞虫等感染。

【用法与剂量】 内服：一次量，每千克体重，家畜首次剂量 50～100 mg，维持量 25～50 mg。一日 2 次，连用 3～5 日。

【不良反应】 同磺胺甲噁唑片。

【注意事项】 同磺胺甲噁唑片。

【休药期】 28 日。

【规格】 ①25 mg；②0.5 g。

9. 磺胺间甲氧嘧啶钠注射液

【性状】 本品为无色至淡黄色的澄明液体。

【主要用途】 本品为磺胺类药物，用于敏感菌感染，也可用于猪弓形虫等感染。

【用法与剂量】 静脉注射：一次量，每千克体重，家畜 50 mg。一日 1～2 次，连用 2～3 日。

【不良反应】 ①本品及其代谢物可在尿液中产生沉淀，在大剂量给药或小剂量长期给药时更易产生结晶，引起结晶尿、血尿或肾小管堵塞。②马静脉注射可引起暂时性麻痹。③本品为强碱性溶液，对组织有强刺激性。

【注意事项】 ①本品遇酸类可析出结晶，故不宜用 5% 葡萄糖溶液稀释。②长期或大剂量应用时易引起结晶尿，应同时给予碳酸氢钠，并给患畜大量饮水。③在家畜出现过敏反应或其他严重不良反应时，应立即停药并给予对症治疗。

【休药期】 28 日；弃奶期 7 日。

【规格】 ①5 ml：0.5 g；②5 ml：0.75 g；③10 ml：0.5 g；④10 ml：1 g；⑤10 ml：1.5 g；⑥10 ml：3 g；⑦20 ml：2 g；⑧50 ml：5 g；⑨100 ml：10 g。

10. 磺胺脒片

【性状】 本品为白色片。

【主要用途】 本品为磺胺类药物，用于肠道细菌性感染。

【用法与剂量】 内服：一次量，每千克体重，家畜 0.1～0.2 g。一日 2 次，连用 3～5 日。

【不良反应】 长期服用可能影响胃肠道菌群，引起消化道功能紊乱。

【注意事项】 ①新生仔畜（1～2 日龄犊、仔猪等）的肠内吸收率高于幼畜。②不宜长期服用，注意观察胃肠道功能。

【休药期】 28 日。

【规格】 ①0.25 g；②0.5 g。

11. 复方磺胺氯达嗪钠粉

【性状】 本品为淡黄色粉末。

【主要用途】 本品为磺胺类药物，用于畜禽大肠杆菌和巴氏杆菌感染。

【用法与剂量】 内服：每千克体重，猪、鸡，一日量 20 mg。猪连用 5～10 日；鸡连用 3～6 日。

【不良反应】 主要表现为急性反应如过敏反应，慢性反应表现为粒细胞减少、血小板减少、肝脏损害、肾脏损害及中枢神经毒性反应。本品易在尿中沉积，尤其是在大剂量或长时间用药时更易发生。

【注意事项】 ①蛋鸡产蛋期禁用。②不得作为饲料添加剂长期应用。③本品易在泌尿道中析出结晶,宜同时给予碳酸氢钠,并给予患畜大量饮水。④肾功能受损时排泄缓慢,应慎用。⑤本品可引起肠道菌群失调,长期用药可引起维生素B和维生素K的合成或吸收减少,宜补充相应的维生素。⑥不能用于对磺胺类药物有过敏史的病畜。

【休药期】 猪4日,鸡2日。

12. 磺胺嘧啶片

【性状】 本品为白色至微黄色片,遇光色渐变深。

【主要用途】 本品为磺胺类药物,用于敏感菌感染,也可用于弓形虫感染。

【用法与剂量】 内服:一次量,每千克体重,家畜首次量0.14～0.2 g,维持量0.07～0.1 g。一日2次,连用3～5日。

【不良反应】 ①磺胺嘧啶及其代谢物可在尿液中产生沉淀,在大剂量给药或小剂量长期给药时更易产生结晶,引起结晶尿、血尿或肾小管堵塞。②马内服本品可能产生腹泻。

【注意事项】 ①本品易在泌尿道中析出结晶,应给患畜大量饮水。小剂量长期或大剂量应用时宜同时给予等量的碳酸氢钠。②肾功能受损时排泄缓慢,应慎用。③本品可引起肠道菌群失调,长期用药可引起维生素B和维生素K的合成或吸收减少,宜补充相应的维生素。④在家畜出现过敏反应时,应立即停药并给予对症治疗。

【休药期】 猪5日,牛、羊28日;弃奶期7日。

【规格】 0.5 g。

13. 磺胺嘧啶钠注射液

【性状】 本品为无色至微黄色的澄明液体,遇光易变质。

【主要用途】 本品为磺胺类药物,用于敏感菌感染,也可用于弓形虫感染。

【用法与剂量】 静脉注射:一次量,每千克体重,家畜0.05～0.1 g。一日1～2次,连用2～3日。

【不良反应】 ①磺胺嘧啶钠及其代谢物可在尿液中产生沉淀,在大剂量给药或小剂量长期给药时更易产生结晶,引起结晶尿、血尿或肾小管堵塞。②马静脉注射本品可引起暂时性麻痹。③急性中毒多发生于静脉注射时,因注射速度过快或剂量过大引起,主要表现为神经兴奋、共济失调、肌无力、呕吐、昏迷、厌食和腹泻等。牛、山羊还可见到视觉障碍、散瞳。

【注意事项】 ①本品遇酸类可析出结晶,故不宜用5%葡萄糖溶液稀释。②小剂量长期或大剂量应用时易引起结晶尿,同时给予碳酸氢钠,并给患畜大量饮水。③当出现过敏反应或其他严重不良反应时,应立即停药并给予对症治疗。

【休药期】 猪10日,牛10日,羊18日;弃奶期3日。

【规格】 ①2 ml:0.4 g;②5 ml:1 g;③10 ml:1 g;④10 ml:2 g;⑤10 ml:3 g;⑥50 ml:5 g。

14. 复方磺胺嘧啶钠注射液

【性状】 本品为无色至微黄色的澄明液体。

【主要用途】 本品为磺胺类药物,用于敏感菌及弓形虫感染。

【用法与剂量】 肌内注射:一次量,每千克体重,家畜20～30 mg。一日1～2次,连用2～3日。

【不良反应】 ①主要表现为急性反应如过敏反应,慢性反应表现为粒细胞减少、血小板减少、肝脏损害、肾脏损害及中枢神经毒性反应。②本品易在尿中沉积,长期大剂量应用时易引起结晶尿。

【注意事项】 ①本品遇酸类可析出结晶,故不宜用5%葡萄糖溶液稀释。②小剂量长期或大剂量应用时,同时给予碳酸氢钠,并给患畜大量饮水。③当出现过敏反应或其他严重不良反应时,应立即停药并给予对症治疗。

【休药期】 猪20日,牛、羊12日;弃奶期2日。

【规格】 ①1 ml;②5 ml;③10 ml。

15. 磺胺嘧啶银

【性状】 本品为白色或类白色的结晶性粉末,遇光或遇热易变质。

【主要用途】 外用药,局部用于烧伤创面。

【用法与剂量】 外用:撒布于创面或配成2%混悬液湿敷。

【不良反应】 局部应用时有一过性疼痛,无其他不良反应。

【注意事项】 局部应用本品时,要清创排脓,因为在脓液和坏死组织中,含有大量的对氨基苯甲酸,可减弱磺胺类药物的作用。

16. 磺胺噻唑片

【性状】 本品为白色至微黄色片,遇光色渐变深。

【主要用途】 本品为磺胺类药物,用于敏感菌感染。

【用法与剂量】 内服:一次量,每千克体重,家畜首次量0.14～0.2 g,维持量0.07～0.1 g。一日2～3次,连用3～5日。

【不良反应】 ①泌尿系统损伤,出现结晶尿、血尿和蛋白尿。②抑制胃肠道菌群,导致消化系统障碍和食草动物的多发性肠炎等。③造血功能破坏,出现溶血性贫血、凝血时间延长和毛细血管渗血。④幼畜或幼禽免疫系统抑制,免疫器官出血及萎缩。

【注意事项】 局部应用本品时,要清创排脓,因为在脓液和坏死组织中,含有大量的对氨基苯甲酸,可减弱磺胺类药物的作用。

【休药期】 28日;弃奶期7日。

【规格】 ①0.5 g;②1 g。

17. 磺胺噻唑钠注射液

【性状】 本品为无色至淡黄色的澄明液体;遇光色渐变深。

【主要用途】 本品为磺胺类药物,用于敏感菌感染。

【用法与剂量】 静脉注射:一次量,每千克体重,家畜0.05～0.1 g。一日2次,连用2～3日。

【不良反应】 表现为急性中毒和慢性中毒两类。①急性中毒。多发生于静脉注射时注射速度过快或剂量过大。主要表现为神经兴奋、共济失调、肌无力、呕吐、昏迷、厌食和腹泻等。牛、山羊还可见到视觉障碍、散瞳。②慢性中毒。主要由剂量偏大、用药时间过长引起。主要症状:泌尿系统损伤,出现结晶尿、血尿和蛋白尿等;抑制胃肠道菌群,导致消化系统障碍和食草动物的多发性肠炎等;造血功能破坏,出现溶血性贫血、凝血时间延长和毛细血管渗血;幼畜或幼禽免疫系统抑制、免疫器官出血及萎缩。

【注意事项】 ①本品遇酸类可析出结晶,故不宜用5%葡萄糖溶液稀释。②小剂量长期或大剂量使用时,应同时给予碳酸氢钠,并给患畜大量饮水。③当出现过敏反应或其他严重不良反应时,应立即停药并给予对症治疗。

【休药期】 28日;弃奶期7日。

【规格】 ①5 ml:0.5 g;②10 ml:1 g;③20 ml:2 g。

扫码学课件

扫码看视频

任务 11　合成抗菌药物的选用(2)

学习目标

▲知识目标
1. 掌握兽医临床常用的氟喹诺酮类药物的作用及应用。
2. 掌握兽医临床常用的喹噁啉类合成抗菌药物的作用及应用。
3. 掌握兽医临床常用的硝基咪唑类合成抗菌药物的作用及应用。

▲技能目标
能合理选用氟喹诺酮类药物、喹噁啉类合成抗菌药物及硝基咪唑类合成抗菌药物。

▲素质目标与思政目标
1. 培养规范用药、科学用药的职业素养。
2. 培养守护食品安全的职业理念。

案例导入

销售尚在休药期内的生猪案!

2022年5月,甘肃省镇原县农业农村局接到崇信县农业农村局案件移送函,称镇原县某养殖专业合作社养殖的生猪产品经检测常规兽药恩诺沙星、磺胺类药物残留超标。经查,该合作社负责人在饲育生猪过程中,肌内注射恩诺沙星、磺胺类药物为1头生猪治病,但未超过休药期便将之与其他59头生猪调运至某屠宰公司,屠宰后将部分生猪产品销往某生活超市,被当地市场监督管理局抽样检测发现恩诺沙星、磺胺类药物残留超标,涉案猪肉产品货值2000元。镇原县农业农村局依法对当事人作出没收违法所得2000元、罚款30000元的行政处罚。

本任务主要介绍氟喹诺酮类药物、喹噁啉类合成抗菌药物及硝基咪唑类合成抗菌药物。

一、氟喹诺酮类药物

喹诺酮类药物是人工合成的一类具有4-喹诺酮环结构的杀菌性抗菌药物。目前临床主要使用的是第三代喹诺酮类药物,第三代喹诺酮类药物又称为氟喹诺酮类药物。氟喹诺酮类药物具有以下特点。

(1) 抗菌谱广,对革兰氏阳性菌和革兰氏阴性菌、铜绿假单胞菌、支原体、衣原体等均有作用。

(2) 杀菌力强,在体外很低的药物浓度即可显示高度的抗菌活性,临床疗效好。

(3) 吸收快、体内分布广泛,可治疗各个系统或组织的感染性疾病。

(4) 抗菌机制独特,与其他抗菌药物无交叉耐药性。其抗菌机制是抑制细菌脱氧核糖核酸(DNA)的合成。

(5) 具有明显的抗菌后效应。

目前我国批准在兽医临床应用的氟喹诺酮类药物有环丙沙星、恩诺沙星、达氟沙星、

• 不遵守休药期的后果是得不偿失的!

• 氟喹诺酮类药物有哪些特点?

• 兽医临床常用的氟喹诺酮类药物有哪些?

二氟沙星、沙拉沙星、马波沙星等,临床俗称为沙星类药物。除了环丙沙星外,其他都是动物专用的氟喹诺酮类药物。

(1) 环丙沙星:又称为环丙氟哌酸,广谱,对革兰氏阴性杆菌的抗菌活性在常用的氟喹诺酮类药物中最强,甚至对氨基糖苷类或第三代头孢菌素耐药的菌株仍具有抗菌活性,主要用于革兰氏阴性杆菌所致的全身感染。对革兰氏阳性菌的感染则需要配合其他抗菌药物。

• 环丙沙星的抗菌特点是什么?

(2) 恩诺沙星:又称为乙基环丙沙星、恩氟沙星,临床常用的制剂有恩诺沙星片、恩诺沙星注射液与恩诺沙星溶液三种。恩诺沙星为广谱杀菌性抗菌药物,对支原体有特效,主要用于畜禽细菌性疾病和支原体感染。

• 恩诺沙星的抗菌特点是什么?

(3) 达氟沙星:又称为单诺沙星,临床常用的制剂有甲磺酸达氟沙星粉、甲磺酸达氟沙星溶液与甲磺酸达氟沙星注射液,其特点是在肺组织中的药物浓度是血浆的5~7倍,抗菌谱与恩诺沙星相似,临床主要用于肺部细菌感染和支原体感染。

• 达氟沙星的抗菌特点是什么?

(4) 二氟沙星:又称为双氟哌酸,临床常用的制剂有盐酸二氟沙星片、盐酸二氟沙星粉和盐酸二氟沙星注射液三种,抗菌谱同恩诺沙星,但抗菌活性略低,对葡萄球菌作用较强,用于敏感菌所致的全身感染及支原体感染。

• 二氟沙星的抗菌特点是什么?

(5) 沙拉沙星:临床常用制剂有盐酸沙拉沙星片、盐酸沙拉沙星溶液和盐酸沙拉沙星注射液,抗菌谱与二氟沙星相似,对支原体的作用弱于二氟沙星,主要用于敏感菌引起的各种感染。

(6) 马波沙星:临床常用制剂有马波沙星片和马波沙星注射液,临床主要用于犬、猫的急性上呼吸道感染、尿路感染、深部及浅表皮肤感染和软组织感染,也用于猪的呼吸系统感染、乳腺炎-子宫炎-无乳综合征等。

以上是临床常用的氟喹诺酮类药物,氟喹诺酮类药物也会引起不良反应,比如会影响软骨发育,在尿中可形成结晶而损伤尿路,剂量过大会引起胃肠道反应,中毒后会出现中枢神经系统兴奋,猫中毒后会表现出瞳孔散大、视网膜变性甚至失明等等。用药后一定要注意观察,出现不良反应等异常情况及时处理并向所在地人民政府兽医行政管理部门报告。《兽药管理条例》第五十条规定:国家实行兽药不良反应报告制度。

• 氟喹诺酮类药物的不良反应有哪些?
• 用药后注意观察!

此类药物在食肉动物的使用中都规定了休药期,且在动物产品中不得检出。本任务开始的案例中就是因为该合作社没有按照休药期的规定,在销售的产品中检测出了恩诺沙星等药物而受到了处罚。无论是兽医,还是养殖户,都要遵守兽药使用规范,把为人们健康服务的理念牢记于心,为人们提供健康安全的动物产品,有利于他人,也有利于自己!

• 做一个守护食品安全的卫士!

二、喹噁啉类合成抗菌药物

喹噁啉类也是合成的抗菌药物,我国目前使用的主要是乙酰甲喹和喹烯酮。

(1) 乙酰甲喹:又称为痢菌净,兽医临床常用的制剂有乙酰甲喹片与乙酰甲喹注射液,内服注射均易吸收,广谱抗菌,对革兰氏阴性菌的作用强于对革兰氏阳性菌的作用,对猪痢疾密螺旋体的作用最突出,是治疗猪密螺旋体痢疾的首选药。

• 乙酰甲喹的抗菌谱是什么?

(2) 喹烯酮:临床主要制剂是喹烯酮预混剂,内服吸收少,对多种肠道致病菌有抑制作用,尤其是革兰氏阴性菌,可明显降低腹泻的发生率。

三、硝基咪唑类合成抗菌药物

硝基咪唑类合成抗菌药物是一类具有抗原虫、抗菌,同时具有很强的抗厌氧菌作用的药物。兽医临床常用的此类药物是甲硝唑和地美硝唑,仅作为治疗用药,禁止作为促生长剂使用。

• 硝基咪唑类合成抗菌药物的抗菌谱是什么?

(1) 甲硝唑:又称为灭滴灵、甲硝咪唑,兽医临床常用的制剂有甲硝唑片、甲硝唑注射

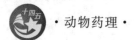

- 甲硝唑的抗菌谱是什么？

液、氟苯尼考甲硝唑滴耳液。甲硝唑对专性厌氧菌具有较强的作用，对滴虫等原虫也有较好的作用。临床主要用于外科手术后厌氧菌感染，肠道和全身的厌氧菌感染及滴虫等原虫的感染，是脑部厌氧菌感染的首选防治药物（因甲硝唑易进入中枢神经系统）。剂量过大可引起震颤、抽搐、共济失调、惊厥等神经系统紊乱等症状，另外对细胞有致突变作用，不宜用于妊娠动物。

（2）地美硝唑：又称为二甲硝唑、二甲硝咪唑，临床常用制剂是地美硝唑预混剂。其具有广谱抗菌和抗原虫作用，主要用于猪密螺旋体痢疾、畜禽肠道和全身的厌氧菌感染及滴虫等原虫感染。

 小结

氟喹诺酮类药物

氟喹诺类合成药，广谱抗菌抗支原①。
支原特效是恩诺②，革阴③最怕是环丙④。
达氟沙星同恩诺②，治疗支原①肺感染。
葡萄球菌选二氟⑤，沙拉马波⑥治全身。
作用虽好毒性见，损伤软骨损尿道。
胃肠反应神经毒，中毒猫见眼失明。
规矩用药不可少，不良反应及时报。

喹噁啉类药物

乙酰甲喹烯酮，革阴③感染离不了。
甲喹⑦灭视密螺体⑧，止痢效果显而见。

硝基咪唑类药物

硝基咪唑抗厌氧⑨，还有抗菌抗原虫。
脑部厌氧选甲硝⑩，地美硝唑作用广。

注释：①支原：支原体。②恩诺：恩诺沙星。③革阴：革兰氏阴性菌。④环丙：环丙沙星。⑤二氟：二氟沙星。⑥沙拉马波：沙拉沙星与马波沙星。⑦甲喹：乙酰甲喹。⑧密螺体：密螺旋体。⑨厌氧：厌氧菌。⑩甲硝：甲硝唑。

 讨论

氟喹诺酮类药物与其他抗生素比较有何异同？

 线上评测

扫码在线答题

你知道吗？

1. 为什么禁止兽医临床使用硝基呋喃类药物？

硝基呋喃类药物也是化学合成的抗菌药物，有呋喃西林、呋喃妥因、呋喃唑酮（痢特灵）等，曾在兽医临床上使用了很长时间。由于它们都具有"三致"作用，即致畸、致突变和致癌，若残留于畜禽食品中会影响人类健康。中华人民共和国农业农村部公告第250号《食品动物中禁止使用的药品及其他化合物清单》中已经明示禁止使用。

2. 氟喹诺酮类药物与其他药物的配伍关系如何？

氟喹诺酮类药物不能与利福平、土霉素、四环素及大环内酯类抗生素、β-内酰胺类抗生素合用，否则会导致氟喹诺酮类药物的抗菌活性丧失或降低。

甾体类消炎镇痛药（糖皮质激素类）可加重氟喹诺酮类药物的神经毒性，因此在应用氟喹诺酮类药物时，要重视合理用药，预防不良作用的产生。

▶ 兽医临床常用的药物制剂

1. 恩诺沙星片

【性状】 本品为类白色片。

【主要用途】 本品为氟喹诺酮类药物，用于畜禽细菌性疾病和支原体感染。

【用法与剂量】 内服：一次量，每千克体重，犬、猫2.5～5 mg；禽5～7.5 mg。一日2次，连用3～5日。

【不良反应】 ①使幼龄动物软骨发生变性，影响骨骼发育并引起跛行及疼痛。②引起消化系统反应，如呕吐、食欲不振、腹泻等。③引起皮肤反应，如红斑、瘙痒、荨麻疹及光敏反应等。④犬、猫偶见过敏反应、共济失调、癫痫发作。

【注意事项】 ①蛋鸡产蛋期禁用。②对中枢系统有潜在的兴奋作用，诱导癫痫发作，患癫痫的犬慎用。③食用动物及肾功能不良患畜慎用，可偶发结晶尿。④本品不适用于8周龄前的犬。⑤本品耐药菌株呈增多趋势，不应在亚治疗剂量下长期使用。

【休药期】 鸡8日。

【规格】 ①2.5 mg；②5 mg。

2. 恩诺沙星注射液

【性状】 本品为无色至淡黄色的澄明液体。

【主要用途】 本品为氟喹诺酮类药物，用于畜禽细菌性疾病和支原体感染。

【用法与剂量】 肌内注射：一次量，每千克体重，牛、羊、猪2.5 mg；犬、猫、兔2.5～5 mg。一日1～2次，连用2～3日。

【不良反应】 ①使幼龄动物软骨发生变性，影响骨骼发育并引起跛行及疼痛。②引起消化系统反应，如呕吐、食欲不振、腹泻等。③引起皮肤反应，如红斑、瘙痒、荨麻疹及光敏反应等。④犬、猫偶见过敏反应、共济失调、癫痫发作。

【注意事项】 ①蛋鸡产蛋期禁用。②对中枢系统有潜在的兴奋作用，诱导癫痫发作，患癫痫的犬慎用。③食用动物及肾功能不良患畜慎用，可偶发结晶尿。④本品不适用于8周龄前的犬。⑤本品耐药菌株呈增多趋势，不应在亚治疗剂量下长期使用。

【休药期】 牛、羊14日；猪10日；兔14日。

【规格】 ①2 ml：50 mg；②5 ml：50 mg；③5 ml：0.125 g；④5 ml：0.25 g；⑤5 ml：0.5 g；⑥10 ml：50 mg；⑦10 ml：0.25 g；⑧10 ml：0.5 g；⑨10 ml：1 g；⑩100 ml：

2.5 g;⑪100 ml：5 g;⑫100 ml：10 g。

3. 恩诺沙星溶液

【性状】 本品为无色至淡黄色的澄明液体。

【主要用途】 本品为氟喹诺酮类药物，用于鸡细菌性疾病和支原体感染。

【用法与剂量】 混饮：每升水，禽 50～75 mg。

【不良反应】 ①使幼龄动物软骨发生变性，影响骨骼发育并引起跛行及疼痛。②消化系统的反应有呕吐、食欲不振、腹泻等。

【注意事项】 蛋鸡产蛋期禁用。

【休药期】 鸡 8 日。

【规格】 ①2.5%；②5%；③10%。

任务 12　抗真菌药与抗病毒药的选用

扫码学课件

扫码看视频

学习目标

▲知识目标
1. 掌握兽医临床常用抗真菌药的作用及应用。
2. 掌握兽医临床常用抗病毒药的作用及应用。

▲技能目标
能合理选用抗真菌药、抗病毒药。

▲素质目标与思政目标
1. 培养预防为主、防重于治的职业理念。
2. 培养整体意识、系统意识和大局意识。

 案例导入

切勿大意，疫苗防疫很重要！

随着人们防疫水平、防疫意识的提高，危害生猪养殖业的猪瘟、口蹄疫的发病越来越少，逐渐因伪狂犬病、蓝耳病、流感、流行性腹泻、非洲猪瘟等病毒性疾病的侵袭而被人们遗忘。2017 年一个 1000 头自繁自养养殖户，其养殖场内刚出生的乳猪暴发口蹄疫，造成了严重损失，后经流行病学调查得知该猪场已经多年没有使用口蹄疫疫苗进行预防了，一时大意导致损失惨重！

一、抗真菌药

- 兽医临床常用的抗真菌药有哪些？
- 两性霉素 B 的作用机制是什么？

抗真菌药是一类能够抑制或杀灭真菌的药物，兽医临床常用的抗真菌药有两性霉素 B、制霉菌素、伊曲康唑、酮康唑及克霉唑等。

（1）两性霉素 B：广谱抗真菌药，内服及肌内注射均不易吸收，一般以缓慢静脉注射方式治疗全身性真菌感染。临床常用的制剂是注射用两性霉素 B，用于治疗犬组织胞浆菌病、芽生菌病、球孢子菌病，也可预防白色念珠菌感染及各种真菌的局部炎症。其作用机制是能选择性地与真菌细胞膜上的麦角固醇相结合，可增加真菌细胞膜的通透性，导致细胞内物质外渗，使真菌死亡；因细菌细胞不含类固醇，故其对细菌无效；而动物的肾上腺细胞、肾小管上皮细胞、红细胞的细胞膜等含类固醇，所以对动物细胞有毒性作用。

在治疗过程中可引起肝、肾损害,贫血和白细胞减少等,应用时要注意。

(2) 伊曲康唑:广谱抗真菌药,对深部真菌和浅表真菌都有作用,内服吸收较好,内脏分布浓度较高。临床使用的制剂是伊曲康唑内服溶液,主要用于深部真菌所引起的组织系统感染。

(3) 制霉菌素:广谱抗真菌药,因其毒性较大,内服不易吸收,不宜用于全身感染。临床常用的制剂是复方制霉菌素软膏,主要用于犬、猫的真菌性皮炎、鹅口疮、念珠菌病等。

(4) 酮康唑:广谱抗真菌药,对全身及浅表真菌均有抗菌活性,内服易吸收。临床常用的制剂有酮康唑片、酮康唑胶囊及复方酮康唑软膏,用于犬、猫等动物的球孢子菌病、隐球菌病、芽生菌病及皮肤真菌病等。

(5) 克霉唑:内服对各种皮肤真菌(小孢子菌、表皮癣菌和毛发癣菌)有强大的抑菌作用,对其他真菌无效。常用制剂有克霉唑片与克霉唑软膏,主要用于体表真菌病。

以上是兽医临床常用的抗真菌药,由于抗真菌药对动物的毒性较大,对于真菌病应尽量以预防为主,预防重于治疗,树立整体意识、系统意识、大局意识,加强饲养管理,做好圈舍卫生,科学保管饲料,避免发生霉变,禁止使用霉败的饲料饲喂动物,这样可以大大减少动物真菌病的发生,提高养殖效益。

二、抗病毒药

病毒感染引起的疾病是对畜牧养殖危害最大的一类疾病,当前没有特效的药物进行治疗,兽医临床也不主张使用抗病毒药,因为食品动物大量使用有限的抗病毒药治疗可能导致病毒抗药性的产生,使人类治疗病毒病的有限药物资源的作用减弱甚至不起作用,人们的健康就会受到威胁。目前畜牧养殖业主要是使用疫苗进行预防病毒感染,常用的抗病毒药如下。

(1) 干扰素(IFN):人体或动物细胞对病毒等刺激的反应所产生的一些特殊的蛋白质或糖蛋白,主要分为 IFN-α、IFN-β、IFN-γ 三类,具有抗病毒、抗肿瘤和免疫调节作用。兽医临床常用的制剂有猪白细胞干扰素、重组犬 α-干扰素(冻干型),主要用于病毒感染,增强机体抗病毒能力。

(2) 抗病毒抗体:针对病毒抗原的特异抗体,属于生物制品。兽医临床使用的此类制品有鸭病毒性肝炎精制蛋黄抗体(AV2111-30 株)、小鹅瘟病毒卵黄抗体、Ⅰ型鸭肝炎病毒卵黄抗体、鸡传染性法氏囊病冻干卵黄抗体等,对相应的病毒感染具有特异性治疗作用。

(3) 转移因子:一种小分子多肽,是一种细胞免疫调节剂,能够调节和增强机体的特异性的和非特异性细胞免疫功能,临床上常用于治疗各种病毒性感染或者自身免疫性疾病。兽医临床常用的制剂有转移因子口服溶液、猪脾转移因子注射液、羊胎盘转移因子注射液等。

此外,临床也常用某些中草药对病毒感染进行治疗,临床常用的中药制剂如下。

(1) 黄芪多糖:从中药黄芪的干燥根茎中提取的棕黄色粉末,临床常用的制剂有黄芪多糖口服液与黄芪多糖注射液两种,黄芪多糖是中药黄芪发挥作用的主要成分,能诱导机体产生干扰素,调节机体免疫功能,促进抗体形成,临床主要用于抗病毒的辅助治疗。

(2) 板蓝根:一种常用中药材,其味苦寒,具有清热解毒、凉血利咽之功效。临床常用的制剂有板蓝根末、板蓝根注射液、银翘板蓝根散。主要用于流感发热、病毒性肺炎、上呼吸道感染,具有清热解毒、凉血利咽、退热去火等功效。

(3) 银翘散:由连翘、金银花、桔梗、薄荷、竹叶、生甘草、荆芥穗、淡豆豉、牛蒡子等药物组成,是一种辛凉解表药剂,具有辛凉透表、清热解毒的功效。临床主要用于感冒、流行性感冒、急性扁桃体炎、急性上呼吸道感染、乙型脑炎等疾病。

• 预防真菌感染,树立整体意识、系统意识、大局意识,改善环境、科学管理饲料很重要哦!

• 预防病毒病的发生重于治疗!

• 兽医临床常用的抗病毒药有哪些?

• 抗病毒的中药制剂有哪些?

(4) 双黄连：由金银花、黄芩、连翘组成的复方，具有疏风解表、清热解毒的功效，用于外感风热所致的感冒，如发热、咳嗽、咽痛。临床常用的制剂有双黄连散、双黄连口服液、双黄连注射液，用于病毒及细菌感染引起的上呼吸道感染、肺炎、扁桃体炎、咽炎等。

(5) 穿心莲：临床常用的制剂有穿心莲注射液和四味穿心莲散。穿心莲注射液具有清热解毒、抗菌消炎、活血通乳、补中益气、增强免疫力等多重功效，可用于病毒感染的辅助治疗。四味穿心莲散是由穿心莲、辣蓼、大青叶、葫芦茶制成的复方，具有清热解毒，除湿化滞的作用，主治泻痢，积滞。

以上是兽医临床常用的抗病毒药，除了抗病毒抗体外，其他药物都没有特异性，中药制剂主要是通过扶正祛邪，辨证施治，调节机体自身的免疫能力，达到战胜病毒的作用。所以病毒病以预防为主，以注射疫苗为主，同时应加强饲养管理，做好生物安全防控，避免病毒的感染。

• 树立防重于治的整体意识和系统意识很重要！

讨论

(1) 抗菌药物可以治疗真菌感染吗？
(2) 预防病毒病的主要措施是什么？

线上评测

扫码在线答题

你知道吗？

1. 你知道病毒有什么特点吗？

病毒是自然界中最小的微生物，在电子显微镜下放大1万倍以上才能看到，测量单位为纳米(nm)。病毒主要有5种形态：砖形、子弹形、球形、蝌蚪形、杆形。病毒无细胞结构，一个完整的病毒个体称为病毒颗粒或病毒子，是由蛋白质衣壳包裹着核酸构成，称为核衣壳，有些病毒在核衣壳外面还有一层外套称为囊膜。一种病毒只含有一种类型的核酸即 DNA 或 RNA。病毒对抗生素不敏感。

病毒增殖的方式是复制，在宿主细胞内由宿主细胞提供原料、能量、酶和生物合成场所，在病毒核酸遗传密码的控制下，复制出病毒的核酸和蛋白质，装配成大量的子代病毒释放到细胞外。所用的抗病毒药就是干扰病毒的复制过程而不是将病毒杀死，能将动物体内病毒消灭的是动物机体自身的免疫力。

2. 利巴韦林等抗病毒药为什么废止作兽药生产？

原中华人民共和国农业部公告第560号《兽药地方标准废止目录》已明示，金刚烷胺类等人用抗病毒药移植兽用，缺乏科学规范、安全有效的实验数据，用于动物病毒性疫病不但给动物疫病控制带来不良后果，而且影响国家动物疫病防控政策的实施。

任务 13　影响消毒防腐药作用的因素

学习目标

▲知识目标
1. 明确消毒防腐药的概念。
2. 掌握消毒防腐药的分类。
3. 掌握影响消毒防腐药作用的因素。

▲技能目标
能合理避免影响消毒防腐药作用的因素,使消毒防腐药发挥最佳作用。

▲素质目标与思政目标
1. 培养规范用药、科学用药的职业素养。
2. 培养工作的责任心及严谨的职业态度。

扫码学课件

扫码看视频

案例导入

规范操作很重要!

一养殖场,非常重视疾病的防控工作,配备有专门的消毒岗位,并定期定时对养殖场进行内外消毒,禁止外来人员及外来车辆进入猪场内,多年安然无恙。一次负责消毒的技术人员休息,安排另一人负责接替他的工作,一周后猪场内的猪发病了!经了解,是这名接替工作的消毒人员在配制消毒液时没有按照规定的消毒浓度配制,而是随意配制,导致大门口消毒池的氢氧化钠浓度低于1%,没有起到很好的消毒作用所致。

一、消毒防腐药的概念

消毒药:能迅速杀灭病原微生物的药物。
防腐药:能抑制病原微生物生长繁殖的药物。
低浓度的消毒药仅能抑菌,高浓度的防腐药也能杀菌,二者没有严格的界限,总称为消毒防腐药。消毒药主要用于环境、厩舍、用具、器械及动物排泄物等非生物表面的消毒,而防腐药主要用于抑制局部皮肤、黏膜和创伤等生物体表的微生物,也用于食品及生物制品等的防腐。由于消毒防腐药没有明显的抗菌谱和选择性,在临床应用达到有效消毒浓度时,也会对机体组织产生损伤作用,因此一般不全身给药。

• 什么是消毒防腐药?

二、消毒防腐药的分类

根据消毒防腐药的用途,临床将其分为三大类:
(1) 主要用于环境用具器械的消毒防腐药,如酚类、醛类、碱类等。
(2) 主要用于皮肤黏膜的消毒防腐药,如醇类、卤素类等。
(3) 主要用于创伤黏膜的消毒防腐药,如过氧化物类、染料类等。

• 消毒防腐药分为哪三大类?

三、影响消毒防腐药作用的因素

消毒防腐药的作用效果除了与其理化性质相关外,还受很多因素的影响。常见的影响因素如下。

- 影响消毒防腐药作用的因素有哪些？
- 药物的浓度是如何影响药物作用的？

（1）药物的浓度：当其他条件一致时，消毒防腐药的杀菌效力一般随其浓度的增加而增加，但85%以上浓度的乙醇，浓度越高，作用越弱，因为高浓度的乙醇可使菌体表层蛋白质全部变性凝固，形成一层致密的蛋白膜，造成其他乙醇不能进入菌体内。此外同一种消毒防腐药因其消毒对象不一样，其使用的浓度也不一样，如醋酸氯己定，消毒手时用0.02%溶液，消毒器械时则要用0.1%溶液，所以为保证消毒防腐药的消毒效果，应选取合适的消毒浓度，并进行准确的配制，不可随意而为。

- 药物作用时间是如何影响药物作用的？

（2）药物作用时间：消毒防腐药与病原微生物的接触达到一定时间才可发挥抑制或杀灭作用，一般作用时间越长，其作用就越强。当其他条件一致时，呈现相同杀菌效力所需的时间一般随着消毒防腐药浓度的增加而缩短。所以在使用消毒防腐药时一定要达到规定的浓度和消毒时间。

（3）温度：消毒防腐药的消毒效果与环境温度呈正相关，也就是温度越高，杀菌力越强。一般规律是温度每升高10 ℃，消毒效果可增强1~1.5倍。对热稳定的药物如氢氧化钠，常用其热溶液消毒。

- 有机物是如何影响药物作用的？

（4）有机物：环境中的粪、尿、饲料或创伤的脓血、体液等有机物可在微生物的表面形成一层保护层，妨碍消毒防腐药与微生物的接触，或者与消毒防腐药中和、吸附，或发生化学反应形成不溶性杀菌能力弱的化合物，降低药物的作用效果。有机物越多，对消毒防腐药的作用影响越大。这也就是消毒前为什么要彻底清扫消毒场所或清理创伤的原因。

（5）病原微生物的类型：不同类型的病原微生物及病原微生物的不同发育时期对同一种消毒防腐药的敏感性不同，比如病毒对碱敏感，对酚类的抵抗力较强；革兰氏阳性菌对消毒防腐药敏感；适当浓度的酚类化合物对繁殖型细菌均有杀灭作用，而对细菌的休眠期的芽孢作用弱；细菌芽孢和分枝杆菌需要使用高效力的消毒防腐药才能杀灭。因此在临床要根据消毒的目的不同选用不同的药物。

（6）pH：环境或组织中的pH对有些消毒防腐药作用的影响较大，因为pH可以改变其溶解度、离解程度和分子结构。如戊二醛在酸性环境中性质较稳定，但杀菌能力较弱，当加入0.3%碳酸氢钠使其溶液的pH达到7.5~8.5时，杀菌活性显著增强，不仅能杀死多种繁殖型细菌，还能杀死芽孢，因戊二醛在碱性环境中易与菌体蛋白的氨基酸结合而变性。含氯消毒剂的最佳pH为5~6。以分子形式作用的酚、苯甲酸等，当环境中的pH升高时，其分子的解离度相应增加，杀菌效力随之减弱或消失。所以我们在使用消毒防腐药时，要严格按照说明书使用，以使消毒防腐药达到最佳效果。

- 规范用药很重要哦！
- 水质是如何影响药物作用的？

（7）水质：水质硬度高，硬水中的钙离子与镁离子能与季铵盐类、氯己定或碘伏等结合形成不溶性盐类，从而降低其抗菌效力。

（8）联合应用：两种消毒防腐药合用时，可出现增强或减弱的效果。如消毒防腐药与清洁剂或除臭剂合用时，消毒效果降低；阴离子表面活性剂肥皂与阳离子表面活性剂合用时，可使消毒效果减弱，甚至完全消失；高锰酸钾、过氧乙酸等氧化剂与碘酊等还原剂之间可发生氧化还原反应，不但会减弱消毒作用，更会加重皮肤的刺激性和毒性。因此在临床应用时，注意配伍禁忌，一般以单品应用为宜。

- 工作的责任心和科学严谨的工作态度很重要！

另外，要想确保消毒的效果，还需要消毒人员具有责任心，踏实的工作态度，严谨的工作作风等。在本任务开始的案例中，就是由于消毒人员缺乏严谨的工作态度造成消毒防腐药的浓度不够而导致猪场内的猪发病的，这是在工作中应该避免的事情。

  小结

消毒防腐药

消毒防腐常用药，方法不对效力差。

一是浓度要得当,过高过低都不好,
过高可能伤人畜,过低病菌不能消。
二是时间要足够,时间过短效果减,
时间浓度负相关,浓度越高时间短。
三是温度要适宜,温度增加效力加,
冬季消毒配热液,提高效力省麻烦。
四是环境有机物,越少消毒效果好,
首先清除有机物,再做消毒增实效。
五是考虑病原菌,有的怕酸有怕碱,
消毒目的不一样,选择药物消病原。
六是环境酸碱度,药物特性来决定,
根据说明去使用,不会出现重失误。
七是水质的硬度,硬水会使消毒减,
配制药液需软水,不会消耗消毒药。
人的因素需考虑,责任心需要排第一,
工作态度要踏实,科学严谨作风要。
不要考虑合用药,合用效果不能保。
以上因素能满足,消毒效果一定好。

(1) 消毒防腐药的使用浓度是否越大越好?
(2) 影响消毒防腐药作用的因素有哪些?

扫码在线答题

你知道吗?

1. 你知道芽孢有什么特点吗?

某些革兰氏阳性菌在一定的环境条件下,可在菌体内形成一个圆形或卵圆形的休眠体,称为芽孢,又称为内芽孢。未形成芽孢的菌体称为繁殖体或营养体。老龄芽孢将脱离原菌体独立存在,称为游离芽孢。

芽孢具有较厚的芽孢壁及多层芽孢膜,结构坚实,含水量少,遮光性强。芽孢不能分裂繁殖,是细菌抵抗外界不良环境,保存生命的一种休眠结构。由于芽孢结构的特殊性,各种理化因子不易透入,所以在外界环境要杀灭芽孢时,所用消毒防腐药的浓度要大于常规的消毒浓度。

2. 消毒防腐药的作用机制是什么？

消毒防腐药的作用机制可归纳为以下三种：

（1）使菌体蛋白变性、沉淀。大部分的消毒防腐药如酚类、醛类、醇类、重金属盐类等都是通过这一机制起作用的，其作用不具有选择性，可损害一切生物活性物质，故称为"一般原浆毒"。由于其不仅能杀菌，也能破坏动物组织，因此只适用于环境消毒。

（2）改变细菌细胞膜的通透性。表面活性剂如苯扎溴铵等的杀菌作用是通过降低菌体的表面张力，增加细菌细胞膜的通透性，从而引起重要的酶和营养物质漏失，水分向菌体内渗入，使菌体溶解和破裂。

（3）干扰或损害细菌生命必需的酶系统。当消毒防腐药的化学结构与菌体内的代谢物相似时，可竞争性地或非竞争性地与酶结合，从而抑制酶的活性，使菌体的生长抑制或死亡；也可通过氧化、还原等反应损害酶的活性基团，如氧化剂的氧化、卤化物的卤化等。

有的消毒防腐药不只是通过一种途径而起杀菌作用的，如苯酚在高浓度时是蛋白变性剂，但在低于沉淀蛋白的浓度时，可通过抑制酶或损害细胞膜而呈现杀菌作用。

任务14　消毒防腐药的选用(1)

扫码学课件

扫码看视频

学习目标

▲知识目标
1. 掌握临床常用酚类消毒剂的作用及应用。
2. 掌握临床常用醛类消毒剂的作用及应用。
3. 掌握临床常用碱类消毒剂的作用及应用。
4. 掌握临床常用酸类消毒剂的作用及应用。

▲技能目标
能合理选用酚类、醛类、碱类、酸类消毒剂。

▲素质目标与思政目标
1. 培养勤业、精业、敬业的职业精神。
2. 培养安全操作的职业素养。

•规范操作，安全第一位！

案例导入

安全第一位！

某技术员在配制消毒液复合酚时，在揭开内盖时由于用力过猛，将药液溅出溅到自己的左手手背上，技术员没有立即处理，而是继续将消毒液配制完毕，等结束一切工作后才发现左手手背红了一片，药液已将皮肤损伤。所以在配制消毒液时穿戴好防护服很重要，时刻要把安全放第一位。

本任务主要介绍酚类、醛类、碱类及酸类消毒剂。

一、酚类消毒剂

常用的酚类消毒剂有甲酚（又称煤酚，50%甲酚皂溶液又称为来苏尔）、复合酚（苯酚41%~49%，醋酸22%~26%）。

（1）甲酚皂溶液（来苏尔）：5%~10%的溶液主要用于器械、厩舍和排泄物等消毒。

（2）复合酚：主要用于器械、厩舍和排泄物等消毒。

酚类消毒剂主要有以下特点。

（1）酚类是一种表面活性物质，可损害菌体细胞膜，较高浓度时也是蛋白变性剂。

（2）对繁殖性细菌、真菌有杀灭作用，对芽孢、病毒作用不强。

（3）临床主要用于排泄物、环境及用具消毒。

（4）由于酚类消毒剂对环境有污染，有些国家限制使用酚类消毒剂，我国的应用也逐渐减少。

酚类消毒剂的使用注意事项如下。

（1）根据消毒对象和消毒目的不同选择合适的浓度。

（2）对皮肤和黏膜有腐蚀性，不能用于创面和皮肤的消毒。

（3）对人畜有毒性与刺激性，使用时注意个人防护。

二、醛类消毒剂

常用的醛类消毒剂有甲醛、聚甲醛、戊二醛。

（1）甲醛：40%的甲醛溶液又称福尔马林，主要用于厩舍、仓库、孵化室、皮毛、衣物、器具等的熏蒸消毒，甲醛熏蒸消毒时若配合高锰酸钾使用，其配制比例为2：1。内服可用于胃肠道制酵，治疗瘤胃臌胀。

（2）聚甲醛：甲醛的聚合物，本身无消毒作用，加热溶解产生大量的甲醛，呈现强大的杀菌作用。

（3）戊二醛：在碱性水溶液中具有较好的杀菌作用，pH为7.5~8.5时，作用最强，较甲醛强2~10倍。主要用于不宜加热处理的医疗器械、塑料及橡胶制品、生物制品器具等的浸泡消毒；也可用于密闭空间表面的熏蒸消毒。新型消毒剂安灭净就是戊二醛与苯扎溴铵复合制剂，属于泡沫型消毒剂，用于环境用具、器械等消毒。

醛类消毒剂主要有以下特点。

（1）易挥发，又称挥发性烷化剂。

（2）作用机制是使菌体蛋白变性，酶和核酸等功能发生改变呈现强大的杀菌作用。

（3）对细菌及其芽孢、真菌、结核分枝杆菌、病毒等均有杀灭作用。

醛类消毒剂的使用注意事项如下。

（1）使用甲醛、聚甲醛消毒环境用具时，不可喷洒消毒，而是要熏蒸消毒。

（2）甲醛有致癌作用，防止食品污染或在动物产品中残留。

（3）动物误服甲醛溶液，应迅速灌服稀氨水解毒。

三、碱类消毒剂

常用的碱类消毒剂有氢氧化钠（苛性钠、烧碱、火碱）、氧化钙（生石灰）。

（1）氢氧化钠：2%的溶液用于畜舍、车辆、用具等消毒。5%溶液用于细菌芽孢污染场所的消毒。

（2）氧化钙：使用前加水配制成20%石灰乳涂刷厩舍墙壁、畜栏、地面、患畜排泄物等。

碱类消毒剂的特点如下。

（1）无臭无味。

（2）其杀菌作用的强度取决于其解离的OH^-浓度，解离度越大，杀菌作用越强，对病毒、细菌杀灭作用均较强，高浓度可杀灭芽孢。

碱类消毒剂的使用注意事项如下。

（1）氢氧化钠消毒圈舍须经过6～12小时，用清水冲洗干净后再供畜禽使用，由于其刺激和腐蚀作用强，使用时要注意个人防护，安全操作是必备的职业素养。

（2）氧化钙（生石灰）消毒时，注意现配现用，注意不能洒在干燥的地面消毒，尽量不要用于畜舍大门口的消毒。作为兽医或饲养管理员，只有掌握药物的使用规范及注意事项，具备基本的职业操守，才能够为养殖行业服好务。敬业、勤业、精业是做好工作的基本职业素养。

四、酸类

常用的酸类消毒剂有硼酸、醋酸、过氧乙酸、过硫酸氢钾复合盐等。

（1）醋酸（乙酸）：2％～3％溶液冲洗口腔；0.5％～2％溶液冲洗感染创面；5％溶液抗嗜酸细菌如铜绿假单胞菌，内服可治疗消化不良和瘤胃臌胀。

（2）硼酸：3％溶液外用冲洗眼睛和黏膜，或软膏涂敷患处。

（3）过氧乙酸：一种广谱、高效消毒剂，对细菌、真菌、细菌芽孢和病毒均有较强的杀灭作用，可广泛用于环境、用具、器械等消毒。

（4）过硫酸氢钾复合盐：具有非常强大而有效的非氯氧化能力，目前广泛用于消毒领域，具有安全无毒、无刺激性、无腐蚀性、生态友好等特点，广泛用于畜舍、环境用具、饮水等消毒。

酸类消毒剂的注意事项如下。

（1）不同的浓度用途不一样，根据使用目的配制相应浓度。

（2）使用无机酸时注意安全操作规程。

小结

酚类

甲酚苯酚复合酚，均属酚类消毒剂；

环境用具排泄物，消毒最强复合酚；

有异味，能致癌，禁用食品加工厂；

有刺激，腐蚀大，创面皮肤不用它；

环境使用看浓度，正确使用效果好。

醛类

甲醛聚甲醛戊二醛，均属醛类消毒剂；

浸泡消毒戊二醛，碱性环境作用强；

确保消毒效果好，熏蒸消毒是正道；

使用方法很重要，注意防护免损伤。

新型消毒剂安灭净，复合型泡沫消毒剂，

主要成分戊二醛，再加苯扎溴铵活性剂，

增效剂稳定剂共作用，消毒效果增强了。

碱类

氢氧化钠氧化钙，均属碱类消毒剂；

环境用具消毒好，氢氧化钠排第一；

细菌芽孢病毒消，消毒浓度很重要。

消毒较弱氧化钙,现配现用才显效;
干燥地面要使用,消毒作用全没了;
门口消毒若使用,费时费力不讨好。

酸类

醋酸硼酸过氧乙酸,均属酸类消毒剂;
皮肤黏膜防腐用,真菌害怕水杨酸;
硼酸性质最温和,眼睛防腐当首选;
过氧乙酸作用广,细菌真菌病毒消;
过硫酸氢钾复合粉,用途广泛安全性高,
消毒目的不一样,浓度有变莫忘了。

如何正确使用生石灰消毒圈舍?

扫码在线答题

你知道吗?

对不同病原引起的环境污染如何选择合适的消毒剂?

对于细菌污染的环境、用具、器械等的消毒,酸类、碱类、酚类消毒剂都可以选择,如过氧乙酸、氢氧化钠、漂白粉、煤酚皂等;对于病毒污染的环境、用具、器械等的消毒,最好选择碱性消毒剂,如氢氧化钠、生石灰等,但生石灰不宜用于大门口的消毒。对于车厢、食品车间、居室、橱柜等的消毒,宜选择无异味的漂白粉、氢氧化钠或过氧乙酸等。熏蒸消毒可以选择甲醛、乳酸等。

兽医临床常用的药物制剂

1. 甲醛溶液

【性状】 本品为无色或几乎无色的澄明液体,有刺激性特臭、能刺激鼻喉黏膜;在冷处久置易发生浑浊。

【主要用途】 本品为消毒防腐药,主要用于厩舍熏蒸消毒,也可用于胃肠道制酵。

【用法】 熏蒸消毒:15 ml/m³。内服:一次量,牛 8～25 ml,羊 1～3 ml。内服时用水稀释 20～30 倍。

【不良反应】 对动物皮肤、黏膜有强刺激性。

【注意事项】 ①消毒后在物体表面形成一层具腐蚀作用的薄膜。②动物误服甲醛溶液,应迅速灌服稀氨水解毒。③药液污染皮肤,应立即用肥皂和水清洗。

2. 甲酚皂溶液

【性状】 本品为黄棕色至红棕色的黏稠液体;带甲酚的臭气。

【主要用途】 本品为消毒防腐药,主要用于器械、厩舍和排泄物等消毒。

【用法】 喷洒或浸泡:配成5%～10%的水溶液。

【注意事项】 ①甲酚有特臭,不宜在肉联厂、乳牛厩舍、乳品加工车间和食品加工厂等应用,以免影响食品质量。②本品对皮肤有刺激性,注意保护使用者的皮肤。

3. 硼酸

【性状】 本品为无色微带珍珠光泽的结晶或白色疏松的粉末,有滑腻感;无臭;水溶液显弱酸性反应。

【主要用途】 本品为消毒防腐药,用于洗眼或冲洗黏膜。

【用法】 外用冲洗:配成2%～4%的溶液。

【不良反应】 外用一般毒性不大,但不适用于大面积创伤和新生肉芽组织的冲洗,以避免吸收后中毒。

4. 醋酸

【性状】 本品为无色澄明液体,有刺激性特臭。

【主要用途】 消毒防腐。

【用法】 外用冲洗口腔:配成2%～3%的溶液。

5. 水杨酸

【性状】 本品为白色细微的针状结晶或白色结晶性粉末;无臭或几乎无臭;水溶液显酸性反应。

【主要用途】 本品为消毒防腐药,用于皮肤真菌感染。

【用法】 外用:配成1%的醇溶液或软膏。

【注意事项】 ①皮肤破损处禁用。②重复涂敷可引起刺激,不可大面积涂敷,以免吸收中毒。

6. 浓戊二醛溶液

【性状】 本品为无色至淡黄色的澄清液体;有刺激性特臭。本品能与水或乙醇任意混合。

【主要用途】 本品为消毒防腐药,用于橡胶、塑料制品及手术器械消毒。

【用法】 配成2%或5%的溶液。

【注意事项】 ①常规浓度下可引起接触性皮炎或皮肤过敏效应,应避免接触皮肤和黏膜。②误服可引起消化道黏膜炎症、坏死和溃疡,引起剧痛、呕吐、呕血、便血、血尿、尿闭、酸中毒、抽搐和循环衰竭。

【规格】 ①20%(g/g);②25%(g/g)。

7. 稀戊二醛溶液

【性状】 本品为无色至微黄色的澄清液体;有特臭。

【主要用途】 本品为消毒防腐药,用于橡胶、塑料制品及手术器械消毒。

【用法】 喷洒使浸透:配成0.78%的溶液,保持5分钟至干。

【注意事项】 避免接触皮肤和黏膜。

【规格】 ①2%;②5%。

任务 15　消毒防腐药的选用(2)

扫码学课件

扫码看视频

学习目标

▲知识目标
1. 掌握兽医临床常用卤素类消毒剂的作用及应用。
2. 掌握兽医临床常用过氧化物类消毒剂的作用及应用。
3. 掌握兽医临床常用醇类消毒剂的作用及应用。
4. 掌握兽医临床常用表面活性剂类消毒剂的作用及应用。
5. 掌握兽医临床常用染料类消毒剂的作用及应用。

▲技能目标
能合理选用卤素类、过氧化物类、醇类、表面活性剂类及染料类消毒剂。

▲素质目标与思政目标
1. 培养科学规范用药的职业素养。
2. 培养安全用药的职业理念。

主人为何被攻击!

一宠物狗狗泰迪,在外游玩时与其他狗狗打架被咬伤,其主人怕伤口感染,于是从药店买回乙醇消毒液在给狗狗进行消毒处理时,遭到了狗狗的攻击,请分析原因。

本任务主要介绍卤素类、过氧化物类、醇类、表面活性剂类及染料类消毒剂。

一、卤素类消毒剂

常用的卤素类消毒剂:①碘制剂及碘化合物,如碘酊、碘甘油、聚维酮碘、碘伏等。②含氯化合物,如含氯石灰(又名漂白粉)、复合亚氯酸钠、二氯异氰脲酸钠(又名优氯净)等。

(1) 碘甘油:用于口腔、舌、齿龈、阴道等黏膜炎症与溃疡。
(2) 碘酊:用于手术前和注射前皮肤消毒。
(3) 聚维酮碘:用于手术部位、皮肤黏膜消毒。
(4) 碘伏(碘附):取代碘酊,用于手术前和注射前皮肤消毒;可用于各种创伤的冲洗及消毒。
(5) 含氯化合物如含氯石灰、二氯异氰脲酸钠等主要用于环境、厩舍、车辆、排泄物、饮水等的消毒。

卤素类消毒剂的特点如下。
(1) 含碘消毒剂主要靠不断释放碘离子达到消毒作用,抗病毒、抗芽孢作用强。
(2) 含氯消毒剂主要是通过释放活性氯原子和初生态氧而呈杀菌作用,其杀菌能力与有效氯含量成正比,对细菌繁殖体、芽孢、病毒及真菌都有杀灭作用。

卤素类消毒剂的使用注意事项如下。
(1) 碘酊刺激性大,不可用于黏膜和创伤的消毒。

• 兽医临床常用的卤素类消毒剂有哪些?

• 卤素类消毒剂的消毒特点是什么?
• 应用碘酊消毒时应注意什么问题?

(2) 含氯化合物主要用于环境、厩舍、车辆、排泄物、饮水等消毒,消毒对象不一样,使用浓度不一样,注意根据说明书使用。

(3) 含氯化合物注意现配现用。

二、过氧化物类消毒剂

常用的过氧化物类消毒剂有过氧化氢溶液(又称双氧水)、高锰酸钾溶液等。

(1) 过氧化氢溶液:常用3%溶液清洁创伤,还有除臭和止血作用。

(2) 高锰酸钾:0.05%～0.1%溶液可用于腔道冲洗及洗胃,0.1%～0.2%溶液可用于冲洗创伤,另外还具有除臭、解毒等作用。在酸性环境中作用强。

过氧化物类消毒剂的特点如下。

(1) 本类药物与有机物相遇时,可释放出新生态氧,使菌体内活性基团氧化而起杀菌作用。

(2) 本类药物均为强氧化剂,遇有机物、加热、加酸或碱等均可释放出新生态氧而呈现杀菌、除臭、氧化等作用。常用于创伤黏膜的消毒等。

过氧化物类消毒剂的使用注意事项如下。

(1) 注意安全操作,忌用手直接接触高浓度药液,防止灼伤。

(2) 注意现配现用。

三、醇类消毒剂

常用的醇类消毒剂有乙醇(又称酒精)。

本类药物主要用于皮肤消毒,常用75%的乙醇消毒皮肤及器械浸泡消毒。

醇类消毒剂的特点如下。

(1) 性质稳定、作用迅速、无腐蚀性、无残留作用。

(2) 可与其他药物配成酊剂而起增效作用。

(3) 不能杀灭细菌芽孢,受有机物影响大,抗菌有效浓度较高。

醇类消毒剂的使用注意事项如下。

(1) 因本类药物刺激性大,不能用于黏膜和创面的消毒。

(2) 注意配制浓度,低于20%、高于85%的乙醇溶液杀菌作用微弱。

乙醇是兽医临床常用的消毒剂,在使用时一定要认真对待,配制时不能随意而行,否则达不到消毒效果;牢记本类药物不能用于黏膜和创伤的消毒,否则动物感到疼痛会发出攻击。在本任务开始的案例中,宠物主人就是因选错了药物而导致被攻击。医者仁心、科学选药、安全用药,是执业兽医职业操守必须遵守的职业素养。

四、表面活性剂类消毒剂

常用的表面活性剂类消毒剂有苯扎溴铵(又称新洁尔灭)、醋酸氯己定。

本类药物主要用于皮肤、创面、术野、器械、用具等的消毒。

表面活性剂类消毒剂的特点如下。

(1) 本类药物为最常用的阳离子表面活性剂。除了改变细菌细胞膜的通透性外,也可使蛋白变性。

(2) 本类药物杀菌作用迅速,可杀灭细菌、真菌及部分病毒,不能杀死芽孢、结核分枝杆菌和铜绿假单胞菌。刺激性很弱,毒性低。不腐蚀金属和橡胶。

(3) 杀菌效果受有机物影响大,不适用于厩舍和环境消毒。

表面活性剂类消毒剂的使用注意事项:本类药物忌与阴离子表面活性剂如肥皂等混合使用。

五、染料类消毒剂

常用的染料类消毒剂有雷佛奴尔和甲紫。

• 兽医临床常用的过氧化物类消毒剂有哪些?

• 注意安全!

• 乙醇的消毒浓度是多少?

• 乙醇的特点有哪些?

• 使用乙醇消毒时注意什么问题?

• 注意安全,科学选用使用药物!

• 常用的表面活性剂类消毒剂有哪些?

本类药物主要用于皮肤、黏膜、创伤感染等的消毒。

染料类消毒剂的特点如下。

（1）均为碱性染料，碱度越高，杀菌力越强。

（2）主要对革兰氏阳性菌有作用，甲紫有抗真菌作用。

染料类消毒剂的使用注意事项：本类药物抗菌谱不广，作用缓慢。

• 兽医临床常用的染料类消毒剂有哪些？

用于创伤消毒的药物有哪些？

扫码在线答题

你知道甲醛与高锰酸钾如何配制使用吗？

40%的甲醛溶液称为福尔马林，刺激性强，对细菌、芽孢、真菌、病毒都有强大的杀灭作用，常用作外环境消毒剂、标本和生物制品保存剂及胃肠制酵剂。消毒环境时一般采用熏蒸消毒；消毒密闭空间时，每立方米空间用80 ml甲醛加20 ml水加热蒸发，或每立方米空间用甲醛28 ml，高锰酸钾14 g，混合后便可产生甲醛蒸气，密闭消毒12 h。

兽医临床常用的药物制剂

1．碘甘油

【性状】 本品为红棕色的黏稠液体，有碘的特臭。

【主要用途】 本品为消毒防腐药，用于口腔、舌、齿龈、阴道等黏膜炎症与溃疡。

【用法】 外用：涂患处。

【不良反应】 低浓度碘的毒性很低，使用时偶尔引起过敏反应。

【注意事项】 ①对碘过敏动物禁用。②不应与含汞药物配伍。

2．碘酊

【性状】 本品为红棕色的澄清液体，有碘与乙醇的特臭。

【主要用途】 本品为消毒防腐药，用于手术前和注射前皮肤消毒。

【用法】 外用：手术前和注射前皮肤消毒。

【不良反应】 低浓度碘的毒性很低，使用时偶尔引起过敏反应。

【注意事项】 ①对碘过敏动物禁用。②不应与含汞药物配伍。③小动物用碘酊涂擦皮肤消毒后，宜用70%乙醇脱碘，避免引起发泡或发炎。

3．高锰酸钾

【性状】 本品为黑紫色、细长的菱形结晶或颗粒，带蓝色的金属光泽；无臭；与某些有机物或氧化物接触时易发生爆炸。

【主要用途】 本品为消毒防腐药。高锰酸钾为强氧化剂,遇有机物、加热、加酸或碱等均可释放出新生态氧而呈现杀菌、除臭、氧化等作用。常用于皮肤创伤及腔道炎症的创面消毒、止血和收敛,也用于有机物中毒。

【用法】 腔道冲洗及洗胃:配成0.05%~0.1%的溶液。创伤冲洗:配成0.1%~0.2%的溶液。

【不良反应】 ①高浓度高锰酸钾有刺激和腐蚀作用。②内服可引起胃肠道刺激症状,严重时出现呼吸和吞咽困难。

【注意事项】 ①严格掌握不同用途使用不同浓度的溶液。②水溶液易失效,药液需现用现配,避光保存,久置变棕色则失效。③高锰酸钾对胃肠道有刺激作用,在误服有机物中毒时,不应反复用高锰酸钾溶液洗胃。④动物内服本品中毒时,应用温水或添加3%的过氧化氢溶液洗胃,并内服牛奶、豆浆或氢氧化铝凝胶,以延缓吸收。

4. 乙醇

【性状】 本品为无色澄清液体;微有特臭;易挥发,易燃烧,燃烧时显淡蓝色火焰;加热至约78℃即沸腾。

【主要用途】 本品为消毒防腐药,用于皮肤消毒。

【用法】 外用:75%乙醇,手术前和注射前皮肤消毒。

5. 苯扎溴铵溶液

【性状】 本品为无色至淡黄色的澄明液体;气芳香;强力振摇则产生大量泡沫。低温可能变浑浊或形成沉淀。

【主要用途】 本品为消毒防腐药,用于手术器械、皮肤和创面等消毒。

【用法】 创面消毒:配成0.01%的溶液。皮肤、手术器械消毒:配成0.1%的溶液。

【注意事项】 ①禁与肥皂及其他阴离子表面活性剂、盐类消毒剂、碘化物和过氧化物等合用,术者用肥皂洗手后,务必用水冲洗后再用本品。②不宜用于眼科器械和合成橡胶制品的消毒。③配制器械消毒液时,需加0.5%亚硝酸钠以防生锈,其水溶液不得储存于聚乙烯制作的容器内,以避免与增塑剂起反应而使药液失效。④可引起人的过敏反应。

【规格】 ①5%;②20%。

6. 醋酸氯己定

【性状】 本品为白色或几乎白色的结晶性粉末;无臭。

【主要用途】 本品为消毒防腐药,对于革兰氏阳性菌、革兰氏阴性菌和真菌均具有杀灭作用,用于皮肤、黏膜、人手及器械消毒。

【用法】 黏膜及创面消毒:配成0.05%的溶液。皮肤消毒:配成0.5%的醇溶液(含70%乙醇)。人手消毒:配成0.02%的溶液。器械消毒:配成0.1%的溶液。

【注意事项】 ①禁与汞、甲醛、碘酊、高锰酸钾等消毒剂配伍应用。②本品不能与肥皂、碱性物质和其他阳离子表面活性剂混合使用;金属器械消毒时加0.5%亚硝酸钠以防生锈。③本品遇硬水可形成不溶性盐,遇软木(塞)可失去药物活性。

7. 甲紫溶液

【性状】 本品为紫色液体。

【主要用途】 本品为消毒防腐药,主要用于黏膜和皮肤的创伤、烧伤和溃疡的消毒。

【用法】 外用:涂于患处。

【不良反应】 ①外用可产生黏膜刺激和溃疡。②长期或反复治疗口腔念珠菌病时,可导致食管炎、喉炎、喉头阻塞和气管炎,还可引起恶心、呕吐、腹泻和腹痛等症状。

【注意事项】 ①本品有致癌性,禁用于食用动物。②本品对皮肤、黏膜有着色作用,宠物面部创伤慎用。

【规格】 含甲紫0.85%~1.05%。

8. 过氧化氢溶液

【性状】 本品为无色澄清液体；无臭或有类似臭氧的臭气；遇氧化物或还原物即迅速分解并产生泡沫，遇光易变质。

【主要用途】 消毒防腐。

【用法】 用于清洗化脓性创口等。

【不良反应】 本品对皮肤、黏膜有强刺激性。

【注意事项】 ①禁与有机物、碱、生物碱、碘化物、高锰酸钾或其他强氧化剂合用。②不能注入胸腔、腹腔等密闭体腔或腔道，气体不易逸散的深部脓疡，以免产气过度，导致栓塞或扩大感染。

【规格】 3%。

9. 聚维酮碘溶液

【性状】 本品为红棕色液体。

【主要用途】 本品为消毒防腐药，用于手术部位、皮肤黏膜消毒。

【用法】 以聚维酮碘计。用于皮肤消毒及治疗皮肤病，配成5%的溶液；奶牛乳头浸泡，配成0.5%～1%的溶液；黏膜及创面冲洗，配成0.1%的溶液。

【注意事项】 ①对碘过敏动物禁用。②当溶液颜色变为白色或淡黄色即失去消毒活性。③不应与含汞药物配伍。

【规格】 ①1%；②2%；③5%；④7.5%；⑤10%。

任务16　抗寄生虫药的选用(1)

扫码学课件

扫码看视频

学习目标

▲知识目标
1. 掌握兽医临床常用的驱线虫药的作用及应用。
2. 掌握兽医临床常用的驱绦虫药的作用及应用。
3. 掌握兽医临床常用的驱吸虫药的作用及应用。

▲技能目标
能合理选用驱线虫药、驱绦虫药、驱吸虫药。

▲素质目标与思政目标
1. 培养学好专业技能才能做好服务的理念。
2. 培养一心为民服务的价值理念。

多点儿解释更重要！

某农户饲喂的2月龄25 kg猪出现不吃，请兽医诊治。兽医经过检查发现该猪精神萎靡，被毛粗乱无光泽，消瘦，可视黏膜苍白，体温正常，决定进行驱虫治疗，告诉农户驱一次虫就会好转，于是用注射器吸出1 ml伊维菌素(2 ml：20 mg)的药液准备注射，农户说打的药太少了，能否多打点，于是兽医将一支2 ml的伊维菌素通过颈部肌内注射到猪体内，几分钟后，猪在猪栏内转了几圈后倒地死亡。请分析原因。

• 为什么会出现此种现象？

- 抗蠕虫药分为哪几类？
- 兽医临床常用的驱线虫药有哪些？
- 使用伊维菌素驱虫时应注意哪些问题？

- 多拉菌素的抗虫范围是什么？
- 阿维菌素的抗虫范围是什么？

- 阿苯达唑的抗虫范围是什么？

- 芬苯达唑的抗虫范围是什么？
- 奥芬达唑的抗虫范围是什么？

- 非班太尔的作用是什么？

- 左旋咪唑的抗虫范围是什么？

寄生虫分为蠕虫、原虫及外寄生虫三大类。本任务主要介绍抗蠕虫药。

抗蠕虫药又分为驱线虫药、驱绦虫药、驱吸虫药三大类。

一、驱线虫药

（1）伊维菌素：大环内酯类抗寄生虫药，临床常用的制剂有伊维菌素片、伊维菌素注射液、伊维菌素溶液，主要用于防治家畜线虫病及外寄生虫病。母猪妊娠期前45日慎用，柯利犬禁用，泌乳期禁用。注射制剂仅限于皮下注射，肌内、静脉注射易引起中毒反应，且无特效解毒药。在本任务开始的案例中，猪出现中毒死亡，原因有二：一是剂量过大，二是使用方法不对，应该皮下注射，而兽医进行肌内注射，所以出现中毒。此案例告诉我们，一个好的兽医必须具备过硬的专业知识和良好的服务态度，此外还应具备一心为民的价值理念，如果兽医给农户解释剂量过大会引起中毒，拒绝农户的要求，死亡事件也就不会发生了。

（2）多拉菌素：临床常用的制剂是注射液，其作用比伊维菌素略强、毒性较小。主要用于防治牛、猪、犬、猫的体内线虫病和外寄生虫病。

（3）阿维菌素：其作用、应用、剂量均与伊维菌素相同，但其稳定性不如伊维菌素，毒性比伊维菌素大。临床使用的制剂有阿维菌素片、阿维菌素粉、阿维菌素注射液、阿维菌素透皮剂等，主要用于体内线虫病和外寄生虫病的防治。

（4）阿苯达唑：又称为丙硫苯咪唑或抗蠕敏，为抗蠕虫药，临床常用的制剂有阿苯达唑片、阿苯达唑粉、阿苯达唑混悬液及阿苯达唑伊维菌素预混剂等，主要用于畜禽线虫病、绦虫病和吸虫病的治疗。可引起犬、猫的再生障碍性贫血，对妊娠早期的动物有致畸和胚胎毒性的作用等，应用时须注意。

（5）芬苯达唑：又称为硫苯咪唑，临床常用的制剂是芬苯达唑片与芬苯达唑粉，主要用于畜禽线虫病和绦虫病的治疗。有致畸和胚胎毒性的作用，动物妊娠前期忌用。

（6）奥芬达唑：芬苯达唑的衍生物，驱虫活性更强，临床常用的制剂是奥芬达唑片，主要用于家畜和犬的线虫病和绦虫病的治疗。注意：可引起犬的再生障碍性贫血，并具有致畸作用。

（7）非班太尔：属于苯并咪唑类前体驱虫剂，即在胃肠道内转变成芬苯达唑和奥芬达唑而发挥有效的驱虫作用，可作为各种动物的驱线虫药。临床常用的制剂是非班太尔复方制剂，如用于犬、猫的产品多与吡喹酮、噻嘧啶等配合，以扩大驱虫范围。

（8）左旋咪唑：临床常用的制剂有盐酸左旋咪唑片、盐酸左旋咪唑注射液、盐酸左旋咪唑粉，主要用于牛、羊、猪、犬、猫和禽的胃肠道线虫、肺线虫及猪肾虫病的治疗。同时还具有明显的增强动物免疫功能的作用。

（9）噻嘧啶：又称为噻吩嘧啶，内服不易吸收，临床常用的制剂是双羟萘酸噻嘧啶片，用于治疗家畜胃肠道线虫病，小动物使用时可发生呕吐。

（10）甲噻嘧啶：又称为莫仑太尔，驱虫谱与噻嘧啶相似，但其作用更强，毒性更小。

（11）哌嗪：临床常用的制剂是磷酸哌嗪片与枸橼酸哌嗪片，主要用于治疗畜禽蛔虫感染，也用于马蛲虫感染。

（12）乙胺嗪：又称为海群生，为哌嗪衍生物，主要用于治疗马、羊脑脊髓丝虫病，犬心丝虫病，也可用于治疗家畜肺线虫病和蛔虫病。

二、驱绦虫药

- 兽医临床常用的驱绦虫药有哪些？

（1）吡喹酮：临床常用的制剂有吡喹酮片、吡喹酮粉等，主要用于动物血吸虫病的治疗，也用于绦虫病的治疗。

（2）伊喹酮：又称为依西太尔，为吡喹酮同系物，内服后不易吸收，毒性比吡喹酮低，是犬、猫专用驱绦虫药。

(3) 氯硝柳胺：又称为灭绦灵，临床常用的制剂有氯硝柳胺片、氯硝柳胺粉，主要用于动物绦虫病，反刍动物前后盘吸虫感染等。

三、驱吸虫药

(1) 硝氯酚：又称为拜耳9015，临床常用的制剂为硝氯酚片，主要用于治疗牛、羊肝片吸虫病。过量用药动物可出现发热、呼吸急促和出汗。

(2) 碘醚柳胺：临床常用的制剂是碘醚柳胺混悬液，主要用于治疗牛、羊肝片吸虫病。

(3) 氯氰碘柳胺：又称为氯生太尔，临床常用的制剂是氯氰碘柳胺钠注射液，主要用于防治牛、羊肝片吸虫病，胃肠道线虫病及羊鼻蝇蛆病等。

(4) 三氯苯达唑：又称为三氯苯咪唑，临床常用的制剂是三氯苯达唑片与三氯苯达唑颗粒，主要用于防治牛、羊肝片吸虫病。

• 兽医临床常用的驱吸虫药有哪些？

小结

驱蠕虫药有三类，线虫绦虫吸虫药，
品种不少要记牢，根据目的选用药。

驱线虫药

伊维阿维多拉菌素，体内线虫加体表①，
畜牧养殖少不了，宠物养殖离不了。
左旋咪唑驱线虫，增强免疫效果好。
阿苯达唑驱虫广，体内蠕虫消灭光。
芬苯奥芬②同阿苯③，不同之处是吸虫。
非班太尔用犬猫，主要作用驱线虫。
其他药物用得少，在此就不啰唆了。

驱绦虫药

氯硝柳胺驱绦虫，再加吡喹④伊喹酮；
吡喹酮药作用大，血吸虫病首选它；
伊喹酮药毒性小，犬猫专用驱绦虫。
除了上药驱绦虫，阿苯达唑少不了，
阿苯达唑同姐妹，芬苯奥芬算在内。

驱吸虫药

牛羊吸虫感染高，主要危害肝吸虫，
药物治疗硝氯酚，碘醚柳胺少不了。
氯氰碘柳胺驱吸虫，还有线虫也可用。
三氯苯达唑放最后，体内吸虫缺不了。
药物品种不算多，药名一定要记牢。

注释：①体表：体表寄生虫，即外寄生虫。②芬苯奥芬：芬苯达唑与奥芬达唑。③阿苯：阿苯达唑。
④吡喹：吡喹酮。

讨论

(1) 治疗犬消化道内的绦虫感染，选用什么药物？
(2) 可以驱体内线虫与体表寄生虫的药物有哪些？

线上评测

扫码在线答题

你知道吗？

1. 寄生虫的分类是什么？什么是抗蠕虫药？

寄生虫分为蠕虫、原虫及外寄生虫三大类。蠕虫类的寄生虫有线虫、绦虫、吸虫及棘头虫等，原虫类的寄生虫有孢子虫、梨形虫、鞭毛虫、滴虫等；外寄生虫包括蜘蛛类和昆虫类等。

抗蠕虫药是一类防治绦虫（莫尼茨绦虫、细粒棘球绦虫、泡状带绦虫、猪带绦虫等）、线虫（蛔虫、鞭虫、钩虫、蛲虫等）、吸虫（肝片吸虫、姜片吸虫、并殖吸虫等）等蠕虫的药物，包括驱绦虫药、驱线虫药和驱吸虫药三大类。

2. 你知道抗寄生虫药的作用机制吗？

抗寄生虫药种类繁多，各类药物化学结构和作用不同，作用机制也各不相同，大概可归纳为以下几个方面。

（1）抑制虫体内的某些酶。不少抗寄生虫药通过抑制虫体内酶的活性，而使虫体的代谢过程发生障碍。如左旋咪唑、硫双二氯酚、硝硫氰胺和硝氯酚等能抑制虫体内的琥珀酸脱氢酶（延胡索酸还原酶）的活性，阻碍延胡索酸还原为琥珀酸，阻断了ATP的产生，导致虫体缺乏能量而死亡；有机磷酸酯类能与胆碱酯酶结合，使酶丧失水解乙酰胆碱的能力，虫体内乙酰胆碱蓄积，引起虫体兴奋、痉挛，最后麻痹死亡。

（2）干扰虫体的代谢。某些抗寄生虫药能直接干扰虫体的物质代谢过程。如三氮脒能抑制动基体DNA的合成而抑制原虫的生长繁殖；氯硝柳胺能干扰虫体氧化磷酸化过程，影响ATP的合成，使绦虫缺乏能量，头节脱离肠壁而被排出体外；氨丙啉的化学结构与硫胺相似，故在球虫的代谢过程中可取代硫胺从而使其代谢不能正常进行。

（3）作用于虫体的神经肌肉系统。有些抗寄生虫药可直接作用于虫体的神经肌肉系统，影响其运动功能或导致虫体麻痹死亡。如阿维菌素能促进γ-氨基丁酸（GABA）的释放，使神经肌肉传导受阻，导致虫体产生弛缓性麻痹，最终引起虫体死亡或排出体外；噻嘧啶能与虫体的胆碱受体结合，产生与乙酰胆碱相似的作用，引起虫体肌肉强烈收缩，导致痉挛性麻痹。

（4）干扰虫体内离子的平衡或转运。聚醚类抗球虫药能与钠、钾、钙等金属阳离子形成亲脂性复合物，使其能自由穿过细胞膜，使子孢子和裂殖子中的阳离子大量蓄积，导致水分过多地进入细胞，使细胞膨胀变形，细胞膜破裂，引起虫体死亡。

兽医临床常用的药物制剂

1. 伊维菌素片

【性状】 本品为白色片。

【主要用途】 本品为大环内酯类抗寄生虫药,用于防治羊、猪线虫病、螨病和寄生性昆虫病。

【用法与剂量】 内服:一次量,每千克体重,羊 0.2 mg,猪 0.3 mg。

【注意事项】 ①泌乳期禁用。②柯利犬禁用。③伊维菌素对虾、鱼及水生生物有剧毒,残留药物的包装及容器切勿污染水源。④母猪妊娠期前 45 日慎用。

【休药期】 羊 35 日;猪 28 日。

【规格】 ①2 mg;②5 mg;③7.5 mg。

2. 伊维菌素注射液

【性状】 本品为无色或几乎无色的澄明液体,略黏稠。

【主要用途】 本品为大环内酯类抗寄生虫药,用于防治羊、猪线虫病、螨病和寄生性昆虫病。

【用法与剂量】 皮下注射:一次量,每千克体重,牛、羊 0.2 mg;猪 0.3 mg。

【不良反应】 ①用于治疗牛皮蝇蛆病时,如杀死的幼虫在关键部位,将会引起严重的不良反应。②注射时,注射部位可出现不适或暂时性水肿。

【注意事项】 ①泌乳期禁用。②仅限于皮下注射,因肌内、静脉注射易引起中毒反应。每个皮下注射点不宜超过 10 ml。③含甘油缩甲醛和丙二醇的伊维菌素注射液,仅适用于牛、羊和猪。④伊维菌素对虾、鱼及水生生物有剧毒,残留药物的包装及容器切勿污染水源。⑤与乙胺嗪同时使用,可能产生严重的或致死性脑病。

【休药期】 牛、羊 35 日;猪 28 日。

【规格】 ①1 ml:10 mg;②2 ml:4 mg;③2 ml:10 mg;④2 ml:20 mg;⑤5 ml:10 mg;⑥5 ml:50 mg;⑦10 ml:20 mg;⑧10 ml:100 mg;⑨20 ml:40 mg;⑩50 ml:500 mg;⑪100 ml:1000 mg。

3. 伊维菌素溶液

【性状】 本品为无色的澄清液体。

【主要用途】 本品为大环内酯类抗寄生虫药,用于防治羊、猪线虫病、螨病和寄生性昆虫病。

【用法与剂量】 内服:一次量,每千克体重,羊 0.2 mg,猪 0.3 mg。

【注意事项】 ①泌乳期禁用。②母猪妊娠期前 45 日慎用。③伊维菌素对虾、鱼及水生生物有剧毒,残留药物的包装及容器切勿污染水源。

【休药期】 羊 35 日;猪 28 日。

【规格】 ①0.1%;②0.2%;③0.3%。

4. 阿苯达唑片

【性状】 本品为白色片。

【主要用途】 本品为抗蠕虫药,用于家畜线虫病、绦虫病和吸虫病。

【用法与剂量】 内服:一次量,每千克体重,马 5~10 mg;牛、羊 10~15 mg,猪 5~10 mg;犬 25~50 mg;禽 10~20 mg。

【不良反应】 ①犬以每千克体重 50 mg 每日用药 2 次,会逐渐产生厌食症。②猫可出现轻微嗜睡、抑郁、厌食等症状,当用本品治疗并殖吸虫病时有抗服的现象。③可引起犬、猫的再生障碍性贫血。④对妊娠早期动物有致畸和胚胎毒性的作用。

【注意事项】 ①奶牛泌乳期禁用。②牛、羊妊娠期前45日内忌用。
【休药期】 牛14日;羊4日;猪7日;禽4日。弃奶期60小时。
【规格】 ①25 mg;②50 mg;③0.1 g;④0.2 g;⑤0.3 g;⑥0.5 g。

5. 芬苯达唑片

【性状】 本品为白色或类白色片。
【主要用途】 本品为抗蠕虫药,用于家畜线虫病和绦虫病。
【用法与剂量】 内服:一次量,每千克体重,马、牛、羊、猪5～7.5 mg;犬、猫25～50 mg;禽10～50 mg。
【不良反应】 按规定的用法与用量使用,一般不会产生不良反应。由于死亡的寄生虫释放抗原,可继发过敏性反应,特别是在大剂量治疗时。犬或猫内服时偶见呕吐,曾有一例报道,犬服药后出现各类白细胞减少。
【注意事项】 ①供食用的马与泌乳牛、羊禁用。②可能伴有致畸和胚胎毒性的作用,妊娠前期忌用。③单剂量对于犬、猫往往无效,必须治疗3日。
【休药期】 牛、羊21日;猪3日。弃奶期7日。
【规格】 ①25 mg;②50 mg;③0.1 g。

6. 芬苯达唑粉

【主要用途】 本品为抗蠕虫药,用于家畜线虫病和绦虫病。
【用法与剂量】 内服:一次量,每千克体重,马、牛、羊、猪5～7.5 mg;犬、猫25～50 mg;禽10～50 mg。
【不良反应】 同阿苯达唑片。
【注意事项】 同阿苯达唑片。
【休药期】 牛、羊21日;猪3日。弃奶期5日。
【规格】 5%。

7. 奥芬达唑片

【性状】 本品为白色或类白色片。
【主要用途】 本品为抗蠕虫药,用于家畜和犬的线虫病和绦虫病。
【用法与剂量】 内服:一次量,每千克体重,马10 mg;牛5 mg;羊5～7.5 mg;猪4 mg;犬10 mg。
【不良反应】 ①犬大剂量应用本品时可能产生食欲不振。②可引起犬的再生障碍性贫血。③具有致畸作用。
【注意事项】 ①牛、羊泌乳期禁用。②供食用的马禁用。③单剂量对于犬一般无效,必须连用3日。
【休药期】 牛、羊、猪7日。
【规格】 ①50 mg;②0.1 g。

8. 盐酸左旋咪唑片

【性状】 本品为白色片。
【主要用途】 本品为抗蠕虫药,主要用于牛、羊、猪、犬、猫和禽的胃肠道线虫病、肺线虫病及猪肾虫病。
【用法与剂量】 内服:一次量,每千克体重,牛、羊、猪7.5 mg;犬、猫10 mg;禽25 mg。
【不良反应】 ①牛使用本品可出现副交感神经兴奋症状,口鼻出现泡沫或流涎,兴奋或颤抖,舔唇和摇头等不良反应,症状一般在2小时内减退。②绵羊给药后可引起暂时性兴奋,山羊可产生抑郁、感觉过敏和流涎。③猪可引起流涎或口鼻冒出泡沫。④犬可见胃肠功能紊乱如呕吐、腹泻,神经毒性反应如喘气、摇头、焦虑或其他行为变化,粒细胞减少症,肺水肿,免疫介导性皮疹等。⑤猫可见流涎、兴奋、瞳孔散大和呕吐等。

【注意事项】 ①泌乳期动物禁用。②马和骆驼较敏感,骆驼禁用,马应慎用。③极度衰弱或严重肝肾损伤的患畜应慎用。疫苗接种、去角或去势等引起应激反应的牛应慎用或推迟使用。④本品中毒时可用阿托品解毒和采取其他对症治疗。

【休药期】 牛2日;羊3日;猪3日;禽28日。

【规格】 ①25 mg;②50 mg。

9. 盐酸左旋咪唑注射液

【性状】 本品为无色的澄明液体。

【主要用途】 本品为抗蠕虫药,主要用于牛、羊、猪、犬、猫和禽的胃肠道线虫病、肺线虫病及猪肾虫病。

【用法与剂量】 皮下、肌内注射:一次量,每千克体重,牛、羊、猪7.5 mg;犬、猫10 mg;禽25 mg。

【不良反应】 同盐酸左旋咪唑片。

【注意事项】 ①泌乳期动物禁用。②禁用于静脉注射。③马和骆驼较敏感,骆驼禁用,马应慎用。④极度衰弱或严重肝肾损伤的患畜应慎用。疫苗接种、去角或去势等引起应激反应的牛应慎用或推迟使用。⑤本品中毒时可用阿托品解毒和采取其他对症治疗。

【休药期】 牛14日;羊、猪、禽28日。

【规格】 ①2 ml∶0.1 g;②5 ml∶0.25 g;③10 ml∶0.5 g。

10. 双羟萘酸噻嘧啶片

【性状】 本品为白色淡黄色片。

【主要用途】 本品为抗蠕虫药,主要用于治疗家畜胃肠道线虫病。

【用法与剂量】 内服:一次量,每千克体重,马7.5~15 mg;犬、猫5~10 mg。

【不良反应】 小动物使用时,可发生呕吐。

【注意事项】 禁与肌松药、抗胆碱酯酶药和有机磷杀虫药合用;严重衰竭的动物慎用。

【规格】 0.3 g。

11. 氯硝柳胺片

【性状】 本品为淡黄色片。

【主要用途】 本品为抗蠕虫药,主要用于治疗动物绦虫病、反刍动物前后盘吸虫感染。

【用法与剂量】 以氯硝柳胺计。内服:一次量,每千克体重,牛40~60 mg;羊60~70 mg;犬、猫80~100 mg;家禽50~60 mg。

【不良反应】 犬、猫对本品较敏感,2倍治疗量可使犬、猫出现暂时性下痢,4倍治疗量可使犬肝脏出现病灶性营养不良,肾小球出现渗出物。

【注意事项】 ①动物在给药前,应禁食12小时。②本品可与左旋咪唑合用,用于治疗犊牛和羔羊的绦虫与线虫混合感染;与普鲁卡因合用可以提高氯硝柳胺对小鼠绦虫的疗效。③本品对鱼类毒性强。

【规格】 0.3 g。

任务 17　抗寄生虫药的选用(2)

扫码学课件

扫码看视频

📚 学习目标

▲知识目标
1. 掌握兽医临床常用的抗球虫药的作用及应用。
2. 掌握兽医临床常用的抗锥虫药的作用及应用。
3. 掌握兽医临床常用的抗梨形虫药的作用及应用。
4. 掌握兽医临床常用的抗滴虫药的作用及应用。

▲技能目标
能合理选用抗球虫药、抗锥虫药、抗梨形虫药及抗滴虫药。

▲素质目标与思政目标
培养良好的用药习惯及规范用药的职业素养。

👤 案例导入

同样的方法,结果不一样!

一养殖户,购买2000只雏鸡苗饲养,为防止球虫病的发生,从第二周开始在饲料中添加氯羟吡啶进行预防,很顺利地度过球虫病的高发阶段,并赚到了几千块钱。于是他又买回第二批鸡苗进行饲养,同样用氯羟吡啶来预防球虫病,饲养方法和第一批一样,不幸的是这次却暴发了球虫病,不仅没有赚到钱,反而把之前赚到的钱又赔了进去。这是怎么回事呢?请分析原因。

• 为什么会出现此种现象?

本任务主要介绍抗原虫药。

抗原虫药又分为抗球虫药、抗锥虫药、抗梨形虫药、抗滴虫药四大类。

一、抗球虫药

目前临床使用的抗球虫药大致分为两大类,一类是聚醚类离子载体抗生素,另一类是化学合成的抗球虫药。常用的聚醚类离子载体抗生素如下。

• 兽医临床常用的抗球虫药有哪些?
• 聚醚类离子载体抗生素有哪些?其主要作用是什么?

(1) 莫能菌素:又称为莫能星、瘤胃素,为聚醚类离子载体抗生素。广谱抗球虫,主要作用于球虫生活周期的早期阶段,干扰球虫细胞内钠离子与钾离子的正常渗透而引起球虫死亡。临床常用的制剂是莫能菌素预混剂,主要用于预防球虫病的发生。

(2) 盐霉素:又称为沙利霉素,为聚醚类离子载体抗生素。临床常用的制剂是盐霉素钠预混剂。本品同莫能菌素相似,主要用于预防家禽球虫病,安全范围较窄,应用时要严格控制剂量。

• 用药前仔细阅读使用说明书,养成良好的用药习惯很重要!这也是科学精神的体现!

(3) 马度米星:又称为马杜霉素,理化性质等同莫能菌素,抗球虫活性较其他聚醚类离子载体抗生素强,广泛用于鸡球虫病。临床常用的制剂是马度米星铵预混剂,主要用于鸡球虫病。毒性较大,安全范围窄,应用时要严格控制剂量。

以上三种是临床常用的聚醚类离子载体抗生素,主要预防鸡球虫病,由于毒性较大,安全范围较窄,使用时须严格按照使用说明书使用,遵守使用规定,注意休药期,保障用药安全。

以下是常用的化学合成的抗球虫药。

(1) 地克珠利:化学名为氯嗪苯乙氰,对球虫发育的各个阶段均有作用,抗球虫效果优于莫能菌素、氨丙啉、尼卡巴嗪、氯羟吡啶等抗球虫药。其高效、低毒,是目前混饲浓度最低的一种抗球虫药。临床常用的制剂是地克珠利预混剂、地克珠利颗粒、地克珠利溶液,主要用于预防禽、兔的球虫病。

(2) 妥曲珠利:化学名为甲苯三嗪酮。其机制是干扰球虫细胞核分裂和线粒体的作用,因此具有杀球虫作用,抗球虫谱广,安全范围大,临床常用的制剂是妥曲珠利溶液,主要用于防治鸡球虫病,对鹅、鸽子的球虫病也有效。

(3) 常山酮:从药用植物常山中提取出来的一种生物碱,已能人工合成,为广谱抗球虫药,与其他抗球虫药之间没有交叉耐药性,主要作用在第一代和第二代的裂殖体,临床常用的制剂是氢溴酸常山酮,主要用于预防鸡球虫病,对兔艾美耳球虫也有抑制作用。

(4) 二硝托胺:又称为球痢灵,主要作用于球虫的第一代和第二代的裂殖体,具有广谱抗球虫作用,但对堆形艾美耳球虫效果稍差,临床常用的制剂是二硝托胺预混剂,主要用于鸡球虫病的预防。

(5) 氨丙啉:属于抗硫胺类抗生素,其作用机制是干扰虫体硫胺素(维生素B_1)的代谢,具有高效、安全、不易产生耐药性等特点。临床常用的制剂是盐酸氨丙啉乙氧酰胺苯甲酯预混剂、盐酸氨丙啉乙氧酰胺苯甲酯磺胺喹噁啉预混剂、盐酸氨丙啉磺胺喹噁啉钠可溶性粉等,主要用于防治鸡球虫病,也可用于牛、羊的球虫病防治。

(6) 氯羟吡啶:由于球虫对其易产生耐药性,而且又可抑制鸡对球虫产生免疫力等,故过早停药易导致球虫病暴发。临床常用的制剂是氯羟吡啶预混剂,主要用于预防禽、兔的球虫病。

(7) 磺胺喹噁啉:又称为磺胺喹沙啉,作用于球虫的第二代裂殖体,与氨丙啉或抗菌增效剂合用可产生协同作用,临床常用的制剂有磺胺喹噁啉二甲氧苄啶预混剂、盐酸氨丙啉乙氧酰胺苯甲酯磺胺喹噁啉预混剂、磺胺喹噁啉钠可溶性粉、磺胺喹噁啉钠溶液等,主要用于禽球虫病的治疗。

(8) 磺胺氯吡嗪钠:其作用比磺胺喹噁啉强,毒性比磺胺喹噁啉低,主要用于球虫病暴发时短期治疗用。临床常用的制剂是磺胺氯吡嗪钠可溶性粉,用于治疗羊、鸡、兔的球虫病。

(9) 乙氧酰胺苯甲酯:氨丙啉抗球虫药的增效剂,其对巨型、布氏艾美耳球虫及其他小肠球虫的作用强,而对柔嫩艾美耳球虫的作用弱,刚好与氨丙啉互补。临床常与氨丙啉、磺胺喹噁啉等制成预混剂,用于球虫病的防治。

二、抗锥虫药

(1) 三氮脒:又称为贝尼尔,常用的制剂是注射用三氮脒,主要用于家畜巴贝斯梨形虫病(巴贝虫病)、泰勒梨形虫病(泰勒虫病)、伊氏锥虫病和媾疫锥虫病。本品毒性大,安全范围小,应严格掌握用药剂量,不得超量使用。肌内注射有刺激性,可引起肿胀,应分点深层肌内注射,不可静脉注射。

(2) 喹嘧胺:又称为安锥赛,有甲基硫酸喹嘧胺和氯化喹嘧胺两种,前者又称为甲硫喹嘧胺,后者又称为喹嘧氯胺,前者易溶于水,后者难溶于水。临床使用的制剂是注射用喹嘧胺,是喹嘧氯胺与甲硫喹嘧胺(4:3)混合制成,主要用于家畜锥虫病的防治。

三、抗梨形虫药

临床常用的抗梨形虫药除了三氮脒可用于梨形虫病的治疗外,还有双咪苯脲和青蒿琥酯。

(1) 双咪苯脲:其化学名称是双咪唑啉苯基脲,是兼有预防和治疗的新型抗梨形虫药物,其疗效和安全范围优于三氮脒,毒性较其他抗梨形虫药小,用法同三氮脒,分点深层肌内注射,不可静脉注射。

(2) 青蒿琥酯:菊科植物黄花蒿中的提取物,青蒿琥酯对人红细胞内疟原虫裂殖体有强大杀灭作用(人用),兽医临床使用的制剂是青蒿琥酯片,可用以防治牛、羊泰勒虫病和双芽巴贝斯虫病。有胚胎毒性,妊娠动物慎用,反刍动物内服吸收少,最好静脉注射给药。

四、抗滴虫药

动物常见的原虫病还有滴虫病,临床常用的抗滴虫药是甲硝唑和地美硝唑,前面已介绍,在此不再赘述。

• 兽医临床常用的抗滴虫药有哪些?

小结

抗球虫药

抗球虫药品种多,临床使用两大类,
一类属于聚醚类①、离子载体②抗生素,
莫能盐霉③马度米星,预防球虫是主力,
遵守规定慎使用,注意休药保安全。
二类属于合成类,先把治疗药物说,
治疗药物磺胺药,磺胺喹噁啉要记牢,
还有磺胺氯吡嗪钠,治疗球虫不可少。
其他药物氨丙啉,防治球虫也需要,
地克珠利常山酮,妥曲珠利球痢灵④,
预防药物品种多,药物名称要牢记,
球虫易生耐药性,定期更换可减缓。

抗锥虫药

三氮脒与喹嘧胺,均可用于抗锥虫,
毒性较大三氮脒,分点肌注要记住,
相对安全喹嘧胺,预防治疗均可行。

抗梨形虫药

抗锥虫药三氮脒,也可用于梨形虫,
此外就是双咪苯脲,作用优于三氮脒,
青蒿琥酯不忘了,牛羊使用抗梨形虫。

注释:①聚醚类:聚醚类离子载体抗生素。②离子载体:聚醚类离子载体抗生素。③莫能盐霉:莫能菌素与盐霉素。④球痢灵:二硝托胺。

讨论

如何合理使用抗球虫药?

线上评测

扫码在线答题

你知道吗?

1. 什么是球虫病？目前防治球虫病的现状如何？

球虫病是由球虫卵囊的子孢子在肠上皮细胞内裂殖增殖,破坏肠上皮细胞,引起水样、黏液样甚至血样粪便,出现下痢、贫血、消瘦、死亡等的疾病。球虫病是严重危害鸡、兔等动物养殖的一个原虫病。目前控制的方法主要是使用各种化学合成药物及中草药进行防治。

2. 用于防治球虫病的药物有哪些？

(1) 化学合成药：氨丙啉、氯苯胍、常山酮、地克珠利、妥曲珠利、尼卡巴嗪、磺胺间甲氧嘧啶、磺胺喹噁啉、磺胺氯吡嗪钠等。

(2) 聚醚类离子载体抗生素类药：莫能菌素、盐霉素、马度米星等。

(3) 抗球虫药增效剂：乙氧酰胺苯甲酯、二甲氧苄啶(DVD)等。

(4) 球虫疫苗：致弱球虫卵囊混悬液。

兽医临床常用的药物制剂

1. 盐霉素钠预混剂

【性状】 盐霉素钠为白色或淡黄色结晶性粉末；微有特臭。

【主要用途】 本品为抗球虫药,用于家禽球虫病。

【用法与剂量】 混饲：每1000千克饲料,鸡60 g。

【注意事项】 ①蛋鸡产蛋期禁用。②对成年火鸡、鸭和马属动物毒性大,禁用。③禁与泰妙菌素、竹桃霉素及其他抗球虫药合用。④本品安全范围较窄,应严格控制混饲浓度。

【休药期】 鸡5日。

【规格】 ①100 g∶10 g(1000万单位)；②500 g∶50 g(5000万单位)。

2. 马度米星铵预混剂

【性状】 马度米星铵为白色或类白色结晶性粉末；有微臭。

【主要用途】 本品为抗球虫药,用于鸡球虫病。

【用法与剂量】 混饲：每1000千克饲料,鸡500 g。

【不良反应】 本品毒性较大,安全范围窄,较高浓度(7 mg每千克饲料)混饲即可引起鸡不同程度的中毒甚至死亡。

【注意事项】 ①蛋鸡产蛋期禁用。②用药时必须精确计量,并使药料充分拌匀,勿随意加大使用浓度。③鸡喂马度米星后的粪便切不可再加工成动物饲料,否则会引起动物中毒,甚至死亡。

【休药期】 鸡5日。

【规格】 1%。

3. 地克珠利预混剂

【性状】 地克珠利为白色或淡黄色粉末；几乎无臭。

【主要用途】 本品为抗球虫药,用于禽、兔球虫病。

【用法与剂量】 混饲：每1000千克饲料,禽、兔1 g。

【注意事项】 ①蛋鸡产蛋期禁用。②本品药效期短,停药1日,抗球虫作用明显减弱,2日后作用基本消失。因此必须连续用药以防球虫病再度暴发。③本品混饲浓度极低,药料应充分拌匀,否则影响疗效。

【休药期】 鸡5日;兔14日。

【规格】 ①0.2%;②0.5%;③5%。

4. 二硝托胺预混剂

【性状】 二硝托胺为淡黄色或淡黄褐色粉末;无臭。

【主要用途】 本品为抗球虫药,用于鸡球虫病。

【用法与剂量】 混饲:每1000千克饲料,鸡500 g。

【注意事项】 ①蛋鸡产蛋期禁用。②停药过早,常致球虫病复发,因此肉鸡宜连续应用。③二硝托胺粉末颗粒的大小会影响抗球虫作用,应为极微细粉末。④饲料中添加量超过250 mg每千克饲料(以二硝托胺计)时,若连续饲喂15日以上可抑制雏鸡增重。

【休药期】 鸡3日。

【规格】 25%。

5. 盐酸氨丙啉乙氧酰胺苯甲酯预混剂

【性状】 盐酸氨丙啉为白色或类白色粉末;无臭或几乎无臭。

【主要用途】 本品为抗球虫药,用于鸡球虫病。

【用法与剂量】 混饲:每1000千克饲料,鸡500 g。

【注意事项】 ①蛋鸡产蛋期禁用。②饲料中的维生素B_1含量在10 mg每千克饲料以上时,对本品的抗球虫作用产生明显的拮抗作用。

【休药期】 鸡3日。

【规格】 1000 g:盐酸氨丙啉250 g+乙氧酰胺苯甲脂16 g。

6. 盐酸氨丙啉乙氧酰胺苯甲酯磺胺喹噁啉预混剂

【性状】 盐酸氨丙啉为白色或类白色粉末;无臭或几乎无臭。

【主要用途】 本品为抗球虫药,用于鸡球虫病。

【用法与剂量】 混饲:每1000千克饲料,鸡500 g。

【注意事项】 ①蛋鸡产蛋期禁用。②饲料中的维生素B_1含量在10 mg每千克饲料以上时,对本品的抗球虫作用产生明显的拮抗作用。③连续使用不得超过5日。

【休药期】 鸡7日。

【规格】 1000 g:盐酸氨丙啉200 g+乙氧酰胺苯甲脂10 g+磺胺喹噁啉120 g。

7. 氯羟吡啶预混剂

【性状】 氯羟吡啶为白色或类白色粉末;无臭。

【主要用途】 本品为抗球虫药,用于禽、兔球虫病。

【用法与剂量】 混饲:每1000千克饲料,鸡500 g,兔800 g。

【注意事项】 ①蛋鸡产蛋期禁用。②本品能抑制鸡对球虫产生免疫力,停药过早易导致球虫病爆发。③后备鸡群可以连续喂至16周龄。④对本品产生耐药球虫的鸡场,不能换用喹啉类抗球虫药,如癸氧喹酯等。

【休药期】 鸡5日;兔5日。

【规格】 25%。

8. 磺胺氯吡嗪钠可溶性粉

【性状】 本品为淡黄色粉末。

【主要用途】 本品为抗球虫药,用于羊、鸡、兔球虫病。

【用法与剂量】 混饮:每升水,肉鸡、火鸡0.3 g,连用3日。混饲:每1000千克饲料,肉鸡、火鸡600 g,连用3日;兔600 g,连用5~10日。内服:配成水溶液,每千克体重,羊120 mg,一日量,连用3~5日。

【注意事项】 ①蛋鸡产蛋期禁用。②饮水给药连续用药不得超过5日。③不得在饲料中长期添加使用。

【休药期】 火鸡4日;肉鸡1日;羊、兔28日。

【规格】 ①10%;②20%;③30%。

9. 磺胺喹噁啉二甲氧苄啶预混剂

【主要用途】 本品为抗球虫药,用于禽球虫病。

【用法与剂量】 混饲:每1000千克饲料,鸡500 g。

【不良反应】 较大剂量延长给药时间可引起食欲下降,肾脏出现磺胺喹噁啉结晶,干扰血液正常凝固。

【注意事项】 ①蛋鸡产蛋期禁用。②连续用药不得超过5日。

【休药期】 鸡10日。

10. 磺胺喹噁啉钠可溶性粉

【性状】 本品为白色至微黄色粉末。

【主要用途】 本品为抗球虫药,用于禽球虫病。

【用法与剂量】 混饮:每升水,鸡,0.3~0.5 g。

【注意事项】 ①蛋鸡产蛋期禁用。②连续用药不得超过5日,否则易出现中毒反应。

【休药期】 鸡10日。

【规格】 ①5%;②10%;③30%。

11. 注射用三氮脒

【性状】 本品为黄色或橙色结晶性粉末。

【主要用途】 本品为抗原虫药,用于家畜巴贝斯梨形虫病、泰勒梨形虫病、伊氏锥虫病和媾疫锥虫病。

【用法与剂量】 肌内注射:一次量,每千克体重,马3~4 mg;牛、羊3~5 mg。临用前配成5%~7%的溶液。

【休药期】 牛、羊28日。弃奶期7日。

【规格】 ①0.25 g;②1 g。

12. 注射用喹嘧胺

【性状】 本品为白色或微黄色结晶性粉末。

【主要用途】 本品为抗锥虫药,用于家畜锥虫病。

【用法与剂量】 肌内、皮下注射:一次量,每千克体重,马、牛、骆驼4~5 mg。临用前配成10%的溶液。

【休药期】 牛28日。弃奶期7日。

【规格】 500 mg:喹嘧氯胺286 mg+甲硫喹嘧胺214 mg。

任务18 作用于消化系统药物的选用

学习目标

▲知识目标

1. 掌握兽医临床常用的健胃药与助消化药的作用及应用。
2. 掌握兽医临床常用的泻药与止泻药的作用及应用。
3. 掌握兽医临床常用的制酵药与消沫药的作用及应用。
4. 掌握兽医临床常用的增强胃肠蠕动药的作用及应用。

扫码学课件

扫码看视频

▲ 技能目标

能合理选用健胃药、助消化药、泻药、止泻药、制酵药、消沫药、增强胃肠蠕动药。

▲ 素质目标与思政目标

1. 培养爱岗敬业及乐于奉献的职业精神。
2. 进行责任心和辩证思维的培养。

应该怎么做？

小张在猪场分娩舍上班，有一个冬天到了下班时间他正准备下班时，发现有一窝刚出生3天的仔猪出现腹泻现象。如果你是小张该怎么办？是处理完了再下班，还是等明天来再处理？

经过检查，小张发现这窝仔猪出现腹泻的原因是保温床出现故障而导致仔猪受冻，于是找来师傅修好了保温床，又给每个仔猪灌服止泻药，等忙完2个多小时过去了，小张才安心地下班。第二天这窝仔猪全部恢复正常。试想如果不是小张发现保温床出现问题，会出现什么样的后果呢？

• 小张对工作的责任心、敬业精神和奉献精神是值得我们每个人学习的。

一、健胃药与助消化药

当动物出现食欲减退、消化不良或不吃时，我们就需要用到健胃药与助消化药。常用的健胃药如下。

（1）苦味健胃药：龙胆酊、马钱子酊、大黄酊等，主要作用在舌部上的味觉感受器，通过神经反射引起唾液、胃液的分泌，所以使用时不能胃管投药，一定要经口给药；不可长期反复给药，否则药效降低；不可剂量过大，否则抑制胃液分泌。

（2）芳香性健胃药：陈皮酊、姜酊等，因含有挥发性芳香油，轻度刺激消化道黏膜，经迷走神经反射引起健胃作用，其作用比苦味健胃药作用强且持久，还有制酵、祛风、祛痰作用。

（3）盐类健胃药：人工矿泉盐、氯化钠、碳酸氢钠等，直接刺激口腔黏膜及味觉感受器而引起消化液分泌增加、胃肠蠕动增强。注意健胃时使用小剂量，剂量过大则有缓泻作用。

（4）助消化药：胃蛋白酶、淀粉酶、胰酶、稀盐酸等，大多是消化液的主要成分，具有帮助胃肠道消化积食的作用。临床上常与健胃药配合使用，以提高治疗效果。

• 兽医临床常用的健胃药有哪些？

• 使用苦味健胃药时应注意什么问题？

• 使用盐类健胃药时需注意什么问题？

• 兽医临床常用的助消化药有哪些？

二、泻药与止泻药

（一）泻药

泻药是一类能促进粪便排出的药物，临床主要用于治疗便秘或者用于促进胃肠道内毒物的排出。根据泻药作用机制的不同将其分为三类。

（1）容积性泻药：又称为盐类泻药，常用的药物有硫酸钠、硫酸镁等，内服后在肠道内不易被吸收，形成高渗溶液，吸收水分，扩大肠腔容积，对黏膜壁产生刺激，促进肠管蠕动，引起排便。

（2）润滑性泻药：又称为油类泻药，常用的药物是液状石蜡，内服后不被吸收，具有软化粪便、润滑肠腔的作用，用于治疗小肠阻塞、便秘、瘤胃积食等，如果没有液状石蜡，也可用植物油如豆油、花生油、菜籽油等进行泻下。

• 兽医临床常用的泻药有哪些？

(3) 刺激性泻药：内服后在肠道内分解出有效成分对肠壁产生化学性刺激，促使肠管蠕动引起泻下。兽医临床常用的药物是大黄。使用大黄时要注意剂量，一般小剂量健胃（味苦的作用）、中等剂量收敛止泻（鞣质的作用）、大剂量泻下（大黄素的作用），但单用大黄泻下后又会引起便秘，临床常将大黄与硫酸钠配合使用，可产生较好的泻下效果。

（二）止泻药

止泻药是一类能制止腹泻的药物，根据药理作用特点，将止泻药分为三类。

(1) 保护性止泻药：常用药物是碱式硝酸铋（又称为次硝酸铋）、碱式碳酸铋（又称为次碳酸铋），内服不易吸收，缓慢释放出铋离子，与蛋白质结合，具有收敛保护黏膜的作用，另外还能与肠内硫化氢作用，生成硫化铋，减少硫化氢对肠黏膜的刺激。临床主要用于治疗肠炎和腹泻。

(2) 吸附性止泻药：常用药物是药用炭与白陶土（又称为高岭土），因其表面积较大，可以吸附肠道内的有害物质如气体、细菌、病毒、毒素及毒物等，减轻有害物质对肠黏膜的损害。

(3) 抗菌性止泻药：如土霉素、乙酰甲喹、磺胺脒、庆大霉素、恩诺沙星等，主要是针对敏感菌引起的感染性腹泻的治疗。

腹泻是动物机体保护性防御功能的一种表现，其目的是将肠道内的有害物质排出体外，发生腹泻时不应立即止泻，但长时间腹泻会影响营养物质的吸收，也会导致盐类离子等的丢失，导致代谢紊乱，出现酸中毒，应及时止泻。腹泻是众多疾病的一种症状，引起腹泻的原因有很多，因此在治疗腹泻时，要找到腹泻的原因，标本兼治，以取得更好的效果。

三、制酵药与消沫药

由于饲养管理不善，反刍动物牛、羊等容易出现瘤胃臌胀，针对瘤胃臌胀，可用制酵药与消沫药治疗。

(1) 制酵药：能够抑制胃肠内细菌发酵，防止大量气体产生的药物，常用的药物有鱼石脂、大蒜酊等。

(2) 消沫药：能够降低泡沫表面张力，使泡沫破裂的药物，临床常用的药物是二甲硅油，如果没有二甲硅油，也可用植物油如豆油、花生油、菜籽油等代替，只是消沫效果要比二甲硅油弱。

那么在瘤胃臌胀时，什么时候用制酵药，什么时候用消沫药呢？这个问题我们可通过问诊得知，如果牛、羊等反刍动物因为食用了腐烂变质的饲料而引起瘤胃臌胀，我们就要用制酵药；如果牛、羊等反刍动物是因为采食了过量的含皂苷的豆科牧草如紫云英、苜蓿草等引起的瘤胃臌胀，我们就要用消沫药。

四、增强胃肠蠕动药

消化系统常见的问题还有胃肠积食，我们就要用到增强胃肠蠕动药。

增强胃肠蠕动药包括瘤胃兴奋药和胃肠推进药。

(1) 瘤胃兴奋药：又称为反刍促进药，是能够促进瘤胃平滑肌收缩、加强瘤胃运动、促进反刍、消除瘤胃积食与瘤胃臌胀的一类药物。常用的瘤胃兴奋药有氨甲酰甲胆碱与浓氯化钠注射液。

(2) 胃肠推进药：能增强胃肠运动，促进胃的正向排空和推动胃肠内容物从十二指肠向回肠盲部推进的一类药物，临床常用的药物是多潘立酮（又称为吗丁啉），主要用于治疗食管反流、胃肠胀满、恶心、呕吐等。

动物胃肠疾病多因饲养管理不善，饲料质量低劣，或者是发生某些全身性疾病如高热、低钙血症等引起，所以临床应重视病因的治疗，加强饲养管理，减少疾病的发生才是上策。

讨论

制酵药与消沫药在应用上有什么区别？

线上评测

扫码在线答题

你知道吗？

催吐剂有哪些？其作用及应用是什么？

（1）阿扑吗啡（去水吗啡）是合成吗啡的衍生物，能刺激中枢呕吐感受区而产生催吐作用，用以排出胃中毒物。盐酸阿扑吗啡注射液，皮下注射：一次量，猪 10～20 mg，犬 2～3 mg，猫 1～2 mg。

（2）硫酸铜溶液，以 1% 硫酸铜溶液内服，可刺激胃黏膜反射性地引起呕吐，用以排出猪、犬、猫胃中的毒物。内服：一次量，猪 0.5～0.8 g，犬 0.1～0.5 g，猫 0.05～0.1 g，配成 1% 溶液内服。

→ **兽医临床常用的药物制剂**

1. 碳酸氢钠片

【性状】 本品为白色片。

【主要用途】 本品为酸碱平衡调节药，用于酸血症、胃肠卡他，也用于碱化尿液。

【用法与剂量】 内服：一次量，马 15～60 g；牛 30～100 g；羊 5～10 g；猪 2～5 g；犬 0.5～2 g。

【不良反应】 ①剂量过大或肾功能不全患畜可出现水肿、肌肉疼痛等症状。②内服时可在胃内产生大量二氧化碳，引起胃肠臌胀。

【注意事项】 充血性心力衰竭、肾功能不全和水肿或缺钾等患畜慎用。

【规格】 ①0.3 g；②0.5 g。

2. 碳酸氢钠注射液

【性状】 本品为无色的澄明液体。

【主要用途】 本品为酸碱平衡调节药，用于酸血症。

【用法与剂量】 静脉注射：一次量，马、牛 15～30 g；羊、猪 2～6 g；犬 0.5～1.5 g。

【不良反应】 ①大量静脉注射时可引起代谢性碱中毒、低钾血症，易出现心律失常、肌肉痉挛。②剂量过大或肾功能不全患畜可出现水肿、肌肉疼痛等症状。

【注意事项】 ①应避免与酸性药物、复方氯化钠、硫酸镁或盐酸氯丙嗪注射液等混合应用。②对组织有刺激性，静脉注射时勿漏出血管外。③用量要适当，纠正严重酸中毒时，应将二氧化碳结合力作为用量依据。④患有充血性心力衰竭、肾功能不全和水肿或缺钾的动物慎用。

【规格】 ①10 ml：0.5 g；②250 ml：12.5 g；③500 ml：25 g。

3. 硫酸镁

【性状】 本品为无色结晶；无臭；有风化性。

【主要用途】 本品为盐类泻药，主要用于导泻。

【用法与剂量】 内服：一次量，马 200～500 g；牛 300～800 g；羊 50～100 g；猪 25～50 g；犬 10～20 g；猫 2～5 g。用时配成 6%～8% 的溶液。

【不良反应】 导泻时如服用的溶液浓度过高，可从组织中吸取大量水分而引起脱水。

【注意事项】 ①在某些情况下（如机体脱水、肠炎等），镁离子吸收增多会产生毒副作用。②因易继发胃扩张，不适用于小肠便秘的治疗。③肠炎患畜不宜使用本品。

4. 硫酸镁注射液

【性状】 本品为无色的澄明液体。

【主要用途】 本品为抗惊厥药，主要用于破伤风及其他痉挛性疾病。

【用法与剂量】 静脉、肌内注射：一次量，马、牛 10～25 g；羊、猪 2.5～7.5 g；犬、猫 1～2 g。

【不良反应】 静脉注射速度过快或过量可导致血镁增高，可引起血压剧降、呼吸抑制、心动过缓、神经肌肉传导阻滞，甚至死亡。

【注意事项】 ①静脉注射宜缓慢，遇有呼吸麻痹等中毒现象时，应立即静脉注射钙剂解救。②患有肾功能不全、严重心血管疾病、呼吸系统疾病的动物慎用或不用。③与硫酸黏菌素、硫酸链霉素、葡萄糖酸钙、盐酸普鲁卡因、四环素、青霉素等药物存在配伍禁忌。

【规格】 ①10 ml：1 g；②10 ml：2.5 g。

5. 液状石蜡

【性状】 本品为无色澄清的油状液体。

【主要用途】 本品为润滑性泻药，主要用于小肠便秘、瘤胃积食、肠炎家畜及孕畜便秘。

【用法与剂量】 内服：一次量，马、牛 500～1500 ml；驹、犊 60～120 ml；羊 100～300 ml；猪 50～100 ml；犬 10～30 ml；猫 5～10 ml。

【不良反应】 导泻时可致肛门瘙痒。

【注意事项】 ①不宜多次服用，以免影响消化，阻碍脂溶性维生素及钙、磷的吸收。②猫可加温水灌服。

6. 碱式硝酸铋

【性状】 本品为白色粉末；无臭或几乎无臭。

【主要用途】 本品为止泻药，用于胃肠炎及腹泻。

【用法与剂量】 内服：一次量，马、牛 15～30 g；羊、猪、驹、犊 2～4 g；犬 0.3～2 g。

【注意事项】 ①对病原微生物引起的腹泻，应先用抗菌药物控制感染后再用本品。②碱式硝酸铋在肠内溶解后，可形成亚硝酸盐，量大时能被吸收引起中毒。

7. 碱式碳酸铋片

【性状】 本品为白色至微黄色片。

【主要用途】 本品为止泻药，用于胃肠炎及腹泻。

【用法与剂量】 内服：一次量，马、牛 15～30 g；羊、猪、驹、犊 2～4 g；犬 0.3～2 g。

【规格】 ①0.3 g；②0.5 g。

8. 药用炭

【性状】 本品为黑色粉末；无臭；无砂性。

【主要用途】 本品为吸附药,用于生物碱等中毒及腹泻、胃肠胀气等。

【用法与剂量】 内服:一次量,马 20~150 g;牛 20~200 g;羊 5~50 g;猪 3~10 g;犬 0.3~2 g。

【注意事项】 ①能吸附其他药物和影响消化酶活性。②用于排出毒物时最好与盐类泻药配合使用。

9. 白陶土

【性状】 本品为类白色细粉;加水湿润后,有类似黏土的气味,颜色加深。

【主要用途】 本品为止泻药。内服用于止泻;外用可作为敷剂和撒布剂的基质。

【用法与剂量】 内服:一次量,马、牛 50~150 g;羊、猪 10~30 g;犬 1~5 g。

【注意事项】 能吸附其他药物和影响消化酶活性。

10. 胃蛋白酶

【性状】 本品为白色至淡黄色的粉末;无霉败的臭味;有引湿性;水溶液显酸性反应。

【主要用途】 本品为助消化药,用于胃液分泌不足及幼畜胃蛋白酶缺乏所致的消化不良。

【用法与剂量】 内服:一次量,马、牛 4000~8000 单位;羊、猪 800~1600 单位;驹、犊 1600~4000 单位;犬 80~800 单位;猫 80~240 单位。

【注意事项】 ①当胃液分泌不足引起消化不良时,胃内盐酸也常分泌不足。因此使用本品时应同服稀盐酸。②忌与碱性药物、鞣酸、重金属盐等配合使用。③温度超过 70 ℃ 时迅速失效;剧烈搅拌可破坏其活性。

11. 稀盐酸

【性状】 本品为无色澄清液体;呈强酸性。

【主要用途】 本品为助消化药、药用辅料,主要用于胃酸缺乏症。

【用法与剂量】 内服:一次量,马 10~20 ml;牛 15~30 ml;羊 2~5 ml;猪 1~2 ml;犬 0.1~0.5 ml。用时稀释 20 倍以上。

【注意事项】 ①禁与碱类、盐类健胃药、有机酸、洋地黄及其制剂合用。②用药浓度和剂量不宜过大,否则因食糜酸度过高,反射性引起幽门括约肌痉挛,影响胃排空,导致腹痛。

任务 19　作用于呼吸系统药物的选用

学习目标

▲知识目标

1. 掌握兽医临床常用的祛痰药的作用及应用。
2. 掌握兽医临床常用的镇咳药的作用及应用。
3. 掌握兽医临床常用的平喘药的作用及应用。

▲技能目标

能合理选用祛痰药、镇咳药、平喘药。

▲素质目标与思政目标

1. 培养爱国爱民的职业理念及遵规守纪和诚信经营的职业素养。
2. 培养辩证思维,树立辨证施治的思维习惯。

案例导入

你知道瘦肉精吗？

你一定听说过"瘦肉精"，"瘦肉精"不是指某一个物质，而是一类物质的总称，包括盐酸克伦特罗、沙丁胺醇、莱克多巴胺等物质，国家禁止将其作为饲料添加剂使用。如果在饲料中使用，其残留在肉食品中会严重危害人们的身体健康，例如盐酸克伦特罗是人医临床上广泛使用的具有平喘作用的处方药，如作为饲料添加剂使用，一旦药物残留在肉食品中，人食用后会引起恶心、呕吐、心悸、震颤等，甚至会增加心血管疾病患者死亡的风险。我国禁止在饲料中添加"瘦肉精"，以保证肉食品安全。作为兽医人员或家畜饲养员，遵守职业操守，不做不义之事，不赚不义之财。

本任务主要对临床常用的祛痰药、镇咳药、平喘药进行介绍。

一、祛痰药

祛痰药是一类能增加呼吸道分泌，使痰液变稀并易于排出的药物，同时祛痰药还有间接镇咳的作用。兽医临床常用的祛痰药如下。

（1）氯化铵：兽医临床常用的制剂是氯化铵片，内服后刺激胃黏膜迷走神经末梢，反射性引起支气管腺体分泌增加，使稠痰稀释，易于咳出。主要用于支气管炎初期。应用时须注意肝肾功能异常的患畜禁用或慎用，禁与碱性药物、重金属盐、磺胺类药物等配伍应用。

（2）碘化钾：兽医临床常用的制剂是碘化钾片，内服后，部分从呼吸道腺体排出，刺激呼吸道黏膜，使腺体分泌增加，痰液稀释，易于咳出。主要用于慢性支气管炎。使用时须注意：碘化钾在酸性溶液中能析出游离碘；肝、肾功能低下动物慎用。不适于急性支气管炎的治疗。

（3）盐酸溴己新：可溶解黏稠的痰液，使痰中酸性糖蛋白的多糖纤维素裂解，黏度降低。兽医临床常用的制剂是盐酸溴己新可溶性粉，主要用于慢性支气管炎，促进黏稠痰液咳出。使用时须注意盐酸溴己新对胃肠道黏膜有刺激性，有胃炎或胃溃疡患病动物慎用。

二、镇咳药

咳嗽是呼吸系统的一种防御性反射，轻度咳嗽有利于祛痰，无须镇咳，但剧烈而频繁的咳嗽给身体带来不适或并发症时，应使用镇咳药，临床常用的镇咳药有甘草流浸膏和甘草颗粒。

甘草流浸膏：由甘草的干燥根和根茎浸制浓缩而成，为深棕色黏稠液体。内服后干草中的甘草次酸能覆盖于发炎的咽喉部黏膜表面，使黏膜少受刺激而抑制咳嗽，甘草次酸还有中枢性镇咳作用，临床主要用于镇咳、祛痰、解毒，也常与其他镇咳祛痰药配制成止咳合剂等应用。

三、平喘药

平喘药是指能缓解或消除呼吸系统疾病所引起的气喘症状的药物。兽医临床常用的药物主要是氨茶碱。

氨茶碱：嘌呤类衍生物，是茶碱与乙二胺的复盐。具有松弛支气管平滑肌、兴奋呼吸、强心、利尿等作用。兽医临床使用的制剂有氨茶碱片与氨茶碱注射液，常用于带有心功能不全或肺水肿的患畜如牛、马等的肺气肿及犬的心源性气喘症。

- 治疗犬的心源性气喘症选用什么药物？
- 树立辩证思维，对症下药很重要哦！

引起气喘症状的原因是多方面的，有过敏性或非过敏性因素、感染性因素等，因此平喘药有扩张支气管的、有抗过敏的、有抗炎的等，氨茶碱主要是扩张支气管的药物，在治疗支气管疾病时最好是对因治疗与对症治疗合并进行。

总之，痰、咳、喘是呼吸系统疾病出现的三大症状，有痰会引起咳嗽，咳嗽的目的是排出痰液，痰液的阻塞或剧烈的咳嗽会引起喘，痰、咳、喘三者紧密联系，相互影响，在治疗呼吸系统疾病时要综合考虑，找到主要问题和次要问题，先解决主要问题也就是主因，再解决次要问题也就是次因，或者二者兼顾合并进行以取得更好的效果。

小结

呼吸系统用药

稀释痰液祛痰药，氯化铵与碘化钾；

黏痰溶解祛痰药，盐酸溴己新为主药。

镇咳选用甘草膏①，氨茶碱平喘离不了。

注释：①甘草膏：甘草流浸膏。

讨论

咳嗽有痰时需要止咳吗？

线上评测

扫码在线答题

你知道吗？

何时使用祛痰药与镇咳药？

咳嗽是一种保护性反射，目的是促使呼吸道内异物或炎症产物排出，故轻度咳嗽或多痰性咳嗽，不应选用镇咳药止咳，止咳反而不利于病理过程的恢复。只有对长期频繁的、剧烈的痛性干咳，才应选用镇咳药止咳，或选用镇咳药与祛痰药配合的合剂。对急性呼吸道炎症初期引起的干咳，也可选用非成瘾性镇咳药如甘草流浸膏，对于频繁的慢性支气管炎引起的咳嗽，在痰的黏度增高，难以咳出时应选用碘化钾、氯化铵等先祛痰，无痰时再镇咳。

兽医临床常用的药物制剂

1. 氯化铵

【性状】 本品为无色结晶或白色结晶性粉末；无臭；有引湿性。

【主要用途】 本品为祛痰药,主要用于支气管炎初期。

【用法与剂量】 内服:一次量,马 8～15 g;牛 10～25 g;羊 2～5 g;猪 1～2 g;犬、猫 0.2～1 g。

【注意事项】 ①肝脏、肾脏功能异常的患畜,内服氯化铵容易引起血氯过高性酸中毒和血氨升高,应禁用或慎用。②禁与碱性药物、重金属盐、磺胺类药物等配伍应用。③单胃动物用后有呕吐反应。

2. 碘化钾片

【性状】 本品为白色片。

【主要用途】 本品为祛痰药,用于慢性支气管炎。

【用法与剂量】 内服:一次量,马、牛 5～10 g;羊、猪 1～3 g;犬 0.2～1 g。

【注意事项】 ①碘化钾在酸性溶液中能析出游离碘。②肝、肾功能低下患畜慎用。③不适用于急性支气管炎。

【规格】 ①10 mg;②200 mg。

3. 氨茶碱片

【性状】 本品为白色至微黄色片。

【主要用途】 本品为平喘药,具有松弛支气管平滑肌、扩张血管、强心、利尿等作用。用于缓解气喘症状。

【用法与剂量】 内服:一次量,每千克体重,马 5～10 mg;犬、猫 10～15 mg。

【不良反应】 犬、猫可出现恶心、呕吐、失眠、胃液分泌增加、腹泻、贪食多饮和多尿症状。马的副作用一般与剂量有关,包括紧张不安、兴奋(听觉、视觉、触觉)、肌肉震颤、发汗、心动过速和活动失调。严重中毒可出现癫痫或心律失常。

【注意事项】 内服可引起呕吐反应。

【规格】 ①50 mg;②100 mg;③200 mg。

4. 氨茶碱注射液

【性状】 本品为无色至淡黄色的澄明液体。

【主要用途】 本品为平喘药,具有松弛支气管平滑肌、缓解气喘症状,以及扩张血管、利尿等作用。

【用法与剂量】 肌内、静脉注射:一次量,马、牛 1～2 g;羊、猪 0.25～0.5 g;犬 0.05～0.1 g。

【不良反应】 可引起中枢神经系统兴奋。

【注意事项】 ①肝功能低下,心力衰竭患畜慎用。②静脉注射或静脉滴注时如用量过大、浓度过高或速度过快,都可强烈兴奋心脏和中枢神经,故须稀释后注射并注意掌握速度和剂量。③注射液碱性较强,可引起局部红肿、疼痛,应做深部肌内注射。

【规格】 ①2 ml∶0.25 g;②2 ml∶0.5 g;③5 ml∶1.25 g。

任务 20　作用于血液循环系统药物的选用

扫码学课件

扫码看视频

学习目标

▲知识目标

1. 掌握兽医临床常用的强心药的作用及应用。
2. 掌握兽医临床常用的促凝血药与抗凝血药的作用及应用。
3. 掌握兽医临床常用的抗贫血药的作用及应用。

> ▲ 技能目标
> 能合理选用强心药、促凝血药、抗凝血药及抗贫血药。
> ▲ 素质目标与思政目标
> 1. 培养规范用药的职业素养。
> 2. 培养工作的责任心和一颗对待动物的善心。

为何出现死亡？

某农户对出生4日的仔猪肌内注射右旋糖酐铁注射液以补充铁制剂（10 ml：1.5 g），每头仔猪颈部肌内注射2 ml，注射完后，发现有的仔猪站立不稳，步履蹒跚，有的仔猪不能站立，而且有3头仔猪死亡，请分析原因。

动物的血液循环系统是由心脏、血管及血液构成的密闭的循环系统，临床用于血液循环系统的药物有针对心脏问题的强心药、针对血管问题的促凝血药与抗凝血药、针对血液问题的抗贫血药，下面分别来介绍这些药物，以便临床能合理选用。

一、强心药

作用于心脏的药物种类很多，有直接兴奋心肌的药物如强心苷，有通过神经的调节来影响心脏功能的药物如肾上腺素，有通过影响环磷腺苷（cAMP）的代谢而起强心作用的药物如咖啡因，以上几种药物在相应章节中都有介绍。以下主要介绍兽医临床常用的作用于充血性心力衰竭的药物依那普利。

依那普利 依那普利为血管紧张素转化酶抑制剂（ACEI），能够降低心力衰竭的患犬的肺毛细血管静水压、心率、平均血压和肺动脉压，增加患犬的运动能力和降低心力衰竭的严重程度，减轻肺水肿，使机体的状况得到全面改善。兽医临床使用的制剂是马来酸依那普利片，根据患犬心力衰竭的程度推荐剂量为每千克体重0.5~1 mg；若患犬在轻微运动后即出现呼吸困难、端坐呼吸、心性咳嗽和肺水肿等迹象，应当控制食物含盐量，首次给药2日后使用利尿剂。

二、促凝血药和抗凝血药

兽医临床常见的血管问题主要是因微血管的通透性增加或者微血管的破裂而引起的出血，或者是因血液的凝固性过高而出现的血栓等，针对以上问题在临床就要用到促凝血药与抗凝血药。兽医临床常用的促凝血药与抗凝血药如下。

1. 维生素K 维生素K是影响凝血因子的促凝血药，为肝脏合成凝血因子Ⅱ、Ⅶ、Ⅸ、Ⅹ的必需因子。兽医临床使用的制剂是维生素K_1注射液，主要用于维生素K_1缺乏所致的出血。肌内注射可引起局部红肿和疼痛，静脉注射时宜缓慢。

2. 酚磺乙胺 酚磺乙胺又称为止血敏，为影响凝血因子的促凝血药，能使血小板数量增加，并能增加血小板的聚集和黏附力，促进凝血活性物质的释放，从而产生止血作用。兽医临床使用的制剂是酚磺乙胺注射液，主要用于内出血、鼻出血及手术出血的预防和止血。预防外科手术出血时，应在术前15~30分钟用药。

3. 安络血 安络血又称为安特诺新，主要作用于毛细血管，可提高毛细血管对损伤的抵抗力，降低毛细血管通透性，促进毛细血管断端回缩而止血。兽医临床使用的制剂是安络血注射液，主要用于因毛细血管损伤或毛细血管通透性增高引起的出血，如鼻出血、血尿、产后出血、手术后出血等。

- 作用于血液循环系统药物是如何分类的？
- 兽医临床常用的强心药有哪些？
- 依那普利的作用及应用有哪些？
- 兽医临床常用的促凝血药有哪些？
- 维生素K的促凝血机制是什么？
- 酚磺乙胺的促凝血机制是什么？
- 安络血的促凝血机制是什么？

4. 阿司匹林 阿司匹林又称为乙酰水杨酸,为解热镇痛药,主要用于发热性疾病、肌肉痛、关节痛等。其能抑制凝血酶原的合成,间接影响血小板聚集,具有抗血栓作用。临床常用的制剂是阿司匹林片,主要具有解热镇痛与抗血栓作用。但长期应用具有出血倾向,对消化道有刺激作用,剂量大时易导致食欲不振、恶心、呕吐乃至消化道出血,长期使用可引发消化性溃疡。本品对猫的毒性大,因猫缺乏葡萄糖苷酸转移酶,对本品代谢缓慢,容易造成药物蓄积中毒。使用时不宜空腹投药,如果有出血倾向,可用维生素K治疗。

三、抗贫血药

临床根据发生贫血的原因和发病原理不同,将贫血分为出血性贫血、溶血性贫血、营养不良性贫血和再生障碍性贫血四种,不管是哪种贫血,首先要查清楚病因,再进行对因治疗,然后补充营养,临床常用的抗贫血药(补血药)是铁制剂如右旋糖酐铁与硫酸亚铁。

1. 右旋糖酐铁 兽医临床常用制剂是右旋糖酐铁注射液,主要用于驹、犊、仔猪、幼犬和毛皮兽的缺铁性贫血。仔猪注射铁剂如果剂量过大会因肌无力而出现站立不稳,严重时可致死亡。应用时须注意本品毒性较大,需严格控制肌内注射剂量;肌内注射时可引起局部疼痛,应深部肌内注射。

2. 硫酸亚铁 内服,主要用于防治缺铁性贫血。但硫酸亚铁对胃肠道黏膜有刺激性,大量内服可引起肠坏死、出血,严重时可致休克;铁能与肠道内硫化氢结合生成硫化铁,使硫化氢减少,减少了对肠蠕动的刺激作用,可致便秘,并排黑便。硫酸亚铁禁用于消化性溃疡、肠炎等;不宜与钙剂、磷酸盐类、含鞣酸药物、抗酸药等妨碍其吸收的药物同时使用,也不宜与四环素类药物同时使用,因二者结合可形成络合物互相妨碍吸收。

铁制剂虽然是营养性药物,但剂量过大也会引起不良反应,因此对于幼龄动物使用此类药物时切忌使用剂量过大,同时我们需要遵守兽医职责和规范,避免配伍禁忌,使药物发挥更好的作用。

小结

血液循环的药物,心脏血管与血液,
强心促凝与抗凝,血液使用补血药;
犬的充血心衰竭,依那普利要用上。
促凝血用维生素K,凝血因子喜欢它,
促凝血用酚磺乙胺,血小板数量会增加,
促凝血用安络血,增强血管抗损伤好。
以上三药均促凝,手术前后均可用。
阿司匹林抗凝血,治疗血栓效果好,
再有解热与镇痛,禁止猫咪使用它。
补血药有铁制剂,幼畜肌注右旋糖酐铁;
再有内服铁制剂,硫酸亚铁可用上;
贫血需要找原因,对症对因同时上。

给幼龄动物补铁时应注意哪些问题?

- 阿司匹林的抗凝血机制是什么?
- 使用阿司匹林时应注意什么问题?

- 兽医临床常用的抗贫血药(补血药)有哪些?

- 使用右旋糖酐铁时须注意什么问题?

- 使用硫酸亚铁时须注意什么问题?

- 用一颗责任心爱心对待动物很重要!

线上评测

扫码在线答题

你知道吗？

1. 三磷酸腺苷的作用及应用有哪些？

三磷酸腺苷（ATP，腺三磷）是一种辅酶，其结构中含有 2 个高能磷酸键，在体内参与糖、蛋白质、脂肪、核酸的代谢过程，能分解释放大量自由能，提供心脏、神经、肌肉、腺体所需的能量。临床用于治疗进行性肌萎缩、心肌炎、心力衰竭、肝炎等疾病和衰竭病例。常用制剂是三磷酸腺苷二钠注射液，肌内或静脉注射一次量：犬、猫 10～40 mg，马 100～300 mg，静脉注射时以 5% 葡萄糖溶液稀释后缓慢注入。

2. 辅酶 A 的作用及应用有哪些？

辅酶 A 是体内乙酰化反应的辅酶，在糖、蛋白质、脂肪代谢中起重要作用，可用于宠物犬、猫肝炎、脂肪肝的辅助治疗。常用制剂是辅酶 A 注射液，肌内或静脉注射一次量：犬、猫 30～50 单位，1 日 1 次或隔日 1 次，静脉注射时用 5% 葡萄糖溶液稀释。

3. 肌苷的作用及应用有哪些？

肌苷也称次黄嘌呤核苷，参与糖和蛋白质的代谢，可提高低能量和缺氧细胞的代谢能力，用于治疗急性和慢性肝炎。常用制剂有肌苷注射液和肌苷片，内服、肌内或静脉注射一次量：犬、猫 30～50 mg；内服 1 日 3 次；静脉滴注 1 日 1 次，以 5% 葡萄糖溶液稀释后注入。

兽医临床常用的药物制剂

1. 维生素 K_1 注射液

【性状】 本品为黄色的液体。

【主要用途】 本品为维生素类药，用于维生素 K 缺乏所致的出血。

【用法与剂量】 肌内、静脉注射：一次量，每千克体重，犊 1 mg；犬、猫 0.5～2 mg。

【不良反应】 肌内注射可引起局部红肿和疼痛。

【注意事项】 静脉注射宜缓慢。

【规格】 1 ml∶10 mg。

2. 酚磺乙胺注射液

【性状】 本品为无色或几乎无色的澄明液体。

【主要用途】 本品为止血药，主要用于内出血、鼻出血及手术出血的预防和止血。

【用法与剂量】 肌内、静脉注射：一次量，马、牛 1.25～2.5 g；羊、猪 0.25～0.5 mg。

【注意事项】 用于预防外科手术出血时,应在术前15～30分钟用药。

【规格】 ①2 ml：0.25 g;②2 ml：0.5 g;③10 ml：1.25 g。

3. 阿司匹林片

【性状】 本品为白色片。

【主要用途】 本品为解热镇痛药,用于发热性疾病、肌肉痛、关节痛。

【用法与剂量】 内服:一次量,马、牛15～30 g;羊、猪1～3 g;犬0.2～1 g。

【不良反应】 ①本品能抑制凝血酶原合成,连续长期应用可引发出血倾向。②对胃肠道有刺激作用,使用剂量大时易导致食欲不振、恶心、呕吐乃至消化道出血,长期使用可引发消化性溃疡。

【注意事项】 ①奶牛泌乳期禁用。②猫因缺乏葡萄糖苷酸转移酶,对本品代谢缓慢,容易造成药物蓄积,故本品对猫的毒性很大。③胃炎、胃溃疡患畜慎用,与碳酸钙同服,可减少对胃的刺激。不宜空腹投药。发生出血倾向时,可用维生素K_1治疗。④解热时,动物应多饮水,以利于排汗和降温,否则会因出汗过多而造成水和电解质平衡失调或虚脱。⑤老龄动物,体弱或体温过高患畜,解热时宜用小剂量,以免大量出汗而引起虚脱。⑥动物中毒时,可采取洗胃、导泻、内服碳酸氢钠及静脉注射5%葡萄糖溶液或0.9%氯化钠溶液等解救。

【规格】 ①0.3 g;②0.5 g。

4. 右旋糖酐铁注射液

【性状】 本品为深褐色的胶体溶液。

【主要用途】 本品为抗贫血药,主要用于驹、犊、仔猪、幼犬和毛皮兽的缺铁性贫血。

【用法与剂量】 肌内注射:一次量,驹、犊200～600 mg;仔猪100～200 mg;幼犬20～200 mg;狐狸50～200 mg;水貂30～100 mg。

【不良反应】 仔猪注射时偶尔会因肌无力而出现站立不稳,严重时可致死亡。

【注意事项】 ①本品毒性较大,需严格控制肌内注射剂量。②肌内注射时可引起局部疼痛,应深部肌内注射。③超过4周龄的猪注射时,可引起臀部肌肉着色。④需防冻保存,久置可发生沉淀。⑤铁盐可与许多化学物质或药物发生反应,故不宜与其他药物同时或混合内服给药。

【规格】 ①2 ml：0.1 g;②2 ml：0.2 g;③10 ml：0.5 g;④10 ml：1 g;⑤10 ml：1.5 g;⑥50 ml：2.5 g;⑦50 ml：5 g。

5. 硫酸亚铁

【性状】 本品为淡蓝绿色柱状结晶或颗粒;无臭。

【主要用途】 本品为抗贫血药,用于防治缺铁性贫血。

【用法与剂量】 内服:一次量,马、牛2～10 g;羊、猪0.5～3 g;犬0.05～0.5 g;猫0.05～0.1 g;配成0.2%～1%溶液。

【不良反应】 ①内服对胃肠道黏膜有刺激性,大量内服可引起肠坏死、出血,严重时可致休克。②铁能与肠道内硫化氢结合生成硫化铁,使硫化氢减少,进而减少了肠蠕动,可致便秘,并排黑粪。

【注意事项】 ①禁用于消化性溃疡、肠炎等。②钙剂、磷酸盐类、含鞣酸药物、抗酸药等均可使铁沉淀,妨碍其吸收,本品不宜与上述药物同时使用。③铁剂与四环素类药物可形成络合物,互相妨碍吸收,不宜同时使用。

任务 21　作用于生殖系统药物的选用

扫码学课件

扫码看视频

学习目标

▲知识目标
1. 掌握临床常用的生殖激素类药的作用及应用。
2. 掌握临床常用的子宫收缩药的作用及应用。

▲技能目标
能合理选用生殖激素类药、子宫收缩药等。

▲素质目标与思政目标
1. 培养规范用药的职业素养。
2. 培养保障肉食品安全的责任使命。

・生殖激素类药有哪些？

・同化激素类药的应用有哪些？

・保障肉食品安全是我们的责任！严格遵守食品安全规范，守住食品安全底线！

・苯甲酸雌二醇的临床应用有哪些？

・黄体酮的主要用途是什么？

・兽医临床常用的子宫收缩药有哪些？

一、生殖激素类药

哺乳动物的生殖功能受神经和体液的双重调节，当生殖激素分泌不足或过多时，机体内分泌失调，引发产科疾病或繁殖障碍，这时就需要使用生殖激素类药进行治疗或调节。

1. 苯丙酸诺龙　苯丙酸诺龙又称为苯丙酸去甲睾酮，为同化激素类药，其蛋白同化作用比甲睾酮、丙酸睾酮强而持久，但雄激素作用较弱。兽医临床常用的制剂是苯丙酸诺龙注射液，主要用于营养不良、慢性消耗性疾病的恢复期。

应用时需注意：本品可引起钠、钾、钙、水、氯和磷潴留以及繁殖功能异常；也可引起肝毒性。注意：肝、肾功能不全时慎用，禁止作为促生长剂使用，作为治疗用药时，不得在动物食品中检出。遵守职业规范是我们的责任。

2. 苯甲酸雌二醇　苯甲酸雌二醇为生殖激素类药。兽医临床常用的制剂是苯甲酸雌二醇注射液，主要用于发情不明显动物的催情及胎衣滞留、死胎的排出。不良反应较多，比如可以引起犬等小动物的恶病质，多见于老龄动物或大剂量应用时，起初血小板和白细胞增多，但逐渐发展为血小板和白细胞下降，严重可致再生障碍性贫血；可引起囊性子宫内膜增生和子宫蓄脓等。注意：妊娠早期的动物禁用，以免引起流产或胎儿畸形，不得在动物食品中检出。

3. 黄体酮　黄体酮又称为孕酮，为生殖激素类药。兽医临床常用的制剂是黄体酮注射液与黄体酮阴道缓释剂。黄体酮注射液为无色或淡黄色的澄明油状液体，主要用于预防流产。注意：长期应用可能延长妊娠期，奶牛泌乳期禁用。

4. 醋酸氟孕酮　药理作用同黄体酮，但作用较强。兽医临床常用的制剂是醋酸氟孕酮与醋酸氟孕酮阴道海绵，主要用于山羊、绵羊的诱导发情或同期发情。禁止在食品动物中应用，泌乳期禁用。

二、子宫收缩药

作用于生殖系统的药物除生殖激素类药外，还有子宫收缩药。子宫收缩药是一类能兴奋子宫平滑肌的药物，临床常用的药物如下。

1. 缩宫素　缩宫素又称为催产素，从猪或牛的脑垂体后叶中提取或化学合成。兽医临床常用的制剂是缩宫素注射液，皮下、肌内注射，主要用于催产、产后子宫止血和胎衣不下等。

注意：子宫颈尚未开放、骨盆过狭以及产道不畅时禁用缩宫素。使用缩宫素时注意严格控制剂量，小剂量能增加妊娠后期的子宫节律性收缩和张力，较少引起子宫颈兴奋，适用于催产；大剂量时，子宫的张力持续增高，舒张不完全，出现强制性收缩，适用于产后止血或产后子宫复旧。

- 使用缩宫素时应注意什么问题？

2. 麦角新碱 麦角新碱又称马来酸麦角新碱，为子宫收缩药。本品与缩宫素的区别：本品既可兴奋子宫体又可兴奋子宫颈，剂量稍大易导致强制性收缩，禁用于催产和引产。兽医临床常用的制剂是马来酸麦角新碱注射液，主要用于产后止血、加速胎衣排出及子宫复旧。注意胎儿未娩出前禁用，不宜与缩宫素及其他子宫收缩药联合应用。

- 麦角新碱的作用及应用有哪些？

3. 垂体后叶素 垂体后叶素是从猪脑垂体后叶中提取的水溶性成分，含催产素和加压素（抗利尿激素），对子宫的作用与缩宫素相同，因其含有加压素，所以有抗利尿、收缩小血管引起血压升高的副作用。

- 垂体后叶素的作用及应用是什么？

 小结

生殖激素类药

生殖激素雄激素，再加雌激素与孕激素，
苯丙酸诺龙雄激素①，蛋白同化作用好，
营养不良与消耗病，恢复期选用效果好。
雌激素②药物雌二醇，发情不显催情用，
　胎衣滞留与死胎，促使排出可选用。
孕激素③药物黄体酮，预防流产早选用。
以上药物生殖激素，不得残留食品中，
　使用规范请牢记，利他利己都受益。

子宫收缩药

缩宫素又叫催产素，兴奋子宫平滑肌，
　催产使用小剂量，大剂量用于产后病。
　麦角新碱禁催产，产后使用效果好。
　还有垂体后叶素，催产作用同缩宫素。

注释：①雄激素：同化激素类药。②雌激素：雌激素类药。③孕激素：孕激素类药。

 讨论

可用于催产的药物有哪些？

 线上评测

扫码在线答题

你知道吗？

1. 促卵泡激素(FSH)的作用与应用有哪些？

促卵泡激素(促卵泡素,卵泡刺激素)是从猪、羊脑垂体前叶提取的促性腺激素,为白色絮状晶粉,易溶于水,冻干保存。促卵泡激素能促进卵泡生长发育,甚至引起多发性排卵;与促黄体素合用除能更好地促进多发性排卵外,还可促进卵巢分泌雌激素而发情;对公畜有促进生殖上皮发育和精子生成的作用。临床用于促进乏情动物、泌乳动物(牛、猪)发情和牛、羊超数排卵(供卵移植用)及治疗持久黄体与卵巢发育不良。临床常用制剂是注射用垂体促卵泡素,皮下、肌内、静脉注射一次量:牛、马10～50 mg,猪、羊5～25 mg,犬5～15 mg,临用前用5 ml生理盐水溶解。

2. 促黄体素的作用与应用有哪些？

促黄体素是从猪、羊脑垂体前叶提取的激素,呈白色絮状晶粉,易溶于水,冻干保存。本品与促卵泡激素协同可促进卵泡的成熟,并可促进雌激素的分泌引起发情、排卵,最后形成黄体,起安胎作用;也能增加公畜精子生成与睾酮分泌。用于排卵障碍时促进排卵、黄体发育不全引起的早期流产、公畜性欲缺乏、幼畜生殖器发育不全和母畜产后缺乳症。临床使用制剂是注射用垂体促黄体素(LH),皮下或静脉注射一次量:牛、马25 mg,猪5 mg,羊2.5 mg,犬1 mg,临用前用5 ml生理盐水溶解,1～4周内可再重复注射。

3. 马促性腺激素的作用与应用有哪些？

马促性腺激素(孕马血清促性腺激素)从怀孕2～5个月马的血液中分离而得,纯品为白色晶粉。其以促卵泡激素的作用为主,亦有促黄体素的作用。用于促进母畜发情和排卵;在牛胚胎移植技术中可促使母牛超数排卵,对母猪、绵羊、犬可缩短断乳到发情、排卵的周期,增加产仔窝数及产仔数,或用于提高公畜性欲。临床使用制剂:①注射用马促性腺激素,皮下或静脉注射一次量:牛、马1000～2000单位,猪、羊200～1000单位。②孕马血清促性腺激素,皮下或肌内注射一次量:牛、马1000～2000单位,猪200～800单位,绵羊100～500单位,犬25～200单位,猫25～100单位。

4. 绒促性素的作用与应用有哪些？

绒促性素(绒毛膜绒促性素)由胎盘绒毛膜产生,是从孕畜尿中提取的促性腺激素,为白色粉末,易溶于水。具有促卵泡激素和促黄体素的作用。用于促进母畜卵成熟、排卵(或超数排卵)和形成黄体;增强同期发情动物的同期排卵效果(用于绵羊、母猪和母牛);也可促进雄性激素的产生;治疗性功能减退。临床使用制剂是注射用绒促性素,肌内注射一次量:牛、马1000～1500单位,猪500～1000单位,羊100～500单位,犬25～300单位,猫25～200单位。

兽医临床常用的药物制剂

1. 苯丙酸诺龙注射液

【性状】 本品为深褐色的胶体溶液。

【主要用途】 本品为同化激素类药,主要用于营养不良、慢性消耗性疾病的恢复期。

【用法与剂量】 皮下、肌内注射:一次量,每千克体重,家畜0.2～1 mg;每2周1次。

【不良反应】 可引起钠、钙、钾、水、氯和磷潴留以及繁殖功能异常;亦可引起肝毒性。

【注意事项】 ①作为治疗用药时,不得在动物食品中检出。②禁止作为促生长剂。③肝、肾功能不全时慎用。

【休药期】 28 日;弃奶期 7 日。

【规格】 ①1 ml∶10 mg;②1 ml∶25 mg。

2. 苯甲酸雌二醇注射液

【性状】 本品为淡黄色的澄明油状液体。

【主要用途】 本品为生殖激素类药,用于发情不明显动物的催情及胎衣滞留、死胎的排出。

【用法与剂量】 肌内注射:一次量,马 10~20 mg;牛 5~20 mg;羊 1~3 mg;猪 3~10 mg;犬 0.2~0.5 mg。

【不良反应】 ①对犬等小动物可引起恶病质,多见于老年动物或大剂量应用时。起初血小板和白细胞增多,但逐渐发展为血小板和白细胞下降,严重可致再生障碍性贫血。②可引起囊性子宫内膜增生和子宫蓄脓。③使牛发情期延长,泌乳减少。治疗后可出现早熟、卵巢囊肿。上述不良反应多因过量应用所致,调整剂量可减轻或消除这些不良反应。

【注意事项】 ①妊娠早期的动物禁用,以免引起流产或胎儿畸形。②可作为治疗用药,但不得在动物食品中检出。

【休药期】 28 日;弃奶期 7 日。

【规格】 ①1 ml∶1 mg;②1 ml∶2 mg;③2 ml∶3 mg;④2 ml∶4 mg。

3. 黄体酮注射液

【性状】 本品为无色至淡黄色的澄明油状液体。

【主要用途】 本品为生殖激素类药,用于预防流产。

【用法与剂量】 肌内注射:一次量,马、牛 50~100 mg;羊、猪 15~25 mg;犬 2~5 mg。

【注意事项】 ①奶牛泌乳期禁用。②长期应用可能延长妊娠期。

【休药期】 30 日。

【规格】 ①1 ml∶10 mg;②1 ml∶50 mg;③2 ml∶20 mg;④5 ml∶100 mg。

4. 缩宫素注射液

【性状】 本品为无色澄明或几乎澄明的液体。

【主要用途】 本品为子宫收缩药,用于催产、产后子宫止血和胎衣不下等。

【用法与剂量】 皮下、肌内注射:一次量,马、牛 30~100 单位;羊、猪 10~50 单位;犬 2~10 单位。

【注意事项】 子宫颈尚未开放、骨盆过于狭窄以及产道阻碍时禁用于催产。

【规格】 ①1 ml∶10 单位;②2 ml∶10 单位;③2 ml∶20 单位;④5 ml∶50 单位。

5. 马来酸麦角新碱注射液

【性状】 本品为无色或几乎无色的澄明液体,微显蓝色荧光。

【主要用途】 本品为子宫收缩药,临床上主要用于产后止血、加速胎衣排出及子宫复旧。

【用法与剂量】 肌内、静脉注射:一次量,马、牛 5~15 mg;羊、猪 0.5~1.0 mg;犬 0.1~0.5 mg。

【注意事项】 ①胎儿未娩出前禁用。②不宜与缩宫素及其他子宫收缩药联合应用。

【规格】 ①1 ml∶0.5 mg;②1 ml∶2 mg。

任务 22　作用于中枢神经系统药物的选用

学习目标

▲知识目标
1. 掌握临床常用的中枢抑制药的作用及应用。
2. 掌握临床常用的中枢兴奋药的作用及应用。

▲技能目标
能合理选用中枢抑制药与中枢兴奋药。

▲素质目标与思政目标
1. 培养规范用药、安全用药及科学用药的职业素养。
2. 培养维护食品安全的职业理念。

案例导入

这种猪肉不能食用！

某市场监督管理局公示了2020年第35期食品安全监督抽检信息，其中有一家猪肉摊的猪肉不合格，具体信息如下。由某猪肉摊床销售的猪肉，经某有限公司检测出氯丙嗪数值为 3.9 μg/kg，不符合食品安全的要求。后经调查得知一些养殖户在饲料和水中添加氯丙嗪等来抑制动物运动，从而间接起到催肥促进生长的作用；另外在动物运输过程中使用氯丙嗪可以减少动物在运输途中因应激导致的失重及降低死亡率。根据《食品安全国家标准　食品中兽药最大残留限量》(GB31650—2019)，氯丙嗪可以作为治疗用药，但不得在动物食品中检出。当地政府对抽检中发现的不合格产品立即采取下架措施控制风险，市场监督管理局已通报各地市场(食品)监督管理部门依法予以查处。

作用于中枢神经系统的药物分为中枢抑制药和中枢兴奋药。

一、中枢抑制药

1. 氯丙嗪　氯丙嗪为中枢抑制药，属于镇静药，可阻断中枢神经，产生镇静、安定、止吐等作用；能扩张血管，改善微循环；还能抑制体温调节中枢，使体温下降；并能增强中枢抑制药的作用等。兽医临床常用制剂有盐酸氯丙嗪片和盐酸氯丙嗪注射液，临床主要用于麻醉前给药；或用于犬、猫的镇静，使神经质或攻击性犬、猫等安静下来；或作为犬的止吐剂。马禁用，因其可能引起马兴奋。不良反应较多，应用时需注意。

2. 赛拉嗪　赛拉嗪属于化学保定药，兽医临床常用制剂是盐酸赛拉嗪注射液，具有镇静、镇痛和骨骼肌松弛作用，主要用于家畜和野生动物的化学保定和基础麻醉。犬、猫用药后常出现呕吐、肌肉震颤、心动过缓、呼吸频率下降等，另外猫可出现排尿增加。反刍动物对本品敏感，用药后表现为唾液分泌增多、瘤胃弛缓、瘤胃臌胀、呕逆、腹泻、心动过缓和运动失调，妊娠后期的牛会出现早产或流产等，应用时需注意。

3. 赛拉唑　赛拉唑属于化学保定药，兽医临床常用制剂是盐酸赛拉唑注射液，其作用和应用同赛拉嗪，主要用于家畜和野生动物的化学保定和基础麻醉。静脉注射后1分钟、肌内注射后10～15分钟起效，牛最敏感，猪、犬、猫、兔及野生动物敏感性较差。

4. 苯巴比妥 苯巴比妥属于巴比妥类药物,具有镇静、催眠、抗惊厥和抗癫痫作用,作用随剂量而异。苯巴比妥是目前最好的抗癫痫药,对各种癫痫发作都有效,尤其是对癫痫大发作有较好的效果,对癫痫小发作效果较差。兽医临床常用制剂是苯巴比妥片和注射用苯巴比妥钠,主要用于缓解脑炎、破伤风、士的宁中毒所致的惊厥,也可用于犬、猫的镇静或癫痫治疗。不良反应主要是犬可能表现为抑郁与躁动不安综合征,有时出现运动失调;猫对本品敏感,易致呼吸抑制。应用时如果出现中毒可用安钠咖、尼可刹米等中枢兴奋药解救。

5. 硫酸镁 硫酸镁为无色结晶,Mg^{2+}对中枢神经系统有抑制作用。兽医临床常用制剂是硫酸镁注射液,如果内服,Mg^{2+}不易吸收,主要用于导泻;静脉注射或肌内注射可发挥抗惊厥作用,主要用于治疗破伤风及其他痉挛性疾病。硫酸镁的不良反应主要是静脉注射速度过快或过量时引起血镁过高,可导致血压剧降、呼吸抑制、心动过缓、神经肌肉传导阻滞,甚至死亡。所以使用时需注意:静脉注射宜缓慢,出现呼吸麻痹等中毒现象时,应立即静脉注射钙剂解救。

6. 异氟烷 异氟烷在常温常压下为无色澄明液体,有刺鼻臭味,非易燃、易爆品,为呼吸性麻醉药,可抑制中枢神经系统,与其他吸入麻醉药相同,均能增加脑部的血流量和颅内压,降低脑的代谢率,减少大脑皮层的氧耗。兽医临床主要作为诱导和(或)维持麻醉药,用于各种动物,如犬、猫、马、牛、猪、羊、鸟类等。麻醉前给予镇静药或安定药,可使异氟烷诱导麻醉的速度加快。异氟烷作为维持麻醉药时,可与镇静药、镇痛药、注射麻醉药配合使用。注意异氟烷不得用于食品动物。

7. 氯胺酮 兽医临床常用制剂是盐酸氯胺酮注射液,为注射麻醉药,兽医临床主要用于全身麻醉及化学保定。由于氯胺酮是一种分离麻醉药,即在麻醉过程中动物意识模糊,痛觉消失,但各种反射如咳嗽、吞咽、眨眼、缩肢反射依然存在;肌肉张力增加,出现"木僵样姿势"或"木马样姿势";唾液和泪液分泌增加。所以氯胺酮作为麻醉药使用时常配合安定药物(如地西泮或乙酰丙嗪等)使用,可使肌肉强直消失。

8. 丙泊酚 丙泊酚又称为异丙酚,常用制剂为丙泊酚注射液,为静脉注射的镇静催眠麻醉药,临床主要用于全身麻醉诱导和维持麻醉。本品无镇痛作用,单次给药后,犬与猫的苏醒期为20~30分钟,多次静脉注射或输注,苏醒期也不会明显延长。给药方式:一是直接输注,丙泊酚直接静脉输注时,建议使用微量泵或输液泵,以便控制输注速率;二是用5%葡萄糖溶液稀释后输注(稀释浓度为2 mg/ml)。

二、中枢兴奋药

凡是能兴奋中枢神经系统,增强中枢活性的药物,称为中枢兴奋药。根据中枢兴奋药主要作用的部位,中枢兴奋药又分为大脑皮层兴奋药、延髓兴奋药和脊髓兴奋药,临床常用的中枢兴奋药如下。

1. 咖啡因 咖啡因为大脑皮层兴奋药,与苯甲酸钠按1∶1混合生成的苯甲酸钠咖啡因,俗称安钠咖,易溶于水,临床常用制剂为安钠咖注射液,对中枢神经系统具有广泛的兴奋作用,其作用范围与剂量密切相关,临床主要用于对抗中枢抑制药过量所致的抑制,严重传染病、过度劳役引起的呼吸衰竭;也可用于日射病、热射病和中毒引起的急性心力衰竭。

2. 尼可刹米 尼可刹米又称为可拉明,为延髓兴奋药,可直接兴奋呼吸中枢,兽医临床常用制剂是尼可刹米注射液,主要用于解救呼吸中枢抑制。本品不良反应少,但剂量过大可引起血压升高、出汗、心律失常、肌肉震颤及肌肉强直,过量亦可引起惊厥。如出现惊厥,应及时静脉注射地西泮或小剂量硫喷妥钠解救。

3. 士的宁 士的宁为脊髓兴奋药,兽医临床常用的制剂是硝酸士的宁注射液,可增强脊髓反射的应激性,缩短脊髓反射时间。临床使用小剂量用于治疗脊髓性不全麻痹如后驱瘫痪、膀胱麻痹和阴茎下垂等。

中枢抑制药

中枢抑制药氯丙嗪,镇静安定止吐好,
麻醉前给药可使用,犬猫镇静也可用,
犬的止吐可选用,应用广泛缺点多,
抑制中枢降体温,保温措施要做好。
化学保定赛拉嗪,镇静镇痛松肌肉,
再加药物赛拉唑,基础麻醉可选用。
巴比妥类苯巴比妥,镇静催眠抗惊厥,
治疗癫痫首选药,犬猫使用抗癫痫。
抗惊厥药硫酸镁,注射给药抗惊厥,
若是内服给此药,盐类泻药发挥了。
使用方法需牢记,不然性质全变了。
呼吸麻醉异氟烷,宠物临床使用多,
配合诱导丙泊酚,麻醉安全少麻烦。

中枢兴奋药

大脑皮层兴奋药,安钠咖作用效果好,
兴奋延髓尼可刹米,呼吸抑制可选用,
兴奋脊髓士的宁,使用目的别错了。

硫酸镁的作用及应用。

线上评测

扫码在线答题

你知道吗?

1. 全身麻醉的方式有哪些?

全身麻醉分为呼吸麻醉与注射麻醉两种。

呼吸麻醉就是将吸入性的麻醉药通过呼吸道给药的方式进行麻醉的一种方法,常用的药物是异氟烷、恩氟烷、氟烷等。呼吸麻醉是当前在宠物医院普遍使用的一种方法。因其麻醉风险相对较小,易控制麻醉的深度和麻醉的时间,用于一些难度较大、时间较长的手术。其缺点就是投入相对较大,需要呼吸麻醉机辅助进行。

注射麻醉就是将麻醉药通过注射的方式进行麻醉的方法。因其操作简单,不需要特殊的设备装置,投入小而受到欢迎。但其麻醉的风险相对较大,不易控制麻醉的深度和麻醉的时间,再加上注射麻醉药都存在不同程度的不良反应,所以临床上为了控制麻醉的风险,常采用复合麻醉的方式。

(1) 麻醉前给药:在应用麻醉药之前,先用一种或几种药物来弥补麻醉药的缺陷或增强麻醉效果。如在麻醉之前给予镇静、安定药使动物安静和安定,便于保定;在麻醉前给予阿托品或东莨菪碱可减少动物呼吸道的分泌和胃肠蠕动,并能防止迷走神经兴奋所致的心动过缓。

(2) 诱导麻醉:为避免麻醉药诱导期过长,先使用诱导麻醉药使动物快速进入外科麻醉期,然后改用其他麻醉药维持麻醉。

(3) 基础麻醉:先用巴比妥类药物或水合氯醛使动物达到浅麻醉状态,然后用其他麻醉药使动物进入合适的外科麻醉深度,以减轻麻醉药的不良反应并增强麻醉效果。

(4) 配合麻醉:局部麻醉药或其他药物配合全身麻醉药物使用的方法。如用全身麻醉药使动物达到浅麻醉状态,再在术野或其他部位施用局部麻醉药,以减少全身麻醉药的用量和毒性;在使用全身麻醉药时,同时给予肌肉松弛药,以满足外科手术对肌肉松弛的要求;在使用全身麻醉药时,给予镇痛药,以增强麻醉的镇痛效果。

(5) 混合麻醉:将两种或两种以上的麻醉药混合在一起使用的方法,以达到取长补短的目的。如水合氯醛与硫酸镁溶液混合;氟烷与乙醚混合等。

2. 全身麻醉过程是如何分期的呢?

为了更好地降低全身麻醉的风险,通过观察乙醚对犬的作用,了解麻醉全过程中犬的表现状态,可将全身麻醉过程分为四个时期。一期称为自主兴奋期(从给药到失去知觉),是药物在清醒动物中诱导的兴奋反应。二期称为非自主兴奋期或极度兴奋期(从失去知觉到开始规律呼吸)。此期中动物可能出现反抗和(或)发出叫声,各种反射活动逐渐消失。一期、二期合称为麻醉诱导期。三期称为外科麻醉期,又分为轻度麻醉期、中度麻醉期、深度麻醉期和极度麻醉期。理想的麻醉深度在中度麻醉期,随着麻醉深度加深,心肺功能会逐渐被抑制。四期的心肺功能接近极度抑制,出现呼吸暂停。心肺功能深度抑制是四期的特点。三期的极度麻醉期与四期很难区分。

兽医临床常用的药物制剂

1. 盐酸氯丙嗪片

【性状】 本品为白色片。

【主要用途】 本品为镇静药,用于强化麻醉以及使动物安静等。

【用法与剂量】 内服:一次量,每千克体重,犬、猫 2~3 mg。

【不良反应】 过大剂量可使犬、猫等动物出现心律不齐,四肢与头部震颤,甚至四肢与躯干僵硬等不良反应。

【注意事项】 ①禁止用作食品动物促生长剂。②过量引起的低血压禁用肾上腺素解救,但可选用去甲肾上腺素。③有黄疸、肝炎、肾炎的患畜及年老体弱动物慎用。④用药后能改变动物的大多数生理参数(呼吸、心率、体温等),临床检查时需注意。⑤动物食品中不得检出。

【规格】 ①12.5 mg;②25 mg;③50 mg。

2. 盐酸氯丙嗪注射液

【性状】 本品为无色或几乎无色的澄明液体。

【主要用途】 本品为镇静药,用于强化麻醉以及使动物安静等。

【用法与剂量】 肌内注射:一次量,每千克体重,马、牛 0.5～1 mg;羊、猪 1～2 mg;犬、猫 1～3 mg;虎 4 mg;熊 2.5 mg;单峰骆驼 1.5～2.5 mg;野牛 2.5 mg;恒河猴、豹 2 mg。

【不良反应】 ①本品常导致动物兴奋不安,易发生意外,马属动物慎用。②过大剂量可使犬、猫等动物出现心律不齐,四肢与头部震颤,甚至四肢与躯干僵硬等不良反应。

【注意事项】 ①静脉注射前应进行稀释,注射速度宜慢。②不可与 pH 5.8 以上的药液配伍,如青霉素钠(钾)、戊巴比妥钠、苯巴比妥钠、氨茶碱和碳酸氢钠等。③过量引起的低血压禁用肾上腺素解救,但可选用去甲肾上腺素。④有黄疸、肝炎和肾炎的患畜及年老体弱动物慎用。

【休药期】 28 日;弃奶期 7 日。

【规格】 ①2 ml:0.05 g;②10 ml:0.25 g。

3. 盐酸赛拉唑注射液

【性状】 本品为无色澄明液体。

【主要用途】 本品为化学保定药,有镇静、镇痛和松弛骨骼肌的作用,主要用于家畜和野生动物的化学保定,也可用于基础麻醉。

【用法与剂量】 肌内注射:一次量,每千克体重,马、骡 0.5～1.2 mg;驴 1～3 mg;黄牛、牦牛 0.2～0.6 mg;水牛 0.4～1 mg;羊 1～3 mg;鹿 2～5 mg。

【不良反应】 ①反刍动物对本品敏感,用药后表现为唾液分泌增多、瘤胃弛缓、瘤胃臌胀、呕逆、腹泻、心动过缓和运动失调等,妊娠后期的牛会出现早产或流产。②马属动物用药后可出现肌肉震颤、心动过缓、呼吸频率下降、多汗,以及颅内压升高等。

【注意事项】 ①马静脉注射速度宜慢,给药前可先注射小剂量阿托品,以免发生心脏传导阻滞。②牛用本品前应禁食一定时间,并注射阿托品;手术时应采用俯卧姿势,并将头放低,以防异物性肺炎及瘤胃臌胀压迫心肺。妊娠后期牛不宜应用本品。③有呼吸抑制、心脏病、肾功能不全等症状的患畜慎用。④中毒时,可用 α_2 受体阻断剂及阿托品等解救。

【休药期】 28 日;弃奶期 7 日。

【规格】 ①5 ml:0.1 g;②10 ml:0.2 g。

4. 盐酸赛拉嗪注射液

【性状】 本品为无色澄明液体。

【主要用途】 本品为化学保定药,有镇静、镇痛和骨骼肌松弛作用,主要用于家畜和野生动物的化学保定和基础麻醉。

【用法与剂量】 肌内注射:一次量,每千克体重,马 1～2 mg;驴 1～3 mg;牛 0.1～0.3 mg;羊 0.1～0.2 mg;犬、猫 1～2 mg;鹿 0.1～0.3 mg。

【不良反应】 ①犬、猫用药后常出现呕吐、肌肉震颤、心动过缓、呼吸频率下降,另外猫可出现排尿增加。②反刍动物对本品敏感,用药后表现为唾液分泌增多、瘤胃弛缓、瘤胃臌胀、呕逆、腹泻、心动过缓和运动失调等,妊娠后期的牛会出现早产或流产。③马属动物用药后可出现肌肉震颤、心动过缓、呼吸频率下降、多汗,以及颅内压增加等。

【注意事项】 ①产奶动物禁用。②马静脉注射速度宜慢,给药前可先注射小剂量阿托品,以免发生心脏传导阻滞。③牛用本品前应禁食一定时间,并注射阿托品;手术时应采用俯卧姿势,并将头放低,以防异物性肺炎及瘤胃臌胀压迫心肺。妊娠后期牛不宜应用本品。④有呼吸抑制、心脏病、肾功能不全等症状的患畜慎用。⑤中毒时,可用α₂受体阻断剂及阿托品等解救。

【休药期】 牛、羊14日;鹿15日。

【规格】 ①2 ml:0.2 g;②5 ml:0.1 g;③10 ml:0.2 g。

5. 苯巴比妥片

【性状】 本品为白色片。

【主要用途】 本品为巴比妥类药物,用于缓解脑炎、破伤风、士的宁中毒所致的惊厥。

【不良反应】 ①犬可能表现为抑郁与躁动不安综合征,有时出现运动失调。②猫对本品敏感,易致呼吸抑制。

【注意事项】 ①肝肾功能不全、支气管哮喘或呼吸抑制的患畜禁用。严重贫血,心脏疾病的患畜及孕畜慎用。②中毒时可用安钠咖、戊四氮、尼可刹米等中枢兴奋药解救。③内服本品中毒的初期,可先用1:2000的高锰酸钾溶液洗胃,再用硫酸钠(忌用硫酸镁)导泻,并结合碳酸氢钠碱化尿液以加速药物排泄。

【用法与剂量】 内服:一次量,每千克体重,犬、猫6～12 mg。

【规格】 ①15 mg;②30 mg;③100 mg。

6. 注射用苯巴比妥钠

【性状】 本品为白色结晶性颗粒或粉末。

【主要用途】 本品为巴比妥类药物,用于缓解脑炎、破伤风、士的宁中毒所致的惊厥。

【用法与剂量】 肌内注射:一次量,羊、猪0.25～1 g。每千克体重,犬、猫6～12 mg。

【不良反应】 ①犬可能表现为抑郁与躁动不安综合征,犬、猪有时出现运动失调。②猫对本品敏感,易致呼吸抑制。

【注意事项】 ①本品水溶液不可与酸性药物配伍。②肝肾功能不全、支气管哮喘或呼吸抑制的患畜禁用。严重贫血,心脏疾病的患畜及孕畜慎用。③中毒时可用安钠咖、戊四氮、尼可刹米等中枢兴奋药解救。

【休药期】 28日;弃奶期7日。

【规格】 ①0.1 g;②0.5 g。

7. 硫酸镁注射液

【性状】 本品为无色的澄明液体。

【主要用途】 本品为抗惊厥药,主要用于破伤风及其他痉挛性疾病。

【用法与剂量】 静脉、肌内注射:一次量,马、牛10～25 g;羊、猪2.5～7.5 g;犬、猫1～2 g。

【不良反应】 静脉注射速度过快或过量可导致血镁过高,引起血压剧降、呼吸抑制、心动过缓、神经肌肉传导阻滞,甚至死亡。

【注意事项】 ①静脉注射宜缓慢,出现呼吸麻痹等中毒现象时,应立即静脉注射钙剂解救。②肾功能不全、严重心血管疾病、呼吸系统疾病的患畜慎用或不用。③与硫酸黏菌素、硫酸链霉素、葡萄糖酸钙、盐酸普鲁卡因、盐酸四环素、青霉素等药物存在配伍禁忌。

【规格】 ①10 ml:1 g;②10 ml:2.5 g。

8. 盐酸氯胺酮注射液

【性状】 本品为无色澄明液体。

【主要用途】 本品为全身麻醉药,用于全身麻醉及化学保定。

【用法与剂量】 静脉注射:一次量,每千克体重,马、牛 2～3 mg;羊、猪 2～4 mg。肌内注射:一次量,每千克体重,羊、猪 10～15 mg;犬 10～20 mg;猫 20～30 mg;灵长类动物 5～10 mg;熊 8～10 mg;鹿 10 mg;水貂 6～14 mg。

【不良反应】 ①本品可使动物血压升高、唾液分泌增多、呼吸抑制和呕吐等。②大剂量可导致肌肉张力增加、惊厥、呼吸困难、痉挛、心搏骤停和苏醒期延长等。

【注意事项】 ①怀孕后期动物禁用。②马静脉注射应缓慢。③对于咽喉或支气管的手术或操作,不宜单用本品,必须合用肌肉松弛剂。④驴、骡对本品不敏感,不宜应用。⑤反刍动物应用时,麻醉前常需禁食 12～24 小时,并给予小剂量阿托品抑制腺体分泌;应用时,常用赛拉嗪等麻醉前给药。

【休药期】 牛、羊 14 日;鹿 15 日。

【规格】 ①2 ml∶0.1 g;②2 ml∶0.3 g;③10 ml∶0.1 g;④20 ml∶0.2 g。

9. 尼可刹米注射液

【性状】 本品为无色澄明液体。

【主要用途】 本品为中枢兴奋药,主要用于解救呼吸中枢抑制。

【用法与剂量】 静脉、肌内或皮下注射:一次量,马、牛 2.5～5 g;羊、猪 0.25～1 g;犬 0.125～0.5 g。

【不良反应】 本品不良反应少,但剂量过大可引起血压升高、出汗、心律失常、肌肉震颤及肌肉强直,过量亦可引起惊厥。

【注意事项】 ①本品静脉注射速度不宜过快。②如出现惊厥,应及时静脉注射地西泮或小剂量硫喷妥钠。③兴奋作用之后,常出现中枢抑制现象。

【规格】 ①1.5 ml∶0.375 g;②2 ml∶0.5 g。

10. 硝酸士的宁注射液

【性状】 本品为无色澄明液体。

【主要用途】 本品为中枢兴奋药,用于脊髓性不全麻痹。

【用法与剂量】 皮下注射:一次量,马、牛 15～30 mg;羊、猪 2～4 mg;犬 0.5～0.8 mg。

【不良反应】 本品毒性大,安全范围小,过量易出现肌肉震颤、脊髓兴奋性惊厥、角弓反张等。

【注意事项】 ①肝肾功能不全、癫痫及破伤风患畜禁用。②孕畜及中枢神经系统兴奋症状的患畜禁用。③本品排泄缓慢,长期应用易蓄积中毒,故使用时间不宜太长,反复给药应酌情减量。④因过量出现惊厥时应保持动物安静,避免外界刺激,并迅速肌内注射苯巴比妥钠等进行解救。

【规格】 ①1 ml∶2 mg;②10 ml∶20 mg。

任务 23 作用于外周神经系统药物的选用

学习目标

▲知识目标

1. 掌握兽医临床常用的作用于传出神经的药物的作用及应用。
2. 掌握兽医临床常用的作用于传入神经的药物的作用及应用。

▲ 技能目标

能合理选用拟胆碱药、抗胆碱药、拟肾上腺素药、局部麻醉药。

▲ 素质目标与思政目标

1. 培养学好专业技能，才能更好为养殖服务的信念。
2. 维护肉食品安全，坚定地履行为人民健康服务的职责和义务。

案例导入

违规使用禁用药品！

2020年8月18日，普洱市思茅区农业农村局对思茅区某养殖场进行监督抽查，在其养殖的肉鸡中检出国务院兽医行政管理部门规定禁止使用的兽药培氟沙星、氧氟沙星。2020年12月25日，思茅区农业农村局组织执法人员赴现场进行调查，查实该养殖场周某某在肉鸡养殖过程中使用过兽药培氟沙星和氧氟沙星。2021年1月29日，思茅区农业农村局依法对该养殖场周某某作出行政处罚：罚款人民币15000.00元整。

• 牢记维护肉食品安全的责任使命，合规使用兽药，严禁违规使用兽药！

作用于外周神经系统的药物有作用于传出神经的药物与作用于传入神经的药物。

一、作用于传出神经的药物

能激活、增强或抑制交感或副交感神经系统功能的药物，称为传出神经药，临床上常用的传出神经药是植物神经药，又称为自主神经药。植物神经药又分为肾上腺素能药（又称为肾上腺素能神经药）和胆碱能药（又称为胆碱能神经药）。

大多数作用于传出神经的药物是直接与受体结合而起作用的，与受体结合后激活受体，产生与神经递质相似作用的药物称为激动药或拟似药，如拟肾上腺素药、拟胆碱药；与受体结合后不能激活受体，妨碍神经递质与受体结合，产生与神经递质相反作用的药物称为拮抗剂或阻断剂，如抗肾上腺素药、抗胆碱药。有些作用于传出神经的药物是通过干扰神经递质的合成、储存、转运、释放和失活而起作用的。

• 兽医临床常用的作用于传出神经的药物有哪些？

兽医临床常用的作用于传出神经的药物如下。

1. 肾上腺素 肾上腺素属于拟肾上腺素药，是 α、$β_1$、$β_2$ 受体激动剂。兽医临床常用制剂是盐酸肾上腺素注射液，皮下或静脉注射，主要用于心搏骤停的急救；缓解严重过敏性疾病的症状；也常与局部麻醉药配伍，以延长局部麻醉持续时间。

• 盐酸肾上腺素注射液的临床用途有哪些？

不良反应：可诱发兴奋、不安、颤抖、呕吐、高血压、心律失常等，局部重复注射可引起注射部位组织坏死。使用注意：本品若变色则不可使用；器质性心脏疾病、甲状腺功能亢进、外伤性及出血性休克等患畜慎用；忌与水合氯醛、洋地黄、钙剂等合用。

2. 氨甲酰甲胆碱 氨甲酰甲胆碱属于拟胆碱药，对胃肠道和膀胱的 M 受体具有选择性作用，对心血管的作用弱。兽医临床常用制剂是氯化氨甲酰甲胆碱注射液，主要用于胃肠弛缓，也用于尿潴留、胎衣不下和子宫蓄脓等。

• 氯化氨甲酰甲胆碱注射液的临床用途有哪些？

不良反应：较大剂量可引起呕吐、腹泻、气喘、呼吸困难。使用时注意：患有完全性肠梗阻或创伤性网胃炎的动物及孕畜禁用，如果出现中毒，可用阿托品解救。

3. 新斯的明 新斯的明属于拟胆碱药，其作用机制是抑制胆碱酯酶的活性，主要是通过抑制胆碱酯酶对乙酰胆碱的水解，加强和延长乙酰胆碱的作用。对胃肠道、膀胱和子宫平滑肌有较强的兴奋作用，对腺体、虹膜、支气管平滑肌及心血管的作用较弱，对中枢神经系统的作用不明显。兽医临床常用制剂是甲硫酸新斯的明注射液，主要用于胃肠

• 甲硫酸新斯的明注射液的临床适应证主要有哪些？

弛缓、重症肌无力和胎衣不下等。

不良反应：使用过量可引起出汗、心动过缓、肌肉震颤及麻痹。使用时注意：有机械性肠梗阻或支气管哮喘的患畜禁用，中毒时可用阿托品对抗其M受体的兴奋作用。

4. 阿托品 阿托品属于抗胆碱药，主要竞争M受体，阻止乙酰胆碱和拟胆碱药与之结合，而发挥抗胆碱样作用，本品作用广泛，抗腺体分泌的作用最强，其次是对心脏的作用。肉食动物比草食动物敏感，猪对阿托品非常敏感。兽医临床常用制剂是硫酸阿托品注射液与硫酸阿托品片，具有解除平滑肌痉挛、抑制腺体分泌等作用，主要用于有机磷酸酯类药物中毒、麻醉前给药和拮抗胆碱神经兴奋症状。

不良反应：本品的毒性作用往往是由于使用剂量过大所致。在麻醉前给药或治疗消化道疾病时，易致肠胀气、瘤胃臌胀和便秘等。所有动物的中毒症状基本相似，都表现为口干、瞳孔散大、脉搏快而弱、兴奋不安和肌肉震颤等，严重时则出现昏迷、呼吸浅表、运动麻痹等，最终可因惊厥、呼吸抑制而死亡。中毒解救时宜对症治疗。

5. 东莨菪碱 东莨菪碱属于抗胆碱药，其作用与阿托品相似，但散瞳与抑制腺体分泌作用比阿托品强，抗震颤作用比阿托品强10～20倍。兽医临床常用制剂是氢溴酸东莨菪碱注射液，具有解除平滑肌痉挛、抑制腺体分泌、散大瞳孔等作用，临床用于动物兴奋不安、胃肠道平滑肌痉挛、腺体分泌过多、解救有机磷酸酯类药物中毒、麻醉前给药等。

不良反应：引起胃肠蠕动减弱、腹胀、便秘、尿潴留或心动过速等。

作用于传出神经的药物作用范围广，副作用多，剂量过大易引起中毒，作为兽医，我们应努力学习，牢记药物作用特点及应用注意事项，才能更好地为动物养殖服务。

二、作用于传入神经的药物

局部麻醉药简称为局麻药，主要作用于传入神经，局麻药是一类可逆性阻断用药部位神经冲动传导，使局部组织的感觉尤其是痛觉消失的药物。兽医临床常用的局麻药主要有以下几种。

1. 普鲁卡因 临床常用的制剂是盐酸普鲁卡因注射液，主要用于浸润麻醉、传导麻醉、硬膜外麻醉和封闭疗法。麻醉方式不同，使用的浓度和剂量也不同，应用时需注意。另外，剂量过大易被吸收，可引起中枢神经系统先兴奋后抑制的中毒症状，应进行对症治疗。使用时加入0.1%盐酸肾上腺素注射液，可以减少普鲁卡因的吸收，并延长局部麻醉的时间。

2. 利多卡因 临床常用的制剂是盐酸利多卡因注射液，主要用于表面麻醉、传导麻醉、浸润麻醉和硬膜外麻醉。同普鲁卡因一样，麻醉方式不同，使用的浓度也不同。推荐剂量使用时有时会出现呕吐，过量使用的不良反应主要有嗜睡、共济失调、肌肉震颤等；大剂量使用吸收后可引起中枢兴奋如惊厥，甚至发生呼吸抑制。使用时需注意。

小结

一是作用于传出神经的药物，临床常用的药物有拟肾上腺素药如肾上腺素，拟胆碱药如氨甲酰甲胆碱和新斯的明，抗胆碱药如阿托品和东莨菪碱等。心搏骤停的急救和严重过敏的缓解选择肾上腺素；抑制腺体分泌、麻醉前给药、解救有机磷酸酯类药物中毒、解除平滑肌痉挛可选择阿托品或东莨菪碱；胃肠弛缓及重症肌无力等选择新斯的明；氨甲酰甲胆碱主要用于胃肠弛缓等。

二是作用于传入神经的药物，主要有局麻药普鲁卡因和利多卡因，表面麻醉选择利多卡因，封闭疗法选择普鲁卡因，传导麻醉、浸润麻醉、硬膜外麻醉选择普鲁卡因或利多卡因都可以。

讨论

阿托品的优点与缺点。

扫码在线答题

你知道吗?

1. 局部麻醉的方式有哪些?

局麻药主要用于局部麻醉,即区域性麻醉。局部麻醉的方式主要有以下几类。

(1) 表面麻醉:将穿透性较强的麻醉药通过点滴、涂布、喷雾等方式用于皮肤或黏膜的表面,使皮肤和黏膜下的感觉神经末梢麻痹、感觉消失,适用于眼部、鼻腔、口腔、喉、气管-支气管、食管、泌尿生殖道的黏膜。

(2) 浸润麻醉:将局麻药直接注射到皮下、皮内或肌肉组织中,药液从注射部位扩散到周围组织,使感觉神经纤维和末梢麻醉。

(3) 传导麻醉:又称为神经阻滞麻醉,是将局麻药注射到某个外周神经干或神经丛附近,使受支配的区域麻醉,也被称为神经干麻醉。此法用药量少,麻醉范围较广。常用于跛行诊断、四肢手术和腹壁手术等。

(4) 硬膜外麻醉:将局麻药注射到硬膜外隙,使穿出椎间孔的脊髓神经阻断,后驱麻醉。常用于难产、剖宫产及后驱手术等。

(5) 封闭疗法:将局麻药注射到患部周围或其神经通路,阻断病灶部不良冲动向中枢神经系统的传导,以减轻疼痛、改善神经营养。

2. 局麻药的作用机制是什么?

局麻药是一类在用药局部可逆性地阻断感觉神经发出的冲动与传导,使局部组织痛觉暂时消失的药物。局麻药对任何神经都有抑制其兴奋、阻断其传导而呈现局部麻醉的作用。

目前认为局麻药的局部麻醉作用是通过阻断 Na^+ 内流而产生的。因为神经冲动的产生和传导有赖于动作电位的产生与传导,而动作电位的产生又取决于 Na^+ 内流。局麻药阻止神经冲动的传导是由于局麻药阻滞了神经膜离子通道,在神经兴奋时,膜外 Na^+ 不能内流,从而不能去极化,阻断了动作电位的产生和神经冲动的传导,不能发生神经兴奋的去极化。因而局麻药起着膜稳定剂的作用,此作用与 Ca^{2+} 对神经膜的稳定作用相似。

兽医临床常用的药物制剂

1. 盐酸肾上腺素注射液

【性状】 本品为无色或几乎无色的澄明液体。

【主要用途】 本品为拟肾上腺素药,用于心搏骤停的急救;缓解严重过敏性疾病的症状;亦常与局麻药配伍,以延长局部麻醉持续时间。

【用法与剂量】 皮下注射:一次量,马、牛2~5 ml;羊、猪0.2~1.0 ml;犬0.1~0.5 ml。静脉注射:一次量,马、牛1~3 ml;羊、猪0.2~0.6 ml;犬0.1~0.3 ml。

【不良反应】 本品可诱发兴奋、不安、呕吐、高血压(过量)、心律失常等。局部重复注射可引起注射部位组织坏死。

【注意事项】 ①本品若变色则不可使用。②与全身麻醉药如水合氯醛合用时,易发生心室颤动。不宜与洋地黄、钙剂合用。③器质性心脏疾病、甲状腺功能亢进、外伤性及出血性休克等患畜慎用。

【规格】 ①0.5 ml:0.5 mg;②1 ml:1 mg;③5 ml:5 mg。

2. 氯化氨甲酰甲胆碱注射液

【性状】 本品为无色的澄明液体。

【主要用途】 本品为拟胆碱药,主要用于胃肠弛缓,也可用于尿潴留、胎衣不下和子宫蓄脓等。

【用法与剂量】 皮下注射:一次量,每千克体重,马、牛0.05~0.1 mg;犬、猫0.25~0.5 mg。

【不良反应】 较大剂量可引起呕吐、腹泻、气喘、呼吸困难。

【注意事项】 ①患有完全性肠梗阻或创伤性网胃炎的动物及孕畜禁用。②使用过量导致中毒时可用阿托品解救。

【规格】 ①1 ml:2.5 mg;②5 ml:12.5 mg;③10 ml:25 mg;④10 ml:50 mg。

3. 甲硫酸新斯的明注射液

【性状】 本品为无色的澄明液体。

【主要用途】 本品为拟胆碱药,其作用原理是抗胆碱酯醇,发挥胆碱神经兴奋样作用。主要用于胃肠弛缓、重症肌无力和胎衣不下等。

【用法与剂量】 肌内、皮下注射:一次量,每千克体重,马4~10 mg;牛4~20 mg;羊、猪2~5 mg;犬0.25~1 mg。

【不良反应】 治疗剂量副作用较小。过量可引起出汗、心动过缓、肌肉震颤或肌肉麻痹。

【注意事项】 ①机械性肠梗阻或支气管哮喘的患畜禁用。②中毒时可用阿托品对抗其M受体的兴奋作用。③本品可延长和加强去极化肌松药氯化琥珀胆碱的肌肉松弛作用;与非去极化肌松药合用有拮抗作用。

【规格】 ①1 ml:0.5 mg;②1 ml:1 mg;③5 ml:5 mg;④10 ml:10 mg。

4. 硫酸阿托品片

【性状】 本品为白色片。

【主要用途】 本品为抗胆碱药,具有解除平滑肌痉挛、抑制腺体分泌等作用,主要用于解除消化道平滑肌痉挛、抑制腺体分泌和麻醉前给药等,也可用于有机磷酸酯类药物和拟胆碱药等中毒。

【用法与剂量】 内服:一次量,每千克体重,犬、猫0.02~0.04 mg。

【不良反应】 本品的毒性作用往往是由于使用剂量过大所致。在麻醉前给药或治疗消化道疾病时,易致肠胀气和便秘等。所有动物的中毒症状基本类似,即表现为口干、瞳孔散大、脉搏快而弱、兴奋不安和肌肉震颤等,严重时则出现昏迷、呼吸浅表、运动麻痹等,最终可因惊厥、呼吸抑制及窒息而死亡。

【注意事项】 ①肠梗阻、尿潴留等患畜禁用。②可增强噻嗪类利尿药、拟肾上腺素药的作用。③可加重双甲脒的某些中毒症状,进一步抑制肠蠕动。④中毒解救时宜采用对症治疗,极度兴奋时可试用毒扁豆碱、短效巴比妥类、水合氯醛等药物对抗。禁用吩噻嗪类药物如氯丙嗪治疗。

【规格】 0.3 mg。

5. 硫酸阿托品注射液

【性状】 本品为无色的澄明液体。

【主要用途】 本品为抗胆碱药,具有解除平滑肌痉挛、抑制腺体分泌等作用,主要用于有机磷酸酯类药物中毒、麻醉前给药和拮抗胆碱神经兴奋症状。

【用法与剂量】 肌内、皮下或静脉注射:一次量,每千克体重,麻醉前给药,马、牛、羊、猪、犬、猫 0.02~0.05 mg。解除有机磷酸酯类药物中毒,马、牛、羊、猪 0.5~1 mg;犬、猫 0.1~0.15 mg;禽 0.1~0.2 mg。

【不良反应】 ①本品毒性作用往往是使用过大剂量所致。在麻醉前给药或治疗消化道疾病时,易致肠胀气、瘤胃臌胀和便秘等。②所有动物的中毒症状基本类似,即表现为口干、瞳孔散大、脉搏快而弱、兴奋不安和肌肉震颤等,严重时则出现昏迷、呼吸浅表、运动麻痹等,最终可因惊厥、呼吸抑制及窒息而死亡。

【注意事项】 ①肠梗阻、尿潴留等患畜禁用。②可增强噻嗪类利尿药、拟肾上腺素药的作用。③可加重双甲脒的某些中毒症状,进一步抑制肠蠕动。④中毒解救时宜采用对症治疗,极度兴奋时可试用毒扁豆碱、短效巴比妥类、水合氯醛等药物对抗。禁用吩噻嗪类药物如氯丙嗪治疗。

【规格】 ①1 ml:0.5 mg;②2 ml:1 mg;③1 ml:5 mg;④5 ml:25 mg;⑤5 ml:50 mg;⑥10 ml:20 mg;⑦10 ml:50 mg。

6. 氢溴酸东莨菪碱注射液

【性状】 本品为无色的澄明液体。

【主要用途】 本品为抗胆碱药,具有解除平滑肌痉挛、抑制腺体分泌、散大瞳孔等作用,主要用于动物兴奋不安、胃肠道平滑肌痉挛等。

【用法与剂量】 皮下注射:一次量,每千克体重,牛 1~3 mg;羊、猪 0.2~0.5 mg。

【不良反应】 胃肠蠕动减弱、腹胀、便秘、尿潴留或心动过速等。

【注意事项】 ①马属动物麻醉前给药应慎用,因本品对马可产生明显兴奋作用。②心律失常患畜慎用。

【规格】 ①1 ml:0.3 mg;②1 ml:0.5 mg。

7. 盐酸普鲁卡因注射液

【性状】 本品为无色的澄明液体。

【主要用途】 本品为局麻药,用于浸润麻醉、传导麻醉、硬膜外麻醉和封闭疗法。

【用法与剂量】 浸润麻醉、封闭疗法:0.25%~0.5%溶液。传导麻醉:2%~5%溶液,每个注射点,大动物 10~20 ml;小动物 2~5 ml。硬膜外麻醉:2%~5%溶液,马、牛 20~30 ml。

【注意事项】 ①剂量过大易被吸收,可引起中枢神经系统先兴奋后抑制的中毒症状,应进行对症治疗。马对本品比较敏感。②本品应用时常加入 0.1%盐酸肾上腺素注射液,以减少普鲁卡因吸收,延长局部麻醉的时间。

【规格】 ①5 ml:0.15 g;②10 ml:0.1 g;③10 ml:0.2 g;④10 ml:0.3 g;⑤50 ml:1.25 g;⑥50 ml:2.5 g。

8. 盐酸利多卡因注射液

【性状】 本品为无色的澄明液体。

【主要用途】 本品为局麻药,用于表面麻醉、传导麻醉、浸润麻醉和硬膜外麻醉。

【用法与剂量】 浸润麻醉:0.25%～0.5%溶液。表面麻醉:2%～5%溶液。传导麻醉:2%溶液,每个注射点,马、牛8～12 ml;羊3～4 ml。硬膜外麻醉:2%溶液,马、牛8～12 ml。

【不良反应】 推荐剂量使用有时出现呕吐;过量使用的不良反应主要有嗜睡、共济失调、肌肉震颤等;大剂量吸收后可引起中枢兴奋如惊厥,甚至发生呼吸抑制。

【注意事项】 ①当本品用于硬膜外麻醉和静脉注射时,不可加肾上腺素。②剂量过大易出现吸收作用,可引起中枢抑制、共济失调、肌肉震颤等。

【规格】 ①5 ml:0.1 g;②10 ml:0.2 g;③10 ml:0.5 g;④20 ml:0.4 g。

任务 24　解热镇痛抗炎药的选用

扫码学课件

扫码看视频

学习目标

▲知识目标

1. 掌握解热镇痛抗炎药的作用机制。
2. 掌握兽医临床常用的解热镇痛抗炎药的作用及应用。

▲技能目标

能合理选用阿司匹林、氨基比林、安乃近、酮洛芬、氟尼辛葡甲胺等药物。

▲素质目标与思政目标

1. 培养规范用药、科学用药及辨证施治的职业素养。
2. 培养底线思维、法律思维,违规的事情不做,违法的事情不想,全心全意为人民的食品安全服务,保障动物产品安全。

产蛋期禁用恩诺沙星!

2021年4月8日,文山州西畴县农业农村和科学技术局对某公司生产基地的鸡蛋进行监督抽查时,发现生产的鸡蛋检出产蛋期禁用兽药恩诺沙星,超出了《食品安全国家标准　食品中兽药最大残留限量》(GB 31650—2019)标准的规定。2021年5月31日,西畴县农业农村和科学技术局对该公司进行立案调查,查实该公司在蛋鸡产蛋期间使用兽药恩诺沙星。2021年6月16日,西畴县农业农村和科学技术局依法对该公司作出行政处罚:罚款人民币15000.00元整。

• 树立底线思维、法律思维,牢记保障动物产品安全的责任使命,合规使用兽药,严禁违规使用兽药!

• 解热镇痛抗炎药的作用机制是什么?

一、解热镇痛抗炎药的作用机制

解热镇痛抗炎药又称为非甾体抗炎药(NSAID),此类药物除了解热、镇痛、抗炎作用外,还具有抗风湿、抑制血小板聚集的作用。

本类药物在化学结构上有多种不同类型,但有共同的作用机制,就是通过抑制环氧合酶(COX),从而抑制花生四烯酸合成前列腺素(PG)。环氧合酶有两种同工酶:COX-1是正常生理酶,存在于血管、胃及肾;而COX-2是由细胞活性素及炎症介质引起炎症时诱导产生。大多数解热镇痛抗炎药对COX-1和COX-2没有选择性,只是对于COX-1有较强的抑制作用,但阿司匹林对两种同工酶都有同等的作用。

此类药物的解热作用机制是抑制中枢前列腺素的合成,使体温调定点下移并增加散热,此类药物只能使发热的体温下降到正常,而不能使正常的体温降低。

此类药物的抗炎与镇痛作用机制是抑制外周组织前列腺素的合成而起到改善炎症及减弱疼痛的作用。本类药物对炎症引起的持续性的钝痛如神经痛、关节痛、肌肉痛等有良好的镇痛效果,而对直接刺激感觉神经末梢引起的尖锐刺痛和内脏平滑肌绞痛无效。

此类药物的抗风湿作用是解热、镇痛、抗炎作用的综合结果。

二、兽医临床常用的解热镇痛抗炎药

1. 阿司匹林 阿司匹林又称为乙酰水杨酸,属于水杨酸类解热镇痛抗炎药,兽医临床常用制剂是阿司匹林片,主要用于发热性疾病、肌肉痛、关节痛,也用于防治血栓。阿司匹林抗风湿作用较强,由于其疗效确实,不良反应少,为抗风湿的首选药。其抗凝血作用已在抗凝血药中介绍,在此不再赘述。

2. 水杨酸钠 水杨酸钠属于水杨酸类解热镇痛抗炎药,兽医临床常用制剂是水杨酸钠注射液与复方水杨酸钠注射液,本品镇痛作用较阿司匹林和氨基比林弱,临床主要用于抗风湿,对于风湿性关节炎,用药数小时后关节疼痛可显著减轻,肿胀消退,风湿热消退。本品可使血液中凝血酶原的活性降低,故不可与抗凝血药合用。

3. 氨基比林 氨基比林又称为匹拉米洞,属于吡唑酮类解热镇痛抗炎药,兽医临床常用的制剂有复方氨基比林注射液与安痛定注射液,主要用于马、牛、羊、猪等动物的解热和抗风湿,也可用于马和骡的疝痛,但镇痛效果较差。剂量过大或长期应用,可引起高铁血红蛋白血症、缺氧、发绀、粒细胞减少症等。注意长期应用时应定期检查血常规。

4. 安乃近 安乃近又称为诺瓦经,属于吡唑酮类解热镇痛抗炎药,为氨基比林与亚硫酸钠的复合物。兽医临床常用制剂有安乃近注射液与安乃近片,主要用于肌肉痛、风湿症、发热性疾病和疝痛等。长期应用可引起粒细胞减少,可抑制凝血酶原的合成,加重出血倾向,不宜于穴位注射,尤其不适于关节部位注射,否则可引起肌肉萎缩和关节功能障碍。

5. 酮洛芬 酮洛芬又称为优洛芬,属于丙酸类解热镇痛抗炎药,因其对环氧合酶具有强效抑制作用,同时也能抑制白三烯、缓激肽等作用,因此具有强大的抗炎、镇痛和解热作用。兽医临床主要制剂是酮洛芬注射液,目前主要用于马和犬的发热性疾病、炎症性疾病、手术后的镇痛及风湿性关节炎等。

6. 氟尼辛葡甲胺 氟尼辛葡甲胺属于芬那酸类解热镇痛抗炎药,兽医临床常用制剂是氟尼辛葡甲胺注射液与氟尼辛葡甲胺颗粒,主要用于家畜及小动物发热性疾病、炎症性疾病、肌肉痛和软组织痛等。长期大量使用本品可能导致动物胃溃疡及肾功能损伤,有消化性溃疡患畜慎用;不可与其他解热镇痛抗炎药同时使用。

7. 对乙酰氨基酚 对乙酰氨基酚又称为扑热息痛或醋氨酚,为非那西汀在体内的代谢物,属于苯胺类解热镇痛抗炎药。

对乙酰氨基酚具有解热、镇痛与抗炎作用。解热作用类似阿司匹林,但镇痛和抗炎作用较弱。内服吸收快,主要在肝脏代谢,部分药物代谢后在体内能氧化血红蛋白使之失去携氧能力,可造成组织缺氧、发绀、红细胞溶解、黄疸和肝脏损害等不良反应。兽医临床常用制剂是对乙酰氨基酚片和对乙酰氨基酚注射液。主要作为中小动物的解热镇痛药。猫禁用。

- 兽医临床常用的解热镇痛抗炎药有哪些?
- 阿司匹林的主要用途是什么?

- 氨基比林的临床用途及注意事项有哪些?

- 安乃近的应用及注意事项有哪些?
- 一定要记住,规范用药,不可滥用药物!

- 酮洛芬的作用及应用。

- 氟尼辛葡甲胺的用途及注意事项有哪些?

- 注意在诊治疾病过程中树立辨证思维,辨证施治很重要!

以上是兽医临床常用的解热镇痛抗炎药,在此需要说明的是,发热是机体的一种防御反应,热型是诊断疾病的重要依据。故对一般发热,尤其是感染性疾病所引起的发热,不必急于使用解热药,而应对因治疗,去除引起发热的原因。对于过度或持久的高热,可使用解热药降温,避免高热引起并发症及对机体产生危害。也就是说发热只是一种症状,解热药只是对症治疗,在临床应重视对因治疗,标本兼治会取得更好的效果。

 小结

解热镇痛抗炎药

解热镇痛抗炎药,即非甾体抗炎药;
抑制合成环氧合酶,前列腺素合成即减少,
解热镇痛炎症消,风湿疼痛缓解好;
解热作用在中枢,镇痛抗炎在外周。
常用药物阿司匹林,解热镇痛抗炎外,
还可抗凝防血栓,抗风湿作用首选药。
氨基比林主解热,安乃近镇痛作用好。
作用最强酮洛芬,抗炎镇痛解热强。
还有一种常用药,氟尼辛葡甲胺别忘了。
以上药物均对症,疾病原因去不了,
配合对因治疗药,疾病消除康复好。

 讨论

使用解热镇痛抗炎药时应注意哪些问题?

线上评测

扫码在线答题

你知道吗?

1. 你知道发热是如何产生的吗?

发热是许多动物疾病的症状之一,是细菌或病毒等感染常出现的一种症状。从病理学上解释,根据体温调定点学说,动物下丘脑后部的体温调节中枢,在细菌或病毒产生的外源性致热源和白细胞释放的内源性致热源的作用下,促使前列腺素大量合成和释放,前列腺素使体温调节中枢的调定点上移,使机体产热增加,散热减少,体温升高。

2. 你知道解热镇痛抗炎药的解热机制吗?

解热镇痛抗炎药能减少中枢前列腺素的合成,使体温调定点下移,通过扩张血管,加速外周血流、出汗等增加散热,恢复机体的正常产热和散热的平衡。解热镇痛抗炎药只能使过高的体温下降到正常,而不能使正常的体温下降。

兽医临床常用的药物制剂

1. 阿司匹林片

【性状】 本品为白色片。

【主要用途】 本品为解热镇痛抗炎药,用于发热性疾病、肌肉痛、关节痛。

【用法与剂量】 内服:一次量,马、牛 15~30 g;羊、猪 1~3 g;犬 0.2~1 g。

【不良反应】 ①本品能抑制凝血酶原合成,连续长期应用可引发出血倾向。②对胃肠道有刺激作用,剂量大时易导致食欲不振、恶心、呕吐乃至消化道出血,长期使用可引发消化性溃疡。

【注意事项】 ①奶牛泌乳期禁用。②猫因缺乏葡萄糖苷酸转移酶,对本品代谢很慢,容易造成药物蓄积,故对猫的毒性很大。③胃炎、胃溃疡患畜慎用,与碳酸钙同服,可减少本品对胃的刺激。不宜空腹投药。发生出血倾向时,可用维生素 K 治疗。④解热时,动物应多饮水,以利于排汗和降温,否则会因出汗过多而造成水和电解质平衡失调或虚脱。⑤老龄动物、体弱或体温过高患畜,解热时宜用小剂量,以免大量出汗而引起虚脱。⑥动物发生中毒时,可采用洗胃、导泻、内服碳酸氢钠及静脉注射 5% 葡萄糖溶液和 0.9% 氯化钠溶液等解救。

【规格】 ①0.3 g;②0.5 g。

2. 复方氨基比林注射液

【性状】 本品为无色至淡黄色的澄明液体。

【主要用途】 本品为解热镇痛抗炎药,主要用于马、牛、羊、猪等动物的解热和抗风湿,也可用于马和骡的疝痛,但镇痛效果较差。

【用法与剂量】 肌内、皮下注射:一次量,马、牛 20~50 ml;羊、猪 5~10 ml。

【不良反应】 剂量过大或长期应用,可引起高铁血红蛋白血症、缺氧、发绀、粒细胞减少症等。

【注意事项】 连续长期应用可引起粒细胞减少症,应定期检查血常规。

【休药期】 28 日;弃奶期 7 日。

【规格】 ①5 ml;②10 ml;③20 ml;④50 ml。

3. 安乃近片

【性状】 本品为白色或几乎白色片。

【主要用途】 本品为解热镇痛抗炎药。用于肌肉痛、风湿症、发热性疾病和疝痛等。

【用法与剂量】 内服:一次量,马、牛 4~12 g;羊、猪 2~5 g;犬 0.5~1 g。

【不良反应】 长期应用可引起粒细胞减少。

【注意事项】 可抑制凝血酶原的合成,加重出血倾向。

【休药期】 牛、羊、猪 28 日;弃奶期 7 日。

【规格】 ①0.25 g;②0.5 g。

4. 安乃近注射液

【性状】 本品为无色至微黄色的澄明液体。

【主要用途】 本品为解热镇痛抗炎药,用于肌肉痛、风湿症、发热性疾病和疝痛等。

【用法与剂量】 肌内注射:一次量,马、牛3~10 g;羊1~2 g;猪1~3 g;犬0.3~0.6 g。

【不良反应】 长期应用可引起粒细胞减少。

【注意事项】 不宜于穴位注射,尤其不适于关节部位注射,否则可能引起肌肉萎缩和关节功能障碍。

【休药期】 牛、羊、猪28日;弃奶期7日。

【规格】 ①2 ml:0.5 g;②5 ml:1.5 g;③5 ml:2 g;④10 ml:3 g;⑤20 ml:6 g。

5. 氟尼辛葡甲胺注射液

【性状】 本品为无色或淡黄色的澄明液体。

【主要用途】 本品为解热镇痛抗炎药,用于家畜及小动物发热性疾病、炎症性疾病、肌肉痛和软组织痛等。

【用法与剂量】 肌内、静脉注射:一次量,每千克体重,牛、猪2 mg;犬、猫1~2 mg。一日1~2次,连用不超过5日。

【休药期】 牛、猪28日。

【规格】 ①2 ml:10 mg;②2 ml:100 mg;③5 ml:250 mg;④10 ml:0.5 g;⑤50 ml:0.25 g;⑥50 ml:2.5 g;⑦100 ml:0.5 g;⑧100 ml:5 g。

6. 氟尼辛葡甲胺颗粒

【性状】 本品为类白色或淡黄色颗粒。

【主要用途】 本品为解热镇痛抗炎药,用于家畜及小动物发热性疾病、炎症性疾病、肌肉痛和软组织痛等。

【用法与剂量】 内服:一次量,每千克体重,犬、猫2 mg。一日1~2次,连用不超过5日。

7. 对乙酰氨基酚片

【性状】 本品为白色片。

【主要用途】 本品为解热镇痛抗炎药,用于发热、肌肉痛、关节痛和风湿症。

【用法与剂量】 内服:一次量,马、牛10~20 g;羊1~4 g;猪1~2 g;犬0.1~1 g。

【不良反应】 偶见厌食、呕吐、缺氧、发绀、红细胞溶解、黄疸和肝脏损害等。

【注意事项】 ①猫禁用,因给药后可引起严重的毒性反应。②大剂量可引起肝、肾损害,在给药后12小时内使用乙酰半胱氨酸或蛋氨酸可以预防肝损害。肝、肾功能不全的患畜及幼畜慎用。

【休药期】 牛、羊、猪28日;弃奶期7日。

【规格】 ①0.3 g;②0.5 g。

8. 对乙酰氨基酚注射液

【性状】 本品为无色或几乎无色略黏稠的澄明液体。

【主要用途】 本品为解热镇痛抗炎药,用于发热、肌肉痛、关节痛和风湿症。

【用法与剂量】 肌内注射:一次量,马、牛5~10 g;羊0.5~2 g;猪0.5~1 g;犬0.1~0.5 g。

【注意事项】 ①猫禁用,因给药后可引起严重的毒性反应。②大剂量可引起肝、肾损害,在给药后12小时内使用乙酰半胱氨酸或蛋氨酸可以预防肝损害。肝、肾功能不全的患畜及幼畜慎用。

【休药期】 牛、羊、猪28日;弃奶期7日。

【规格】 ①1 ml:0.075 g;②2 ml:0.25 g;③5 ml:0.5 g;④10 ml:1 g;⑤20 ml:2 g。

任务 25　调节体液和电解质平衡药的选用

学习目标

▲**知识目标**

1. 掌握兽医临床常用的水和电解质平衡药的作用及应用。
2. 掌握兽医临床常用的能量补充药的作用及应用。
3. 掌握兽医临床常用的酸碱平衡调节药的作用及应用。
4. 掌握兽医临床常用的血容量扩充剂的作用及应用。
5. 掌握兽医临床常用的利尿药及脱水药的作用及应用。

▲**技能目标**

能合理选用氯化钠、氯化钾、葡萄糖、碳酸氢钠、乳酸钠等药物。

▲**素质目标与思政目标**

1. 培养规范用药、科学用药的职业素养。
2. 树立法律思维、底线思维，严禁使用禁用兽药，维护肉食品安全。

扫码学课件

扫码看视频

案例导入

违规使用禁用兽药!

2021 年 5 月 18 日，临沧市耿马县农业农村局对孟定镇河西村下洞井组陈某某养殖的肉鸡进行监督抽查时，发现其肉鸡产品检出禁用兽药氧氟沙星。2021 年 6 月 16 日，耿马县农业农村局派出执法人员对当事人进行立案调查，查实陈某某在肉鸡养殖过程中违法使用禁用兽药氧氟沙星。2021 年 7 月 15 日，耿马县农业农村局依法对陈某某作出行政处罚：罚款人民币 20000.00 元整，没收违法所得 1372.00 元整，罚没款合计 21372.00 元整。

一、水和电解质平衡药

动物出现腹泻、呕吐、大面积烧伤、失血及过度出汗等，会引起机体大量丢失水和电解质引起脱水，应根据脱水的性质和类型相应地补充水和电解质。兽医临床常用的水和电解质平衡药如下。

1. 氯化钠　兽医临床常用的制剂有氯化钠注射液、浓氯化钠注射液、复方氯化钠注射液、葡萄糖氯化钠注射液。除了浓氯化钠注射液为胃肠平滑肌兴奋药外，其他制剂均为体液补充药，用于脱水症的治疗。氯化钠注射液为含 0.9% 氯化钠的等渗灭菌水溶液；复方氯化钠注射液为氯化钠、氯化钾与氯化钙混合制成的灭菌水溶液，除了补钠外，还可以补充钾离子和钙离子；葡萄糖氯化钠注射液为 5% 葡萄糖与氯化钠的灭菌水溶液，除了补钠外，还可以补充葡萄糖。除此之外，小剂量氯化钠内服具有健胃作用，大剂量氯化钠内服能促进肠管蠕动，具有泻下作用。

2. 氯化钾　氯化钾为体液补充药，兽医临床常用制剂是氯化钾注射液，主要用于低钾血症，也可用于强心苷中毒引起的阵发性心动过速等。静脉注射给药时，需用 5% 葡萄糖注射液将其稀释成 0.3% 以下的溶液静脉滴注。应用过量或滴注速度过快易引起高钾血症，使用时应注意。

· 树立法律思维、底线思维，不要使用禁用兽药。

· 兽医临床常用的氯化钠制剂有哪些？

· 氯化钠的临床用途有哪些？

· 氯化钾的临床用途有哪些？

二、能量补充药

能量是维持机体生命活动的基本要素,当动物生病出现不吃不喝时就需要补充能量,能量补充药有葡萄糖、ATP、磷酸果糖等,兽医临床使用最多的是葡萄糖。

葡萄糖 葡萄糖具有供给能量、增强肝脏解毒能力、强心利尿、补充水分、扩充血容量等作用。兽医临床常用制剂是葡萄糖注射液与葡萄糖氯化钠注射液,5%葡萄糖等渗溶液用于补充营养和水分,10%葡萄糖溶液用于补充能量、解毒,50%葡萄糖溶液用于提高血液渗透压和利尿等。如果长期单纯补充葡萄糖可以出现低钾血症、低钠血症等电解质紊乱状态,所以应根据病情选择不同的制剂,必要时需配合水和电解质平衡药使用。

三、酸碱平衡调节药

当动物因疾病出现脱水、电解质紊乱等情况时,相应会出现酸碱平衡失调,一般情况通过补水、补充电解质,加上机体自身的代偿调节会得到缓解。当出现高热、缺氧、剧烈腹泻或某些重症疾病,引起酸碱平衡失调时,应给予酸碱平衡调节药,兽医临床常用的酸碱平衡调节药如下。

1. 碳酸氢钠 兽医临床常用制剂有碳酸氢钠片与碳酸氢钠注射液,主要用于酸血症、胃肠卡他及碱化尿液等。大量静脉注射时可引起代谢性碱中毒、低钾血症,易出现心律失常、肌肉痉挛;剂量过大或肾功能不全患畜可出现水肿、肌肉疼痛等症状。应用时应注意控制好剂量,避免与酸性药物混合使用。

2. 乳酸钠 兽医临床常用的制剂是乳酸钠林格注射液,为复方制剂,其主要组成成分为每升中含乳酸钠 3.10 g、氯化钠 6.00 g、氯化钾 0.30 g、氯化钙 0.20 g,主要用于酸血症。水肿患畜及患有肝功能障碍、休克、缺氧或心功能不全的动物慎用。

3. 氯化铵 内服后氯离子与体内氢离子结合形成高度解离的盐酸,以中和体内过量的碱储而纠正代谢性碱中毒,主要用于治疗严重的代谢性碱中毒、酸化尿液等。心力衰竭、肝肾功能不全等患畜禁用。

四、血容量扩充剂

当动物出现大量失血、严重创伤、高热、呕吐、腹泻等,会使机体丢失大量血液、体液,造成血容量不足,严重者可导致休克。迅速扩充血容量是抗休克的基本疗法,兽医临床常用的血容量扩充剂如下。

右旋糖酐 右旋糖酐是葡萄糖的聚合物,兽医临床常用的是中分子和低分子的右旋糖酐,即右旋糖酐 70 与右旋糖酐 40,静脉注射后可在血管内维持血浆胶体渗透压,吸引组织水分而发挥扩容作用,临床主要用于补充和维持血容量,治疗失血、创伤、烧伤及中毒性休克。需注意患有肝肾疾病患畜慎用,有充血性心力衰竭或有出血性疾病的患畜禁用,若出现过敏反应应立即停止使用,并用苯海拉明或肾上腺素解救。

五、利尿药与脱水药

水盐代谢紊乱还会出现与脱水相反的情况,即水肿和腹水,引起水肿和腹水的原因也有很多,比如肝脏、心脏、肾脏等器质性的病变,营养不良,有些严重的感染性疾病也会引起水肿和腹水。兽医临床在治疗此类疾病时除了对因治疗外,还需要缓解症状,排出体内多余的水和盐类离子,就要用到利尿药与脱水药。

利尿药是作用于肾脏,影响电解质及水的排泄,使尿量增加的药物,兽医临床主要用于水肿和腹水的对症治疗。脱水药是指能消除组织水肿的药物,由于此类药物多为低分子物质,多数在体内不被代谢,能增加血浆的渗透压,增加尿量,又称为渗透性利尿药,因其利尿作用不强,故仅用于局部组织水肿如脑水肿、肺水肿等的脱水。

1. 呋塞米 又称呋喃苯氨酸、利尿磺胺、速尿,为排钾利尿药,主要作用于肾脏髓袢升支的髓质部与皮质部,抑制氯离子的主动重吸收和钠离子的被动重吸收,降低肾对尿液的稀释和浓缩功能,排出大量接近于等渗的尿液,由于钠离子排泄增加,使远曲小管的钾离子-钠离子交换加强,导致钾离子排泄增加。兽医临床常用制剂是呋塞米片与呋塞米注射液,用于各种水肿的治疗,改善水肿的症状。不良反应包括诱发低钠血症、低钾血症、低钙血症、低镁血症等,大剂量静脉注射会使犬听觉丧失,还可引起胃肠道功能紊乱、贫血、白细胞减少和衰弱等症状。避免与氨基糖苷类抗生素和糖皮质激素合用。不良反应较多,使用时需谨慎。

- 呋塞米的不良反应有哪些?
- 使用呋塞米时应注意什么问题?

2. 氢氯噻嗪 氢氯噻嗪又称为双氢克尿噻,为中效排钾利尿药,作用和应用同呋塞米,作用效果较呋塞米弱。兽医临床常用制剂是氢氯噻嗪片,用于各种水肿。宜与氯化钾合用,以免发生低钾血症,肝肾功能障碍患者慎用。

- 切记规范用药!

3. 甘露醇 甘露醇为脱水药,内服不被吸收,静脉注射其高渗溶液后,血液渗透压可迅速升高,促使组织间液的水分向血液扩散,产生脱水作用。兽医临床常用制剂是甘露醇注射液,主要用于脑水肿、脑炎的辅助治疗。

4. 山梨醇 山梨醇为甘露醇的同分异构体,其作用较甘露醇弱。兽医临床常用制剂是山梨醇注射液。

小结

水盐调节用氯化钠或氯化钾,补充能量用葡萄糖,扩充血容量用右旋糖酐,酸中毒用碳酸氢钠或乳酸钠,碱中毒用氯化铵,利尿脱水用呋塞米或氢氯噻嗪,渗透脱水用甘露醇或山梨醇。

讨论

当出现电解质紊乱时,何时补氯化钠,何时补氯化钾?

线上评测

扫码在线答题

你知道吗?

脱水与水肿分别有哪些类型?

根据水和电解质丢失的比例不同,脱水可分为等渗性脱水、高渗性脱水、低渗性脱水三种类型。等渗性脱水是水和电解质按比例丢失,细胞外液的渗透压无大的变化的脱水。高渗性脱水是水丢失多,电解质丢失少,渗透压升高的脱水。低渗性脱水是水丢失少,电解质丢失多,渗透压降低的脱水。治疗脱水时,应根据脱水的类型,补充水与电解质,即根据缺什么补什么的道理进行治疗。

根据引起水肿原因的不同,水肿可分为心源性水肿、肝源性水肿、肾性水肿、营养不良性水肿等。在治疗水肿时,利尿药与脱水药仅对症治疗,不能消除疾病的原因,如配合对因治疗,才会取得更好的效果。

兽医临床常用的药物制剂

1. 氯化钠注射液

【性状】 本品为无色的澄明液体。

【主要用途】 本品为体液补充药,用于脱水症。

【用法与剂量】 静脉注射:一次量,马、牛 1000～3000 ml;羊、猪 250～500 ml;犬 100～500 ml。

【不良反应】 ①静脉注射过多、过快,可致水钠潴留,引起水肿、血压升高、心率加快。②过多、过快地给予低渗氯化钠可致溶血、脑水肿等。

【注意事项】 ①肺水肿患畜禁用。②脑、肾、心脏功能不全及血浆蛋白过低患畜慎用。③本品所含有的氯离子浓度比血浆氯离子浓度高,已发生酸中毒的动物如大量应用,可引起高氯性酸中毒,此时可改用碳酸氢钠和生理盐水。

【规格】 ①10 ml:0.09 g;②100 ml:0.9 g;③250 ml:2.25 g;④500 ml:4.5 g;⑤1000 ml:9 g。

2. 复方氯化钠注射液

【性状】 本品为无色的澄明液体。

【主要用途】 本品为体液补充药,用于脱水症。

【用法与剂量】 静脉注射:一次量,马、牛 1000～3000 ml;羊、猪 250～500 ml;犬 100～500 ml。

【不良反应】 ①静脉注射过多、过快,可致水钠潴留,引起水肿、血压升高、心率加快。②过多、过快地给予低渗氯化钠可致溶血、脑水肿等。

【注意事项】 ①肺水肿患畜禁用。②脑、肾、心脏功能不全及血浆蛋白过低患畜慎用。③本品所含有的氯离子浓度比血浆氯离子浓度高,已发生酸中毒的动物如大量应用,可引起高氯性酸中毒,此时可改用碳酸氢钠和生理盐水。

【规格】 ①250 ml;②500 ml;③1000 ml。

3. 浓氯化钠注射液

【性状】 本品为无色的澄明液体。

【主要用途】 本品为胃肠平滑肌兴奋药,用于反刍动物前胃弛缓和马属动物的便秘。

【用法与剂量】 静脉注射:一次量,每千克体重,家畜 0.1 g。

【不良反应】 ①静脉注射过多、过快,可致水钠潴留,引起水肿、血压升高、心率加快。②过量使用可致高钠血症。

【注意事项】 ①肺水肿患畜禁用。②脑、肾、心脏功能不全及血浆蛋白过低患畜慎用。③本品所含有的氯离子浓度比血浆氯离子浓度高,已发生酸中毒的动物如大量应用,可引起高氯性酸中毒,此时可改用碳酸氢钠和生理盐水。

【规格】 ①50 ml:5 g;②100 ml:10 g;③250 ml:25 g。

4. 氯化钾注射液

【性状】 本品为无色的澄明液体。

【主要用途】 本品为体液补充药,主要用于低钾血症,也可用于强心苷中毒引起的阵发性心动过速等。

【用法与剂量】 静脉注射:一次量,马、牛 2～5 g;羊、猪 0.5～1 g。使用时必须用 5%葡萄糖注射液将其稀释成 0.3%以下的溶液。

【不良反应】 静脉注射过多、过快易引起高钾血症。

【注意事项】 ①无尿或血钾过高时禁用。②肾功能严重减退或尿少时慎用。③高浓度溶液或快速静脉注射可能会导致心搏骤停。④脱水病例一般先补不含钾的液体,等排尿后再补钾。

【规格】 10 ml：1 g。

5. 葡萄糖注射液

【性状】 本品为无色或几乎无色的澄明液体。

【主要用途】 本品为体液补充药,5%葡萄糖等渗溶液用于补充营养和水分;50%葡萄糖溶液用于提高血液渗透压和利尿。

【用法与剂量】 静脉注射：一次量,马、牛 50～250 g;羊、猪 10～50 g;犬 5～25 g。

【不良反应】 长期单纯补给葡萄糖可出现低钾血症、低钠血症等电解质紊乱状态。

【注意事项】 高渗注射液应缓慢注射,以免加重心脏负担,且勿漏出血管外。

【规格】 ①20 ml：5 g;②20 ml：10 g;③100 ml：5 g;④100 ml：10 g;⑤250 ml：12.5 g;⑥250 ml：25 g;⑦500 ml：25 g;⑧500 ml：50 g;⑨500 ml：250 g;⑩1000 ml：50 g;⑪1000 ml：100 g。

6. 葡萄糖氯化钠注射液

【性状】 本品为无色的澄明液体。

【主要用途】 本品为体液补充药,用于脱水症。

【用法与剂量】 静脉注射：一次量,马、牛 1000～3000 ml;羊、猪 250～500 ml;犬 100～500 ml。

【不良反应】 静脉注射过多、过快,可致水钠潴留,引起水肿、血压升高、心率加快、胸闷、呼吸困难,甚至急性左心衰竭。

【注意事项】 ①低钾血症患畜慎用。②易致肝、肾功能不全患病动物水钠潴留,应注意控制剂量。

【规格】 ①100 ml：葡萄糖 5 g 与氯化钠 0.9 g;②250 ml：葡萄糖 12.5 g 与氯化钠 2.25 g;③500 ml：葡萄糖 25 g 与氯化钠 4.5 g;④1000 ml：葡萄糖 50 g 与氯化钠 9 g。

7. 碳酸氢钠片

【性状】 本品为白色片。

【主要用途】 本品为酸碱平衡调节药,用于酸血症、胃肠卡他,也用于碱化尿液。

【用法与剂量】 内服：一次量,马 15～60 g;牛 30～100 g;羊 5～10 g;猪 2～5 g;犬 0.5～2 g。

【不良反应】 ①剂量过大或肾功能不全患畜可出现水肿、肌肉疼痛等症状。②内服时可在胃内产生大量的 CO_2,引起胃肠胀气。

【注意事项】 充血性心力衰竭、肾功能不全和水肿或缺钾等患畜慎用。

【规格】 ①0.3 g;②0.5 g。

8. 碳酸氢钠注射液

【性状】 本品为无色的澄明液体。

【主要用途】 本品为酸碱平衡调节药,用于酸血症。

【用法与剂量】 静脉注射：一次量,马、牛 15～30 g;羊、猪 2～6 g;犬 0.5～1.5 g。

【不良反应】 ①大量静脉注射时可引起代谢性碱中毒、低钾血症,易出现心律失常、肌肉痉挛。②剂量过大或肾功能不全患畜可出现水肿、肌肉疼痛等症状。

【注意事项】 ①应避免与酸性药物、复方氯化钠、硫酸镁或盐酸氯丙嗪注射液等混合应用。②对组织有刺激性,静脉注射时勿漏出血管外。③用量要适当,纠正严重酸中毒时,应测定二氧化碳结合力并作为用量依据。④充血性心力衰竭、肾功能不全和水肿或缺钾等患畜慎用。

【规格】 ①10 ml：0.5 g；②250 ml：12.5 g；③500 ml：25 g。

9. 乳酸钠林格注射液

【性状】 本品为无色的澄明液体。

【主要用途】 本品为酸碱平衡调节药,用于酸血症。

【用法与剂量】 静脉注射:一次量,马、牛 200～400 ml；羊、猪 40～60 ml。用时稀释 5 倍。

【注意事项】 ①水肿患畜慎用。②患有肝功能障碍、休克、缺氧或心功能不全的动物慎用。③不宜用生理盐水或其他含氯化钠溶液稀释本品,以免成为高渗溶液。

【规格】 ①20 ml：2.24 g；②50 ml：5.60 g；③100 ml：11.20 g。

10. 右旋糖酐 40 葡萄糖注射液

【性状】 本品为无色、稍带黏性的澄明液体,有时显轻微的乳光。

【主要用途】 本品为血容量补充剂,用于补充和维持血容量,治疗失血、创伤、烧伤及中毒性休克。

【用法与剂量】 静脉注射:一次量,马、牛 500～1000 ml；羊、猪 250～500 ml。

【不良反应】 ①偶见发热、荨麻疹等过敏反应。②增加出血倾向。

【注意事项】 ①静脉注射宜缓慢,用量过大可致出血。如鼻出血、创面渗血、血尿等。有出血倾向的患畜忌用。②充血性心力衰竭或有出血性疾病的患畜禁用。患有肝肾疾病的动物慎用。③发生发热、荨麻疹等过敏反应时,应立即停止注射,必要时注射苯海拉明或肾上腺素解救。④失血量如超过 35% 时应用本品可继发严重贫血,需采用输血疗法。

【规格】 500 ml：30 g 右旋糖酐 40 与 25 g 葡萄糖。

11. 右旋糖酐 40 氯化钠注射液

【性状】 本品为无色、稍带黏性的澄明液体,有时显轻微的乳光。

【主要用途】 本品为血容量补充剂,用于补充和维持血容量,治疗失血、创伤、烧伤及中毒性休克。

【用法与剂量】 静脉注射:一次量,马、牛 500～1000 ml；羊、猪 250～500 ml。

【不良反应】 ①偶见发热、荨麻疹等过敏反应。②增加出血倾向。

【注意事项】 ①充血性心力衰竭或有出血性疾病的患畜禁用。②患有肝肾疾病的动物慎用。③发生发热、荨麻疹等过敏反应时,应立即停止注射,必要时注射苯海拉明或肾上腺素解救。④静脉注射宜缓慢,用量过大可致出血。⑤失血量如超过 35% 时应用本品可继发严重贫血,需采用输血疗法。

【规格】 500 ml：30 g 右旋糖酐 40 与 4.5 g 氯化钠。

12. 右旋糖酐 70 葡萄糖注射液

【性状】 本品为无色、稍带黏性的澄明液体,有时显轻微的乳光。

【主要用途】 本品为血容量补充剂,用于补充和维持血容量,治疗失血、创伤、烧伤及中毒性休克。

【用法与剂量】 静脉注射:一次量,马、牛 500～1000 ml；羊、猪 250～500 ml。

【不良反应】 ①偶见发热、荨麻疹等过敏反应。②增加出血倾向。

【注意事项】 ①充血性心力衰竭或有出血性疾病的患畜禁用。②患有肝肾疾病的动物慎用。③发生发热、荨麻疹等过敏反应时,应立即停止注射,必要时注射苯海拉明或肾上腺素解救。④静脉注射宜缓慢,用量过大可致出血。⑤失血量如超过 35% 时应用本品可继发严重贫血,需采用输血疗法。

【规格】 500 ml：30 g 右旋糖酐 70 与 25 g 葡萄糖。

13. 右旋糖酐 70 氯化钠注射液

【性状】 本品为无色、稍带黏性的澄明液体,有时显轻微的乳光。

【主要用途】 本品为血容量补充剂,用于补充和维持血容量,治疗失血、创伤、烧伤及中毒性休克。

【用法与剂量】 静脉注射:一次量,马、牛 500~1000 ml;羊、猪 250~500 ml。

【不良反应】 ①偶见发热、荨麻疹等过敏反应。②增加出血倾向。

【注意事项】 ①充血性心力衰竭或有出血性疾病的患畜禁用。②患有肝肾疾病的动物慎用。③发生发热、荨麻疹等过敏反应时,应立即停止注射,必要时注射苯海拉明或肾上腺素解救。④静脉注射宜缓慢,用量过大可致出血。⑤失血量如超过 35% 时应用本品可继发严重贫血,需采用输血疗法。

【规格】 500 ml:30 g 右旋糖酐 70 与 4.5 g 氯化钠。

14. 呋塞米片

【性状】 本品为白色片。

【主要用途】 本品为利尿药,用于各种水肿。

【用法与剂量】 内服:一次量,每千克体重,马、牛、羊、猪 2 mg;犬、猫 2.5~5 mg。

【不良反应】 ①可诱发低钠血症、低钾血症、低钙血症与低镁血症等电解质紊乱,另外,脱水动物应用时易出现氮质血症。②还可引起胃肠道功能紊乱、贫血、白细胞减少和衰弱等。

【注意事项】 ①无尿患畜禁用,电解质紊乱或肝损害的患畜慎用。②长期大量用药可出现低钾血症、低钠血症、低钙血症、低镁血症及脱水,应补钾或与保钾性利尿药配伍或交替使用,并定时检测水和电解质平衡状态。③应避免与氨基糖苷类抗生素和糖皮质激素合用。

【规格】 ①20 mg;②50 mg。

15. 呋塞米注射液

【性状】 本品为无色或几乎无色的澄明液体。

【主要用途】 本品为利尿药,用于各种水肿。

【用法与剂量】 肌内、静脉注射:一次量,每千克体重,马、牛、羊、猪 0.5~1 mg;犬、猫 1~5 mg。

【不良反应】 ①可诱发低钠血症、低钾血症、低钙血症与低镁血症等电解质紊乱,另外,脱水动物应用时易出现氮质血症。②大剂量静脉注射可能使犬听觉丧失。③可引起胃肠道功能紊乱、贫血、白细胞减少和衰弱等症状。

【注意事项】 ①无尿患畜禁用,电解质紊乱或肝损害的患畜慎用。②长期大量用药可出现低钾血症、低钠血症、低钙血症、低镁血症及脱水,应补钾或与保钾性利尿药配伍或交替使用,并定时检测水和电解质平衡状态。③应避免与氨基糖苷类抗生素和糖皮质激素合用。

【规格】 ①2 ml:20 mg;②10 ml:100 mg。

16. 甘露醇注射液

【性状】 本品为无色的澄明液体。

【主要用途】 本品为脱水药,用于脑水肿、脑炎的辅助治疗。

【用法与剂量】 静脉注射:一次量,马、牛 1000~2000 ml;羊、猪 100~250 ml。

【不良反应】 ①大剂量或长期应用可引起水和电解质紊乱。②静脉注射过快可能引起心血管反应,如肺水肿及心动过速等。③静脉注射时药物漏出血管可使注射部位水肿,皮肤坏死。

【注意事项】 ①严重脱水、肺充血或肺水肿、充血性心力衰竭以及进行性肾功能衰竭的动物禁用。②脱水动物在治疗前应适当补液。③静脉注射时勿漏出血管,以免引起肿胀和坏死。

【规格】 ①100 ml：20 g；②250 ml：50 g；③500 ml：100 g。

17. 山梨醇注射液

【性状】 本品为无色的澄明液体。

【主要用途】 本品为脱水药，用于脑水肿、脑炎的辅助治疗。

【用法与剂量】 静脉注射：一次量，马、牛 1000～2000 ml；羊、猪 100～250 ml。

【不良反应】 同甘露醇注射液。

【注意事项】 同甘露醇注射液。

【规格】 ①100 ml：25 g；②250 ml：62.5 g；③500 ml：125 g。

任务 26　营养药物的选用

学习目标

▲知识目标

1. 掌握兽医临床常用的矿物元素类药的作用及应用。
2. 掌握兽医临床常用的维生素类药的作用及应用。

▲技能目标

能合理选用矿物元素类药及维生素类药。

▲素质目标与思政目标

1. 树立食品安全意识，培养保障肉食品安全的责任使命。
2. 树立法律思维、底线思维，培养规范使用药物的职业素养。

人用药品当兽药使用的后果！

2021 年 5 月 11 日，大理州动物卫生监督所与鹤庆县动物卫生监督所联合开展养殖环节"双随机、一公开"检查工作，在监督检查时发现某公司兽药房内存放了 9 瓶人用药品——甲硝唑氯化钠注射液（其批准文号：国药准字 H21021754，规格 250 ml：每瓶 0.5 g）。2021 年 5 月 17 日，鹤庆县农业农村局对涉事主体进行立案调查，查实该公司在生猪养殖过程中违规将人用药品甲硝唑氯化钠注射液用于动物。2021 年 5 月 31 日，鹤庆县农业农村局依法对该公司作出行政处罚：罚款人民币 10000.00 元整。

在正常规范科学的饲养管理条件下，一般不会引起动物营养元素的缺乏，但在疾病及饲料质量低下等因素的作用下，会导致动物营养元素缺乏，在治疗过程中需要补充营养元素以增强动物机体的抵抗力。常用的营养药物包括矿物元素类药和维生素类药等，下面分别来介绍，以便临床能合理选用。

一、矿物元素类药

兽医临床常用的矿物元素类药如下。

1. 氯化钙 氯化钙为钙补充药，临床常用的制剂有氯化钙注射液与氯化钙葡萄糖注射液，主要用于低钙血症及毛细血管通透性增加所致的疾病。过量使用可引起高钙血症，静脉注射速度过快可引起低血压、心律失常和心搏骤停，不宜皮下或肌内注射，应用时需注意。

2. 葡萄糖酸钙 葡萄糖酸钙为钙补充药，临床常用制剂是葡萄糖酸钙注射液，用于钙缺乏症及过敏性疾病，也可解除镁离子中毒引起的中枢抑制。静脉注射给药，心脏或肾脏疾病的患畜使用时，可能产生高钙血症，应用时需注意。

3. 硼葡萄糖酸钙 硼葡萄糖酸钙为钙补充药，临床制剂是硼葡萄糖酸钙注射液，静脉注射，用于钙缺乏症。

4. 碳酸钙 碳酸钙为钙补充药，内服给药，用于防治钙缺乏症。

5. 磷酸氢钙 磷酸氢钙为钙、磷补充药，临床使用制剂是磷酸氢钙片，内服给药，有补充钙、磷的作用。

6. 亚硒酸钠 亚硒酸钠为硒补充药，临床常用制剂有亚硒酸钠注射液与亚硒酸钠维生素 E 注射液，肌内注射，主要用于防治幼畜白肌病和雏鸡渗出性素质等。硒毒性较大，过量肌内注射易致动物中毒，中毒时表现为呕吐、呼吸抑制、虚弱、中枢抑制、昏迷等症状，严重可致死亡，应用时需注意。

二、维生素类药

1. 维生素 A 临床常用制剂有维生素 AD 油与维生素 AD 注射液，内服与肌内注射给药，主要用于维生素 A 或维生素 D 缺乏症；局部应用能促进创伤、溃疡愈合。应用时注意补充钙剂，过量使用会引起中毒，需注意。

2. 维生素 D 临床常用制剂有维生素 AD 注射液、维生素 D_2 胶性钙注射液与维生素 D_3 注射液，皮下、肌内注射，主要用于防治维生素 D 缺乏症，如佝偻病、软骨病等。应用时注意补充钙剂，过量使用会引起中毒，需注意。

3. 维生素 E 临床常用制剂有维生素 E 注射液与亚硒酸钠维生素 E 注射液，皮下、肌内注射，主要用于治疗因维生素 E 缺乏所致的不孕症、白肌病等。剂量过大可诱导犬凝血障碍，有过敏现象发生，过量也会引起中毒，应用时需注意。

4. 维生素 K 临床常用的制剂是维生素 K_1 注射液，肌内、静脉注射，用于维生素 K_1 缺乏所致的出血。

5. 维生素 B_1 临床常用的制剂有维生素 B_1 片与维生素 B_1 注射液，片剂为内服，注射液是皮下、肌内注射，主要用于维生素 B_1 缺乏症如多发性神经炎，也可用于胃肠弛缓等。

6. 维生素 B_2 临床常用制剂有维生素 B_2 片与维生素 B_2 注射液，内服或皮下、肌内注射，主要用于维生素 B_2 缺乏症，如口炎、皮炎、角膜炎等。

7. 维生素 B_6 兽医临床常用制剂有维生素 B_6 片与维生素 B_6 注射液，片剂为内服，注射液为皮下、肌内、静脉注射，用于皮炎和周围神经炎等的治疗。与维生素 B_{12} 合用，可促进维生素 B_{12} 的吸收。

8. 维生素 B_{12} 临床常用制剂是维生素 B_{12} 注射液，肌内注射，用于维生素 B_{12} 缺乏所致的贫血、幼畜生长迟缓等。在防治巨幼红细胞贫血症时，与叶酸配合使用可取得更好的效果。

9. 泛酸 即维生素 B_5，又称为遍多酸，临床常用制剂是泛酸钙，内服，主要用于泛酸缺乏症，如厌食、生长缓慢、腹泻、皮毛粗糙及运动失调等。

10. 叶酸 即维生素 B_9，临床常用制剂是叶酸片，内服，主要用于防治因叶酸缺乏而引起的畜禽贫血病。

11. 维生素 C 临床常用制剂是维生素 C 片与维生素 C 注射液，前者内服，后者肌内、静脉注射，主要用于维生素 C 缺乏症及发热、慢性消耗性疾病、感染性疾病等的辅助治疗。

- 既补钙又补磷的药物是哪一种？
- 补硒的药物有哪些？

- 兽医临床常用的补充维生素的药物有哪些？

小结

补钙选用氯化钙、葡萄糖酸钙、硼葡萄糖酸钙、碳酸钙等,磷钙同补选用磷酸氢钙,补硒选用亚硒酸钠。脂溶性维生素 A、D、E、K,水溶性 B 族维生素与维生素 C 等,主要用于防治相应的维生素缺乏症。

讨论

(1) 补钙时需注意哪些问题?
(2) 维生素 C 的作用及应用有哪些?

线上评测

扫码在线答题

你知道吗?

1. 钙缺乏可引起哪些疾病?

幼龄动物缺钙可引起骨软症,成年动物缺钙可引起骨质疏松症,母畜产后缺钙可引起产后瘫痪等。

2. 亚硒酸钠中毒的症状有哪些?

亚硒酸钠具有一定毒性,内服或注射剂量过大可发生急性中毒,主要表现为步履蹒跚、食欲丧失、疝痛、结膜发绀等。中毒初期表现为转圈运动、食欲减退、有时视觉障碍,随后即出现四肢和其他部位肌肉瘫痪,呼吸困难,视力严重减退,最后由于呼吸衰竭而突然死亡。长期饲喂则可引起慢性中毒,慢性中毒的症状为沉郁、消瘦、贫血、失明、关节僵硬、脱毛、新旧蹄匣脱换(连接呈靴状)等慢性中毒症状。尸检病变主要为心、肝受损。

用小量三氧化二砷加大量水内服,能解除硒中毒。饲喂含蛋白质丰富的饲料能减轻硒的毒性。肌内注射二巯丙醇 2.5~5 mg/kg 也能减轻硒的毒性。

▶ 兽医临床常用的药物制剂

1. 氯化钙注射液

【性状】 本品为无色的澄明液体。

【主要用途】 本品为钙补充药,用于低钙血症以及毛细血管通透性增加所致疾病。

【用法与剂量】 静脉注射:一次量,马、牛 5~15 g;羊、猪 1~5 g;犬 0.1~1 g。

【不良反应】 ①可能诱发高钙血症,尤其是心、肾功能不良患畜使用时。②静脉注射速度过快可引起低血压、心律失常和心搏骤停。

【注意事项】 ①应用强心苷类药物期间禁用本品。②本品刺激性强,不宜皮下或肌内注射,其5%的溶液不可直接静脉注射,注射前应以10～20倍葡萄糖注射液稀释。③静脉注射宜缓慢。④勿漏出血管。若发生漏出,受影响局部可注射生理盐水、糖皮质激素和1%普鲁卡因。

【规格】 ①10 ml：0.3 g；②10 ml：0.5 g；③20 ml：0.6 g；④20 ml：1 g。

2. 氯化钙葡萄糖注射液

【性状】 本品为无色的澄明液体。

【主要用途】 本品为钙补充药,用于低钙血症、心力衰竭、荨麻疹、血管神经性水肿和其他毛细血管通透性增加的过敏性疾病。

【用法与剂量】 静脉注射：一次量,马、牛100～300 ml；羊、猪20～100 ml；犬5～10 ml。

【不良反应】 同氯化钙注射液。

【注意事项】 同氯化钙注射液。

【规格】 ①20 ml：氯化钙1 g与葡萄糖5 g；②50 ml：氯化钙2.5 g与葡萄糖12.5 g；③100 ml：氯化钙5 g与葡萄糖25 g。

3. 葡萄糖酸钙注射液

【性状】 本品为无色的澄明液体。

【主要用途】 本品为钙补充药,用于钙缺乏症及过敏性疾病,亦可解除镁离子中毒引起的中枢抑制。

【用法与剂量】 静脉注射：一次量,马、牛20～60 g；羊、猪5～15 g；犬0.5～2 g。

【不良反应】 心脏或肾脏疾病的患畜使用时,可能产生高钙血症。

【注意事项】 本品注射宜缓慢,应用强心苷类药物期间禁用。有刺激性,不宜皮下或者肌内注射。注射液不可漏出血管外,否则会导致疼痛及组织坏死。

【规格】 ①10 ml：1 g；②20 ml：1 g；③50 ml：5 g；④100 ml：10 g；⑤500 ml：50 g。

4. 硼葡萄糖酸钙注射液

【性状】 本品为无色的澄明液体。

【主要用途】 本品为钙补充药,用于钙缺乏症。

【用法与剂量】 静脉注射：一次量,每1000千克体重,牛1 g。

【注意事项】 缓慢注射,禁与强心苷类药物并用。

【规格】 ①100 ml：钙1.5 g；②100 ml：钙2.3 g；③250 ml：钙3.8 g；④250 ml：钙5.7 g；⑤500 ml：钙7.6 g；⑥500 ml：钙11.4 g。

5. 碳酸钙粉

【性状】 本品为白色极细微的结晶性粉末；无臭。

【主要用途】 本品为钙补充药,用于钙缺乏症。

【用法与剂量】 内服：一次量,马、牛30～120 g；羊、猪3～10 g；犬0.5～2 g。

【注意事项】 内服给药对胃肠道有一定的刺激性。

6. 亚硒酸钠注射液

【性状】 本品为无色的澄明液体。

【主要用途】 本品为硒补充药,用于防治幼畜白肌病和雏鸡渗出性素质等。

【用法与剂量】 肌内注射：一次量,马、牛30～50 mg；驹、犊5～8 mg；羔羊、仔猪1～2 mg。

【不良反应】 硒的毒性较大,猪单次内服亚硒酸钠的最小致死剂量为17 mg/kg；羔羊一次内服10 mg亚硒酸钠将引起精神抑制、共济失调、呼吸困难、尿频、发绀、瞳孔散大、臌胀和死亡,病理损伤包括水肿、充血和坏死,可涉及许多系统。

【注意事项】 ①皮下或肌内注射时有局部刺激性。②本品有较强毒性,中毒时表现为呕吐、呼吸抑制、虚弱、中枢抑制、昏迷等症状,严重可致死亡。③补硒的同时可添加维生素E,防治效果更好。

【规格】 ①1 ml∶1 mg;②1 ml∶2 mg;③5 ml∶5 mg;④5 ml∶10 mg。

7. 亚硒酸钠维生素E注射液

【性状】 本品为乳白色乳状液体。

【主要用途】 本品为维生素及硒补充药,用于治疗幼畜白肌病。

【用法与剂量】 肌内注射:一次量,驹、犊 5～8 ml;羔羊、仔猪 1～2 ml。

【不良反应】 硒的毒性较大,猪单次内服亚硒酸钠的最小致死剂量为 17 mg/kg;羔羊一次内服 10 mg 亚硒酸钠将引起精神抑制、共济失调、呼吸困难、尿频、发绀、瞳孔散大、臌胀和死亡,病理损伤包括水肿、充血和坏死,可涉及许多系统。

【注意事项】 ①皮下或肌内注射时有局部刺激性。②硒毒性较大,过量肌内注射易致动物中毒,中毒时表现为呕吐、呼吸抑制、虚弱、中枢抑制、昏迷等症状,严重可致死亡。

【规格】 ①1 ml;②5 ml;③10 ml。

8. 维生素AD油

【性状】 本品为黄色至橙红色的澄清油状液体。

【主要用途】 本品为维生素类药,主要用于维生素A、维生素D缺乏症;局部应用能促进创伤、溃疡愈合。

【用法与剂量】 内服:一次量,马、牛 20～60 ml;羊、猪 10～15 ml;犬 5～10 ml;禽 1～2 ml。

【注意事项】 ①使用时应注意补充钙剂。②维生素A易因补充过量而中毒,中毒时应立即停用本品和钙剂。

【规格】 每克含维生素A 5000单位与维生素D 500单位。

9. 维生素D_3注射液

【性状】 本品为淡黄色的澄明油状液体。

【主要用途】 本品为维生素类药,主要用于防治维生素D缺乏症,如佝偻病、骨软症等。

【用法与剂量】 肌内注射:一次量,每千克体重,家畜1500～3000单位。

【不良反应】 ①过量使用维生素D会直接影响钙和磷的代谢,减少骨的钙化作用,软组织出现异位钙化,以及导致心律失常和神经功能紊乱等症状。②维生素D过多还会间接干扰其他脂溶性维生素的代谢。

【注意事项】 使用时应注意补充钙剂,中毒时应立即停用本品和钙制剂。

【规格】 ①0.5 ml∶3.75 mg(15万单位);②1 ml∶7.5 mg(30万单位);③1 ml∶15 mg(60万单位)。

10. 维生素E注射液

【性状】 本品为淡黄色的澄明油状液体。

【主要用途】 本品为维生素类药,主要用于防治维生素E缺乏所致不孕症、白肌病等。

【用法与剂量】 皮下、肌内注射:一次量,驹、犊 0.5～1.5 g;羔羊、仔猪 0.1～0.5 g;犬 0.03～0.1 g。

【不良反应】 过高剂量可诱导犬凝血障碍。

【注意事项】 ①维生素E和硒同用具有协同作用。②大剂量的维生素E可延迟抗缺铁性贫血药物的治疗效应。③液状石蜡、新霉素能减少本品的吸收。④偶尔会出现流产或早产等,可立即注射肾上腺素或抗组胺药物治疗。⑤注射体积超过 5 ml 时应分点注射。

【规格】 ①1 ml:50 mg;②10 ml:500 mg。

11. 维生素 K_1 注射液

【性状】 本品为黄色的液体。

【主要用途】 本品为维生素类药,主要用于防治维生素 K_1 缺乏所致的出血。

【用法与剂量】 肌内、静脉注射:一次量,每千克体重,犊 1 mg;犬、猫 0.5~2 mg。

【不良反应】 肌内注射可引起局部红肿和疼痛。

【注意事项】 静脉注射宜缓慢。

【规格】 1 ml:10 mg。

12. 维生素 B_1 片

【性状】 本品为白色片。

【主要用途】 本品为维生素类药,主要用于维生素 B_1 缺乏症,如多发性神经炎;也用于胃肠弛缓等。

【用法与剂量】 内服:一次量,马、牛 100~500 mg;羊、猪 25~50 mg;犬 10~50 mg;猫 5~30 mg。

【注意事项】 ①吡啶硫胺素、氨丙啉是维生素 B_1 的拮抗物,饲料中此类物质添加过多会引起维生素 B_1 缺乏。②与其他 B 族维生素和维生素 C 合用,可对代谢发挥综合作用。

【规格】 ①10 mg;②50 mg。

13. 维生素 B_1 注射液

【性状】 本品为无色的澄明液体。

【主要用途】 本品为维生素类药,主要用于维生素 B_1 缺乏症,如多发性神经炎;也用于胃肠弛缓等。

【用法与剂量】 皮下、肌内注射:一次量,马、牛 100~500 mg;羊、猪 25~50 mg;犬 10~50 mg;猫 5~15 mg。

【不良反应】 注射时偶见过敏反应,甚至休克。

【注意事项】 ①吡啶硫胺素、氨丙啉是维生素 B_1 的拮抗物,饲料中此类物质添加过多会引起维生素 B_1 缺乏。②与其他 B 族维生素和维生素 C 合用,可对代谢发挥综合作用。

【规格】 ①1 ml:10 mg;②1 ml:25 mg;③2 ml:0.1 g;④10 ml:0.25 g。

14. 维生素 B_2 片

【性状】 本品为黄色至橙黄色片。

【主要用途】 本品为维生素类药,主要用于维生素 B_2 缺乏症,如口炎、皮炎、角膜炎等。

【用法与剂量】 内服:一次量,马、牛 100~150 mg;羊、猪 20~30 mg;犬 10~20 mg;猫 5~10 mg。

【注意事项】 动物内服本品后,尿液呈黄色。

【规格】 ①5 mg;②10 mg。

15. 维生素 B_2 注射液

【性状】 本品为橙黄色的澄明液体。

【主要用途】 本品为维生素类药,主要用于维生素 B_2 缺乏症,如口炎、皮炎、角膜炎等。

【用法与剂量】 皮下、肌内注射:一次量,马、牛 100~150 mg;羊、猪 20~30 mg;犬

10~20 mg;猫 5~10 mg。

【注意事项】 动物注射本品后,尿液呈黄色。

【规格】 ①2 ml：10 mg;②5 ml：25 mg;③10 ml：50 mg。

16. 维生素 B_6 片

【性状】 本品为白色片。

【主要用途】 本品为维生素类药,用于皮炎和周围神经炎等。

【用法与剂量】 内服:一次量,马、牛 3~5 g;羊、猪 0.5~1 g;犬 0.02~0.08 g。

【注意事项】 与维生素 B_{12} 合用,可促进维生素 B_{12} 的吸收。

【规格】 10 mg。

17. 维生素 B_6 注射液

【性状】 本品为无色至淡黄色的澄明液体。

【主要用途】 本品为维生素类药,用于皮炎和周围神经炎等。

【用法与剂量】 皮下、肌内或静脉注射:一次量,马、牛 3~5 g;羊、猪 0.5~1 g;犬 0.02~0.08 g。

【注意事项】 与维生素 B_{12} 合用,可促进维生素 B_{12} 的吸收。

【规格】 ①1 ml：25 mg;②1 ml：50 mg;③2 ml：100 mg;④10 ml：500 mg;⑤10 ml：1 g。

18. 维生素 B_{12} 注射液

【性状】 本品为粉红色至红色的澄明液体。

【主要用途】 本品为维生素类药,用于维生素 B_{12} 缺乏所致的贫血、幼畜生长迟缓等。

【用法与剂量】 肌内注射:一次量,马、牛 1~2 mg;羊、猪 0.3~0.4 mg;犬、猫 0.1 mg。

【不良反应】 肌内注射偶可引起皮疹、瘙痒、腹泻以及过敏性哮喘。

【注意事项】 在防治巨幼红细胞贫血时,本品与叶酸配合应用可取得更好的效果。

【规格】 ①1 ml：0.05 mg;②1 ml：0.1 mg;③1 ml：0.25 mg;④1 ml：0.5 mg;⑤1 ml：1 mg。

19. 维生素 C 片

【性状】 本品为白色至略带淡黄色片。

【主要用途】 本品为维生素类药,主要用于维生素 C 缺乏症、发热、慢性消耗性疾病等。

【用法与剂量】 内服:一次量,马 1~3 g;猪 0.2~0.5 g;犬 0.1~0.5 g。

【不良反应】 给予高剂量时,尿酸盐、草酸盐或胱氨酸结晶形成的风险增加。

【注意事项】 ①与水杨酸类和巴比妥类药物合用能增加维生素 C 的排泄。②与维生素 K_3、维生素 B_2、碱性药物和铁离子等溶液配伍,可影响药效,不宜配伍。③可破坏饲料中的维生素 B_{12},并与饲料中的铜离子、锌离子发生络合,阻断其吸收。④大剂量应用时可酸化尿液,使某些有机碱类药物排泄增加,并减弱氨基糖苷类药物的抗菌作用。⑤因在瘤胃内易被破坏,反刍动物不宜内服。

【规格】 100 mg。

20. 维生素 C 注射液

【性状】 本品为无色至微黄色的澄明液体。

【主要用途】 本品为维生素类药,主要用于维生素 C 缺乏症、发热、慢性消耗性疾病等。

【用法与剂量】 肌内、静脉注射:一次量,马 1~3 g;牛 2~4 g;羊、猪 0.2~0.5 g;犬 0.02~0.1 g。

【不良反应】 大剂量应用时,可增加尿酸盐、草酸盐或胱氨酸结晶形成的风险。

【注意事项】 ①与水杨酸类和巴比妥类药物合用能增加维生素C的排泄。②与维生素K_3、维生素B_2、碱性药物和铁离子等溶液配伍,可影响药效,不宜配伍。③大剂量应用时可酸化尿液,使某些有机碱类药物排泄增加。④对氨基糖苷类、β-内酰胺类、四环素类等多种抗生素具有不同程度的灭活作用,因此不宜与这些抗生素混合注射。

【规格】 ①2 ml:0.1 g;②2 ml:0.25 g;③5 ml:0.5 g;④10 ml:0.5 g;⑤10 ml:1 g;⑥20 ml:2.5 g。

任务27 糖皮质激素类药的选用

> **学习目标**
>
> ▲知识目标
> 1. 掌握糖皮质激素类药的药理作用。
> 2. 掌握糖皮质激素类药的临床应用、不良反应及注意事项。
> 3. 掌握兽医临床常用糖皮质激素类药的作用及应用。
>
> ▲技能目标
> 能合理选用糖皮质激素类药。
>
> ▲素质目标与思政目标
> 1. 培养规范用药、合理用药的职业素养。
> 2. 培养爱岗敬业的责任心。

扫码学课件

扫码看视频

肾上腺皮质具有分泌多种激素的功能,其分泌的激素称为肾上腺皮质激素,简称为皮质激素。皮质激素依据其生理功能分为糖皮质激素、盐皮质激素与氮皮质激素,在临床具有重要药理学意义的是糖皮质激素。下面介绍糖皮质激素类药的药理作用、临床应用及常用药物,以便能合理选用。

一、糖皮质激素类药的药理作用

糖皮质激素类药在治疗剂量下,可表现出良好的抗炎、抗过敏、抗毒素、抗休克等作用。

(1) 抗炎作用:可以表现在炎症的全过程,可以减轻或防止急性炎症期的炎症渗出、水肿和炎症细胞浸润,也可以减轻和防止炎症后期的纤维化、粘连及瘢痕形成。

(2) 抗过敏作用:也称免疫抑制作用,可以对免疫反应过程的多个环节进行抑制,如可抑制巨噬细胞吞噬和处理抗原,以及生成和分泌白介素,从而改善过敏症状。

(3) 抗毒素作用:主要是可以提高机体对内毒素的抗损伤反应,减轻细胞的损伤,降高热等。

(4) 抗休克作用:主要是通过稳定生物膜及保护心血管系统,增强机体对各种休克的抵抗力。

糖皮质激素类药在发挥上述药理作用的同时,也可对代谢产生影响,如升高血糖浓度、促进肝糖原形成、增加蛋白质分解、抑制蛋白质合成;也可促进脂肪的分解,但过量可导致脂肪重新分配,形成"向心性肥胖"。大剂量糖皮质激素还可增加钠的重吸收和钾、钙、磷的排出,长期使用可导致水、钠潴留而引起水肿、骨质疏松等。

· 糖皮质激素类药的药理作用有哪些?

二、糖皮质激素类药的临床应用

临床主要用于治疗雌性动物的代谢病,如牛酮血症及羊妊娠毒血症,治疗严重的感染性疾病、关节疾病、皮肤疾病、眼与耳科疾病及休克等,还可用于引产及预防手术后遗症。

三、糖皮质激素类药的不良反应及注意事项

长期使用糖皮质激素类药易导致细菌入侵或原有局部感染扩散,甚至引起二重感染;也会引起伤口愈合延迟、骨质疏松、肌肉萎缩无力、低钾血症、水肿、幼龄动物生长抑制等;长期使用后突然停药,会出现肾上腺功能不全,表现为发热、软弱无力、精神沉郁、食欲不振、血糖和血压下降等。

治疗感染性疾病时需配合有效的抗菌药物,防止感染扩散;治疗关节疾病时,应小剂量使用;禁用于原因不明的传染病、糖尿病、角膜溃疡、骨软化及骨质疏松症,不得用于骨折治疗期、妊娠期、疫苗接种期、结核菌素或鼻疽菌素诊断期,肾功能衰竭、胰腺炎、消化性溃疡和癫痫等患畜应慎用。另外禁用于病毒性感染和缺乏有效抗菌药物治疗的细菌感染。

四、兽医临床常用的药物

1. 氢化可的松 临床使用的制剂是氢化可的松注射液,静脉注射,用于炎症性疾病、过敏性疾病、牛酮血症和羊妊娠毒血症等。有较强的水钠潴留和排钾作用。

2. 醋酸可的松 临床使用的制剂是醋酸可的松注射液,肌内注射,用于炎症性疾病、过敏性疾病、牛酮血症和羊妊娠毒血症等。

3. 醋酸氢化可的松 临床使用制剂有醋酸氢化可的松注射液与醋酸氢化可的松滴眼液,注射液肌内注射用于炎症性疾病、过敏性疾病、牛酮血症和羊妊娠毒血症等;滴眼液用于角膜炎、虹膜炎、巩膜炎等。

4. 醋酸泼尼松 醋酸泼尼松又称强的松、去氢可的松,临床使用的制剂有醋酸泼尼松片与醋酸泼尼松眼膏,片剂内服用于炎症性疾病、过敏性疾病、牛酮血症和羊妊娠毒血症等;眼膏主要用于角膜炎、虹膜炎、巩膜炎等。

5. 地塞米松 地塞米松又称氟美松,临床常用制剂是地塞米松磷酸钠注射液,肌内或静脉注射,用于炎症性疾病、过敏性疾病、牛酮血症和羊妊娠毒血症等,也可用于雌性动物的同期分娩(马除外)。

6. 醋酸地塞米松 临床常用制剂是醋酸地塞米松片,内服,用于炎症性疾病、过敏性疾病、牛酮血症和羊妊娠毒血症等,也可用于雌性动物的同期分娩。

7. 倍他米松 临床常用制剂是倍他米松片,内服,用于炎症性疾病、过敏性疾病等的治疗。

8. 醋酸氟轻松 醋酸氟轻松又称为氟轻松,临床常用制剂是醋酸氟轻松乳膏,外用,用于过敏性皮炎等的治疗。

小结

兽医临床常用的糖皮质激素品种多,但用途基本一样,主要用于炎症性疾病、过敏性疾病、牛酮血症、羊妊娠毒血症等。有的内服,有的肌内注射,有的静脉注射,有的肌内、静脉注射均可,有的外用,临床应根据不同疾病及病情选择药物。注意治疗炎症性疾病时,要弄清楚炎症的原因,若是细菌感染,需配伍有效的抗菌药物,病毒感染时禁用。

讨论

糖皮质激素类药的不良反应有哪些？

线上评测

扫码在线答题

 你知道吗？

1. 你知道促皮质激素的作用与应用吗？

促皮质激素（ACTH，促肾上腺皮质激素），为白色或淡黄色粉末，从牛、羊、猪脑垂体前叶提取获得。通过促进肾上腺皮质分泌激素而发挥可的松类激素的作用，但有明显的水钠潴留的副作用。主要用于促进肾上腺皮质功能的恢复。

临床使用的制剂是注射用促皮质激素，规格包括 25 单位、50 单位、100 单位。肌内注射一次量：犬 5～10 单位，猪、羊 20～40 单位，牛 30～200 单位，马 100～400 单位（用 5% 葡萄糖溶液稀释后静脉滴注），1 日 2～3 次，静脉注射量减半。

2. 你知道肾上腺皮质的结构与功能吗？

肾上腺皮质由束状带、球状带和网状带三部分构成，具有分泌多种激素的功能，其分泌的激素称为肾上腺皮质激素，简称为皮质激素。皮质激素依据其生理功能可分为三类：①糖皮质激素，由肾上腺皮质的束状带细胞合成、分泌，以氢化可的松为代表，其生理水平对糖代谢的作用强，对钠、钾等矿物质代谢的作用较弱。在治疗剂量下，表现出良好的抗炎、抗过敏、抗毒素、抗休克等作用，具有重要的药理学意义。②盐皮质激素，由肾上腺皮质的球状带细胞分泌，以醛固酮为代表，其生理水平用于调节水盐代谢，特别是对钠、钾等的作用较强。在治疗剂量下，仅作为肾上腺皮质功能不全的替代治疗，在兽医临床上实用价值不大。③氮皮质激素，由肾上腺皮质的网状带细胞分泌，以雌二醇和睾酮为代表，氮皮质激素的生理功能弱，临床意义不大。

▶ 兽医临床常用的药物制剂

1. 氢化可的松注射液

【性状】 本品为无色的澄明液体。

【主要用途】 本品为糖皮质激素类药，有抗炎、抗过敏和影响代谢等作用，用于炎症性疾病、过敏性疾病、牛酮血病和羊妊娠毒血症等。

【用法与剂量】 静脉注射：一次量，马、牛 0.2～0.5 g；羊、猪 0.02～0.08 g。

【不良反应】 ①诱发或加重感染。②诱发或加重溃疡病。③骨质疏松、肌肉萎缩、伤口愈合延缓。④有较强的水钠潴留和排钾作用。

【注意事项】 ①严重肝功能不良、骨软化及骨质疏松症、骨折治疗期、创伤修复期、疫苗接种期动物禁用。②妊娠后期大剂量使用可引起流产,因此妊娠早期及后期母畜禁用。③严格掌握适应证,防止滥用。④用于严重的急性细菌感染时应与足量有效的抗菌药物合用。⑤大剂量可增加钠的重吸收及钾、钙和磷的排出,长期使用可致水肿、骨质疏松等。⑥长期用药不能突然停药,应逐渐减量,直至停药。

【规格】 ①2 ml∶10 mg;②5 ml∶25 mg;③20 ml∶100 mg。

2. 醋酸可的松注射液

【性状】 本品为微细颗粒的混悬液,静置后微细颗粒下沉,振摇后呈均匀的乳白色混悬液。

【主要用途】 本品为糖皮质激素类药,有抗炎、抗过敏和影响代谢等作用,用于炎症性疾病、过敏性疾病、牛酮血病和羊妊娠毒血症等。

【用法与剂量】 肌内注射:一次量,马、牛 250～750 mg;羊 12.5～25 mg;猪 50～100 mg;犬 25～100 mg。滑囊、腱鞘或关节囊内注射:一次量,马、牛 50～250 mg。

【不良反应】 ①有较强的水钠潴留和排钾作用。②有较强的免疫抑制作用。③妊娠后期大剂量使用可引起流产。④大剂量或长期用药易引起肾上腺皮质功能减退。

【注意事项】 ①妊娠早期及后期母畜禁用。②禁用于骨质疏松和疫苗接种期。③严重肝功能不良、骨折治疗期、创伤修复期、疫苗接种期动物禁用。④急性细菌感染时,应与足量有效的抗菌药物的配伍使用。⑤长期用药不能突然停药,应逐渐减量,直至停药。

【规格】 10 ml∶0.25 g。

3. 醋酸地塞米松片

【性状】 本品为白色片。

【主要用途】 本品为糖皮质激素类药,有抗炎、抗过敏和影响代谢等作用,用于炎症性疾病、过敏性疾病、牛酮血病和羊妊娠毒血症等。

【用法与剂量】 内服:一次量,马、牛 5～20 mg;犬、猫 0.5～2 mg。

【不良反应】 ①有较强的水钠潴留和排钾作用。②有较强的免疫抑制作用。③妊娠后期大剂量使用可引起流产。④大剂量或长期用药易引起肾上腺皮质功能减退。

【注意事项】 ①禁用于骨质疏松和疫苗接种期。②急性细菌感染时,应与足量有效的抗菌药物配伍使用。③易引起孕畜早产。

【规格】 0.75 mg。

4. 醋酸泼尼松片

【性状】 本品为白色片。

【主要用途】 本品为糖皮质激素类药,有抗炎、抗过敏和影响代谢等作用,用于炎症性疾病、过敏性疾病、牛酮血病和羊妊娠毒血症等。

【用法与剂量】 内服:一次量,马、牛 100～300 mg;羊、猪 10～20 mg;每千克体重,犬、猫 0.5～2 mg。

【不良反应】 ①有较强的水钠潴留和排钾作用。②有较强的免疫抑制作用。③妊娠后期大剂量使用可引起流产。④大剂量或长期用药易引起肾上腺皮质功能减退。

【注意事项】 ①妊娠早期及后期母畜禁用。②禁用于骨质疏松和疫苗接种期。③严重肝功能不良、骨折治疗期、创伤修复期、疫苗接种期动物禁用。④急性细菌感染时,应与足量有效的抗菌药物配伍使用。⑤长期用药不能突然停药,应逐渐减量,直至停药。

【休药期】 0 日。

【规格】 5 mg。

5. 醋酸泼尼松眼膏

【性状】 本品为淡黄色软膏。

【主要用途】 本品为糖皮质激素类药,用于结膜炎、虹膜炎、角膜炎和巩膜炎等。

【用法与剂量】 眼部外用:一日2~3次。

【注意事项】 ①角膜溃疡禁用。②眼部细菌感染时,应与抗菌药物配伍使用。

【规格】 0.5%。

6. 醋酸氟轻松乳膏

【性状】 本品为白色乳膏。

【主要用途】 本品为糖皮质激素类药,用于过敏性皮炎等。

【用法与剂量】 外用:涂患处,适量。

【注意事项】 局部细菌感染时,应与抗菌药物配伍使用。

【规格】 ①10 g∶2.5 mg;②20 g∶5 mg。

7. 醋酸氢化可的松注射液

【性状】 本品为微细颗粒的混悬液,静置后微细颗粒下沉,振摇后呈均匀的乳白色混悬液。

【主要用途】 本品为糖皮质激素类药,有抗炎、抗过敏和影响代谢等作用,用于炎症性疾病、过敏性疾病、牛酮血病和羊妊娠毒血症等。

【用法与剂量】 肌内注射:一次量,马、牛250~750 mg;羊12.5~25 mg;猪50~100 mg;犬25~100 mg。滑囊、腱鞘或关节囊内注射:一次量,马、牛50~250 mg。

【不良反应】 ①有较强的水钠潴留和排钾作用。②有较强的免疫抑制作用。③妊娠后期大剂量使用可引起流产。④大剂量或长期用药易引起肾上腺皮质功能减退。

【注意事项】 ①妊娠早期及后期母畜禁用。②禁用于骨质疏松和疫苗接种期。③严重肝功能不良、骨折治疗期、创伤修复期、疫苗接种期动物禁用。④急性细菌感染时,应与抗菌药物配伍使用。⑤长期用药不能突然停药,应逐渐减量,直至停药。

【规格】 5 ml∶125 mg。

8. 醋酸氢化可的松滴眼液

【性状】 本品为微细颗粒的混悬液,静置后微细颗粒下沉,振摇后呈均匀的乳白色混悬液。

【主要用途】 本品为糖皮质激素类药,用于结膜炎、虹膜炎、角膜炎和巩膜炎等。

【用法与剂量】 滴眼。

【注意事项】 ①角膜溃疡禁用。②眼部细菌感染时,应与抗菌药物配伍使用。

【规格】 3 ml∶15 mg。

9. 地塞米松磷酸钠注射液

【性状】 本品为无色的澄明液体。

【主要用途】 本品为糖皮质激素类药,有抗炎、抗过敏和影响代谢等作用,用于炎症性疾病、过敏性疾病、牛酮血病和羊妊娠毒血症等。

【用法与剂量】 肌内、静脉注射:一日量,马2.5~5 mg;牛5~20 mg;羊、猪4~12 mg;犬、猫0.125~1 mg。

【不良反应】 ①有较强的水钠潴留和排钾作用。②有较强的免疫抑制作用。③妊娠后期大剂量使用可引起流产。④可导致犬迟钝、被毛干燥、体重增加、喘息、呕吐、腹泻、胰腺炎、消化性溃疡、高脂血症,引发或加剧糖尿病、肌肉萎缩、行为改变(沉郁、昏睡、富于攻击),可能需要终止给药。⑤猫偶尔可见多饮、多食、多尿、体重增加、腹泻或精神沉郁。长期大剂量给药可导致皮质激素分泌紊乱。

【注意事项】 ①妊娠早期及后期母畜禁用。②严格掌握适应证,防止滥用。③严肝功能不良、骨软化及骨质疏松症、骨折治疗期、创伤修复期、疫苗接种期动物禁用。④急性细菌感染时,应与抗菌药物配伍使用。⑤长期用药不能突然停药,应逐渐减量,直至停药。

【休药期】 牛、羊、猪21日;弃奶期3日。

【规格】 ①1 ml∶1 mg;②1 ml∶2 mg;③1 ml∶5 mg;④5 ml∶2 mg;⑤5 ml∶5 mg。

10. 倍他米松片

【性状】 本品为白色片。

【主要用途】 本品为糖皮质激素类药,有抗炎、抗过敏和影响代谢等作用,用于炎症性疾病、过敏性疾病等的治疗。

【用法与剂量】 内服:一次量,犬、猫0.25～1 mg。

【不良反应】 同地塞米松磷酸钠注射液。

【注意事项】 同地塞米松磷酸钠注射液。

【规格】 0.5 mg。

任务28　特异性解毒药的选用

扫码学课件

扫码看视频

学习目标

▲知识目标
1. 掌握兽医临床常用的有机磷中毒的特异性解毒药物的作用及应用。
2. 掌握兽医临床常用的亚硝酸盐中毒的特异性解毒药物的作用及应用。
3. 掌握兽医临床常用的氰化物中毒的特异性解毒药物的作用及应用。
4. 掌握兽医临床常用的有机氟中毒的特异性解毒药物的作用及应用。

▲技能目标
能合理选用碘解磷定、亚甲蓝、亚硝酸钠、硫代硫酸钠、乙酰胺。

▲素质目标与思政目标
1. 培养规范用药、科学用药的职业素养。
2. 培养辨证思维及辨证施治的理念。

· 分析案例中中毒的原因及解毒的措施。

案例导入

肌内注射亚甲蓝,局部肿包!

某兽医发现自家饲养的40 kg育肥猪因拱食烂包菜叶而全身发绀,并表现出呼吸急促的症状,于是颈部肌内注射亚甲蓝5 ml,第二天发现注射部位出现肿包,1周后仍没有消失,你知道原因吗?请分析。

解毒药是用于解救中毒的药物,根据其作用特点及疗效分为非特异性解毒药和特异性解毒药。非特异性解毒药是针对任何中毒都可以使用的药物,如催吐剂、吸附剂、泻药、利尿药等;特异性解毒药是指可特异性地对抗或阻断某毒物的毒性作用或效应而起解毒作用的药物,由于其特异性强,如能及时应用,解毒效果好,在临床起着重要作用,下面介绍临床常用的几种特异性解毒药,以便合理选用。

一、有机磷中毒的特异性解毒药

碘解磷定 碘解磷定又称为派姆(PAM),为胆碱酯酶复活剂,兽医临床使用的制剂是碘解磷定注射液,静脉注射,能活化被抑制的胆碱酯酶,主要用于有机磷中毒。

解毒机制:碘解磷定具有强大的亲磷酸酯作用,能与游离的及已与胆碱酯酶结合的有机磷酸根离子相结合,使胆碱酯酶复活而达到解毒作用。但对中毒过久,已经"老化"的磷酸化胆碱酯酶则几乎无复活作用,故使用越早效果越好。

本品注射速度过快可引起呕吐、心率加快和共济失调。大剂量或注射速度过快还可引起血压波动、呼吸抑制。禁止与碱性药物配伍,因本品在碱性溶液中易被分解。本品与阿托品(生理阻断剂)有协同作用,与阿托品联合运用时,可适当减少阿托品剂量。

- 有机磷中毒的特异性解毒药在用时应注意什么问题?

二、亚硝酸盐中毒的特异性解毒药

亚甲蓝 临床常用制剂是亚甲蓝注射液,静脉注射,主要用于亚硝酸盐中毒。

解毒机制:亚甲蓝能使高铁血红蛋白还原为低铁血红蛋白,恢复其运氧能力,解除组织缺氧的中毒症状。

静脉注射过快可引起呕吐、呼吸困难、血压降低、心率加快和心律失常;用药后尿液呈蓝色,有时可产生尿路刺激症状。本品刺激性强,禁止皮下或肌内注射(可引起组织坏死);不可与其他药物混合注射;小剂量可解亚硝酸盐中毒,大剂量可解氰化物中毒。

案例中在注射局部出现肿包的原因是因为注射方法错误,应该静脉注射,不能皮下或肌内注射。如果在使用前养成良好的习惯,认真阅读使用说明书,相信就不会出现这种不该出现的错误。

- 使用亚甲蓝解救亚硝酸盐中毒时应注意什么问题?
- 亚甲蓝可以解救氰化物中毒吗?
- 养成规范用药、科学用药的良好的用药习惯很重要!

三、氰化物中毒的特异性解毒药

1. 亚硝酸钠 兽医临床使用的制剂是亚硝酸钠注射液,静脉注射,能使血红蛋白氧化为高铁血红蛋白而与氰基结合,主要用于解救氰化物中毒。

不良反应:本品有扩张血管作用,注射速度过快时,可导致血压降低、心动过速、出汗、休克、抽搐;用量过大时可因形成过多的高铁血红蛋白,而出现发绀、呼吸困难等亚硝酸盐中毒的缺氧症状。

使用时需注意:本品仅能暂时性地延迟氰化物对机体的毒性,治疗氰化物中毒时,静脉注射亚硝酸钠数分钟后,应立即使用硫代硫酸钠解救;密切注意血压变化,避免引起血压下降;注射中若出现严重的不良反应,应立即停止给药;因使用过量引起的高铁血红蛋白血症,可用小剂量亚甲蓝解救。

2. 硫代硫酸钠 兽医临床使用的制剂是硫代硫酸钠注射液,静脉或肌内注射,主要用于解救氰化物中毒,也可用于砷、汞、铅、铋、碘等中毒。本品解毒作用起效较慢,解救氰化物中毒时,应先静脉注射亚硝酸钠,再缓慢注射本品,但不能将两种药液混合静脉注射;对内服中毒动物,还可使用本品的5%溶液洗胃,并于洗胃后保留适量溶液于胃中。

- 亚硝酸钠的作用及应用有哪些?
- 用药后注意观察!
- 注意观察,辨证施治!

四、有机氟中毒的特异性解毒药

乙酰胺 兽医临床常用制剂是乙酰胺注射液,静脉或肌内注射,主要用于氟乙酰胺等有机氟中毒。本品酸性较强,肌内注射可引起局部疼痛。为减轻局部疼痛,肌内注射时可配合使用适量盐酸普鲁卡因注射液。

- 解救有机氟中毒的药物是什么?

小结

有机磷中毒选用碘解磷定;亚硝酸盐中毒选用亚甲蓝;氰化物中毒先用亚硝酸钠,再用硫代硫酸钠;有机氟中毒选用乙酰胺。

讨论

(1) 有机磷中毒的解救措施。
(2) 氰化物中毒的解救措施。

 线上评测

扫码在线答题

你知道吗？

1. 硫酸铜溶液的解毒作用与应用有哪些？

硫酸铜为蓝色结晶或粉末，有风化性，易溶于水，用于解救毒鼠药磷化锌中毒。硫酸铜能与误服入胃中的磷化锌生成的磷化氢结合形成无毒的磷酸铜。

临床使用制剂是硫酸铜水溶液（0.2%～0.5%）。使用前先用0.1%高锰酸钾水溶液洗胃，然后灌服硫酸铜溶液（鸡10～30 ml），并结合对症治疗。

2. 硫酸阿托品与碘解磷定的解毒特点是什么？

硫酸阿托品能通过阻断M受体和骨骼肌N受体而对抗有机磷中毒的M样症状和N样症状。

碘解磷定为胆碱酯酶复活剂，能恢复胆碱酯酶活性，恢复该酶对乙酰胆碱的水解作用而发挥解毒效力。碘解磷定对于对硫磷（1605）、乙硫磷、内吸磷（1059）的急性中毒疗效较好；但对敌敌畏、乐果、敌百虫、马拉硫磷中毒的疗效差。

有机磷中毒时使用硫酸阿托品注射通常有效，严重中毒的病例可配合注射碘解磷定，可按病情多次用药。

3. 二巯丙磺钠注射液的作用及应用有哪些？

二巯丙磺钠注射液主要用于砷、汞中毒的解毒，也用于铋、锑中毒的解毒，比二巯丙醇（BAL）的作用较强而毒性小。静脉或肌内注射一次量，每千克体重：牛、马5～8 mg，猪、羊7～10 mg。每隔4～6小时注射1次，第三日后1日注射2次。

兽医临床常用的药物制剂

1. 碘解磷定注射液

【性状】 本品为无色或几乎无色的澄明液体。

【主要用途】 本品为解毒药，能活化被抑制的胆碱酯酶。用于有机磷中毒。

【用法与剂量】 静脉注射：一次量，每千克体重，家畜15～30 mg。

【不良反应】 本品注射速度过快可引起呕吐、心率加快和共济失调。大剂量或注射速度过快还可引起血压波动、呼吸抑制。

【注意事项】 ①禁与碱性药物配伍。②有机磷内服中毒的动物先以2.5%碳酸氢钠溶液彻底洗胃（敌百虫除外）；由于消化道后部也可吸收有机磷，故应用本品维持48～72

小时,以防延迟吸收的有机磷加重中毒程度,甚至致死。③用药过程中定时测定血液胆碱酯酶水平,并将其作为用药监护指标。血液胆碱酯酶应维持在50%以上。必要时应及时重复应用本品。④本品与阿托品有协同作用,与阿托品联合应用时,可适当减少阿托品剂量。

【休药期】 牛、羊、猪21日;弃奶期3日。

【规格】 ①10 ml：0.25 g;②20 ml：0.5 g。

2. 亚甲蓝注射液

【性状】 本品为深蓝色的澄明液体。

【主要用途】 本品为解毒药,用于亚硝酸盐中毒。

【用法与剂量】 静脉注射:一次量,每千克体重,家畜1~2 mg。

【不良反应】 ①静脉注射过快可引起呕吐、呼吸困难、血压降低、心率加快和心律失常。②用药后尿液呈蓝色,有时可产生尿路刺激症状。

【注意事项】 ①本品刺激性强,禁止皮下或肌内注射(可引起组织坏死)。②由于亚甲蓝溶液与多种药物有配伍禁忌,因此不得将本品与其他药物混合注射。

【规格】 ①2 ml：20 mg;②5 ml：50 mg;③10 ml：100 mg。

3. 亚硝酸钠注射液

【性状】 本品为无色至微黄色的澄明液体。

【主要用途】 本品为解毒药,用于解救氰化物中毒。

【用法与剂量】 静脉注射:一次量,马、牛2 g;羊、猪0.1~0.2 g。

【不良反应】 ①本品有扩张血管作用,注射速度过快时,可导致血压降低、心动过速、出汗、休克、抽搐。②用量过大时可因形成过多的高铁血红蛋白,而出现发绀、呼吸困难等亚硝酸盐中毒的缺氧症状。

【注意事项】 ①治疗氰化物中毒时,宜与硫代硫酸钠合用。②应密切注意血压变化,避免引起血压下降。③注射中若出现严重的不良反应,应立即停止给药,因使用过量引起的中毒,可用亚甲蓝解救。④马属动物慎用。

【规格】 10 ml：0.3 g。

4. 硫代硫酸钠注射液

【性状】 本品为无色的澄明液体。

【主要用途】 本品为解毒药,用于解救氰化物中毒,也可用于砷、汞、铅、铋、碘等中毒。

【用法与剂量】 静脉、肌内注射:一次量,马、牛5~10 g;羊、猪1~3 g;犬、猫1~2 g。

【注意事项】 ①本品解毒作用产生较慢,应先静脉注射亚硝酸钠再缓慢注射本品,但不能将两种药液混合静脉注射。②对内服中毒动物,还应使用本品的5%溶液洗胃,并于洗胃后保留适量溶液于胃中。

【规格】 ①10 ml：0.5 g;②20 ml：1 g;③20 ml：10 g。

5. 乙酰胺注射液

【性状】 本品为无色的澄明液体。

【主要用途】 本品为解毒药,用于解救氟乙酰胺等有机氟中毒。

【用法与剂量】 静脉、肌内注射:一次量,每千克体重,家畜50~100 mg。

【不良反应】 本品酸性较强,肌内注射可引起局部疼痛。

【注意事项】 为减轻局部疼痛,肌内注射时可配合使用适量盐酸普鲁卡因注射液。

【规格】 ①5 ml：0.5 g;②5 ml：2.5 g;③10 ml：1 g;④10 ml：5 g。

·动物药理·

扫码学课件

扫码看视频

任务 29　抗组胺药与前列腺素类药物的选用

学习目标

▲知识目标
1. 掌握临床常用的抗组胺药的作用及应用。
2. 掌握临床常用的前列腺素类药物的作用及应用。
▲技能目标
能合理选用抗组胺药与前列腺素类药物。
▲素质目标与思政目标
培养用药后注意观察，做到为客户负责、为单位负责、为自己负责的职业素养。

案例导入

不舒服啦，快来救救我吧！

某宠物医院，接诊一黑毛串串犬，该犬不食，精神萎靡，经检查体温 38.6 ℃，眼结膜潮红，初步诊断为上呼吸道感染，于是静脉滴注氧氟沙星等药物进行治疗，点滴几分钟后，该犬开始哼哼唧唧，安抚后安静一会儿，随后呻吟声越来越大，越来越密集，并表现为躁动不安，再仔细观察发现面部的黑毛树立，可看到白色皮肤，呈现黑白花脸，兽医迅速拔掉针头，松开四肢，立即注射肾上腺素与苯海拉明等药进行治疗，该犬最初不停用前肢抓挠身体，15分钟后逐渐安静了下来。你知道是怎么回事吗？

·动物用药后是否出现过敏症状是需要我们认真仔细观察的，所以工作的责任心是非常重要的！

动物用药后过敏了怎么办？有人会说用肾上腺素解救，但除了肾上腺素还有其他药物抗过敏吗？当然有，比如糖皮质激素类药、钙剂等也可以辅助治疗过敏反应，除了上面这些药物外，还有专用的抗过敏药即抗组胺药。

那组胺又是什么呢？组胺是动物体内的自体活性物质。自体活性物质是动物体内普遍存在、具有广泛生物学（药理）活性的物质的统称，又称为"自调药物"。体内产生的自体活性物质有很多，如组胺、5-羟色胺、前列腺素、白三烯等等，这些物质由局部产生，仅对邻近的组织细胞起作用，多数都有自己的特殊受体，因此也称为"局部激素"。目前在兽医临床意义较大的是抗组胺药和前列腺素类药物，下面分别介绍临床常用的药物，以便能合理选用。

一、抗组胺药（抗过敏药）

（一）过敏反应发生的机制

·兽医临床常用的抗 H_1 受体组胺药有哪些？

过敏反应又称为变态反应，是动物机体接触过敏原后出现的不正常的免疫应答反应，其本质是抗原抗体反应，其机制是过敏原进入体内后产生特异性的 IgE，结合在肥大细胞的表面使机体呈致敏状态，当机体再次接触过敏原时，肥大细胞脱颗粒，释放多种化学介质如组胺等作用于靶细胞上的组胺受体，引起相应的病理变化，从而出现过敏反应症状。

组胺受体有 H_1 受体与 H_2 受体，H_1 受体分布于平滑肌（支气管、胃肠、子宫及皮肤血管）、心肌、窦房结等处，其兴奋会引起支气管、胃肠、子宫平滑肌的收缩，皮肤黏膜的血管扩张引起通透性增加等；H_2 受体分布于胃壁腺、血管、心肌、窦房结等，其兴奋可引起胃壁腺分泌增加、血管扩张、心肌收缩力增强、心率增加等。

（二）兽医临床常用的抗组胺药

抗组胺药是作用于组胺受体，阻断组胺与受体结合的药物。兽医临床常用的抗组胺药如下。

1. 苯海拉明 苯海拉明为抗 H_1 受体组胺药，兽医临床常用的制剂是盐酸苯海拉明注射液，肌内注射，用于过敏性疾病，如荨麻疹、血清病等。使用时需注意，对严重的急性过敏性病例，一般先给予肾上腺素，然后再注射本品，全身治疗一般需持续 3 日。本品不良反应是有较强的中枢抑制作用；但大剂量静脉注射时反而会引起中枢兴奋，可静脉注射短效巴比妥类药物如硫喷妥钠进行解救。

2. 异丙嗪 异丙嗪为抗 H_1 受体组胺药，又称为非那根，兽医临床常用制剂是盐酸异丙嗪注射液，肌内注射，其作用同苯海拉明，用于过敏性疾病。不良反应是有较强的中枢抑制作用，需注意的是本品有较强的刺激性，不宜进行皮下注射。

3. 氯苯那敏 氯苯那敏为抗 H_1 受体组胺药，又称为扑尔敏，兽医临床常用制剂是马来酸氯苯那敏片与马来酸氯苯那敏注射液，其作用同苯海拉明，用于过敏性疾病，如荨麻疹、过敏性皮炎、血清病等。不良反应主要有轻度的中枢抑制作用，片剂内服会引起胃肠道反应。

4. 西咪替丁 西咪替丁为抗 H_2 受体组胺药，主要阻断 H_2 受体，能减少胃液的分泌和降低胃液中 H^+ 的浓度，还能抑制胃蛋白酶的分泌。兽医临床常用制剂是西咪替丁片，主要用于宠物消化性溃疡、胃炎、胰腺炎和急性胃肠出血等。

二、前列腺素类药物

另一种自体活性物质是前列腺素，在生理状态下，前列腺素主要作用于血管和平滑肌，参与血小板聚集、炎症反应、电解质流动、疼痛、发热、神经冲动传导、细胞生长等，对机体起着保护作用，如胃肠道的前列腺素可保护胃黏膜不受胃酸损害，小肠的前列腺素能引起腹泻，清除肠腔有害物质等，前列腺素除了上述生理作用外，还具有药理作用，临床作为兽药使用的前列腺素类药物主要有以下几种。

1. 前列腺素 $F_{2\alpha}$ 临床使用的制剂是甲基前列腺素 $F_{2\alpha}$ 注射液，肌内或宫颈内注射，具有溶解黄体，增强子宫平滑肌的张力和收缩力等作用，主要用于同期发情、同期分娩；也用于持久黄体、诱导分娩、排出死胎以及子宫内膜炎等。大剂量应用可产生腹泻、阵痛等不良反应。注意：妊娠动物忌用，以免引起流产；治疗持久黄体时用药前应仔细进行直肠检查，以便针对性治疗。

2. 氯前列醇钠 临床使用的制剂有氯前列醇钠注射液与注射用氯前列醇钠两种，肌内注射，有强大溶解黄体和直接兴奋子宫平滑肌的作用，主要用于控制母牛同期发情和怀孕母猪诱导分娩。不良反应是在妊娠后期应用本品可增加动物难产的风险，且药效下降。使用时需注意妊娠动物禁用；诱导分娩时，应在预产期前 2 日使用，严禁过早使用。

小结

抗过敏可选用苯海拉明、氯苯那敏、异丙嗪等抗 H_1 受体组胺药；抗 H_2 受体组胺药西咪替丁主要用于胃肠道炎症、胰腺炎等疾病。同期发情、同期分娩、诱导分娩、排出死胎等可选用氯前列醇钠与前列腺素 $F_{2\alpha}$。

使用氯前列醇钠诱导分娩时应注意什么问题?

扫码在线答题

你知道吗?

1. 你知道氯化钙注射液也有抗过敏作用吗?

氯化钙注射液能降低毛细血管通透性和增加毛细血管壁的致密性,从而减轻荨麻疹的红、肿、痒与渗出,也有治疗过敏反应的作用。

2. 动物荨麻疹的"红、肿、痒"适宜用什么药治疗?

(1) 盐酸苯海拉明注射液,肌内注射一次量:马、牛 100～500 mg;羊、猪 40～60 mg;每千克体重,犬 0.5～1 mg。

(2) 盐酸异丙嗪片,内服一次量:马、牛 0.25～1 g;羊、猪 0.1～0.5 g;犬 0.05～0.1 g。

(3) 盐酸异丙嗪注射液,肌内注射一次量:马、牛 0.25～0.5 g;羊、猪 0.05～0.1 g;犬 0.025～0.05 g。

(4) 马来酸氯苯那敏片,内服一次量:马、牛 80～100 mg;羊、猪 10～20 mg;犬 2～4 mg;猫 1～2 mg。

(5) 马来酸氯苯那敏注射液,肌内注射一次量:马、牛 60～100 mg;羊、猪 10～20 mg。

兽医临床常用的药物制剂

1. 盐酸苯海拉明注射液

【性状】 本品为无色的澄明液体。

【主要用途】 本品为抗组胺药,用于过敏性疾病如荨麻疹、血清病等。

【用法与剂量】 肌内注射:一次量,马、牛 100～500 mg;羊、猪 40～60 mg;每千克体重,犬 0.5～1 mg。

【不良反应】 ①本品有较强的中枢抑制作用。②大剂量静脉注射时常出现中毒症状,以中枢神经系统过度兴奋为主。中毒时可静脉注射短效巴比妥类药物(如硫喷妥钠)进行解救,但不可使用长效或中效巴比妥类药物。

【注意事项】 对严重的急性过敏性病例,一般先给予肾上腺素,然后再注射本品。全身治疗一般需持续 3 日。

【休药期】 牛、羊、猪 28 日;弃奶期 7 日。

【规格】 ①1 ml:20 mg;②5 ml:100 mg。

2. 盐酸异丙嗪注射液

【性状】 本品为无色的澄明液体。

【主要用途】 本品为抗组胺药,用于过敏性疾病如荨麻疹、血清病等。

【用法与剂量】 肌内注射:一次量,马、牛 250～500 mg;羊、猪 50～100 mg;犬 25～50 mg。

【不良反应】 有较强的中枢抑制作用。

【注意事项】 本品有较强的刺激性,不可进行皮下注射。

【休药期】 牛、羊、猪 28 日;弃奶期 7 日。

【规格】 ①2 ml:50 mg;②10 ml:0.25 g。

3. 盐酸异丙嗪片

【性状】 本品为白色至微黄色片。

【主要用途】 本品为抗组胺药,用于过敏性疾病如荨麻疹、血清病等。

【用法与剂量】 内服:一次量,马、牛 0.25～1 g;羊、猪 0.1～0.5 g;犬 0.05～0.1 g。

【不良反应】 有较强的中枢抑制作用。

【注意事项】 ①小动物在进食后或进食时内服,可避免对胃肠道产生刺激作用,亦可延长吸收时间。②本品禁与碱性溶液或生物碱合用。

【休药期】 牛、羊、猪 28 日;弃奶期 7 日。

【规格】 ①12.5 mg;②25 mg。

4. 马来酸氯苯那敏片

【性状】 本品为白色片。

【主要用途】 本品为抗组胺药,用于过敏性疾病如荨麻疹、过敏性皮炎、血清病等。

【用法与剂量】 内服:一次量,马、牛 80～100 mg;羊、猪 10～20 mg;犬 2～4 mg;猫 1～2 mg。

【不良反应】 轻度中枢抑制作用和胃肠道反应。

【注意事项】 ①对于过敏性疾病,本品仅是对症治疗,同时还须对因治疗,否则病状会复发。②小动物在进食后或进食时内服可减轻对胃肠道的刺激性。③本品可增强抗胆碱药、氟哌啶醇、吩噻嗪类及拟交感神经药等的作用。

【规格】 4 mg。

5. 马来酸氯苯那敏注射液

【性状】 本品为无色的澄明液体。

【主要用途】 本品为抗组胺药,用于过敏性疾病如荨麻疹、过敏性皮炎、血清病等。

【用法与剂量】 肌内注射:一次量,马、牛 60～100 mg;羊、猪 10～20 mg。

【不良反应】 ①本品有轻度中枢抑制作用。②大剂量静脉注射时常出现中毒症状,以中枢神经系统过度兴奋为主。

【注意事项】 ①对于过敏性疾病,本品仅是对症治疗,同时还须对因治疗,否则病状会复发。②对于严重的急性过敏性病例,一般先给予肾上腺素,然后再注射本品。全身治疗一般需持续 3 日。③局部刺激性较强,不宜皮下注射。④本品可增强抗胆碱药、氟哌啶醇、吩噻嗪类及拟交感神经药等的作用。

【规格】 ①1 ml:10 mg;②2 ml:20 mg。

项目三　兽医临床常用药物的实用技术

任务30　动物给药技术

扫码学课件

扫码看视频

学习目标

▲知识目标
1. 掌握混饲给药的方法及注意事项。
2. 掌握饮水给药的方法及注意事项。
3. 掌握注射给药的方法及注意事项。

▲技能目标
能合理进行混饲给药、饮水给药及注射给药。

▲素质目标与思政目标
培养"四心"即爱心、耐心、细心、责任心的职业素养。

- 兽医临床常用的给药方法有哪几种？

- 混饲给药的优点有哪些？

- 简述混饲给药的操作方法。

兽医临床常用的给药方法有混饲给药、饮水给药、注射给药三种，下面分别进行介绍，以便在临床能够合理应用，发挥药物最好的作用效果。

一、混饲给药

混饲给药是指将药物添加到饲料中防治疾病的一种给药方法。此种给药方法的优点：①方便简单，节省人力；②减少应激的发生；③是群体预防给药的最佳方式。

混饲给药（群体给药）的操作方法如下：①计算每次的药量与饲料量：首先估计动物的平均体重；根据平均体重计算动物每次给药的剂量和饲喂量，最后计算出每次的总给药量与总饲料量。例如，饲喂1000头育肥猪，每次的总给药量＝每头每次的给药量×1000，每次的总饲料量＝每头每次的饲料量×1000；②将药物均匀地混入到饲料中；③进行饲喂。

- 混饲给药的注意事项有哪些？

混饲给药的注意事项如下：①给药的剂量不能计算错误；②混饲的药物一定是可以内服的药物，而且是粉剂或散剂，无异味，无刺激性；③拌料一定要均匀，最好采用"等量递升"的方式进行药物的混合，如果药物拌料不均，会引起采食过量或不足而影响药物作用效果；④建议在混饲时，将每次的药物与每次饲料量的二分之一进行混合，先投喂混有药物的饲料，采食完后，再将剩余的饲料投喂给动物，这样可保证采食量下降的动物的给药剂量，从而达到有效防治疾病的作用。

二、饮水给药

- 饮水给药的优点有哪些？

饮水给药是指将药物添加到饮水中来防治疾病的一种给药方法。饮水给药方法的优点同混饲给药：①方便简单，节省人力；②减少应激的发生；③一般用于停食不停饮的动物的给药，大多是治疗给药。

饮水给药操作方法如下：①计算每次的给药量与饮水量：首先估算动物的平均体重；根据平均体重计算动物的给药量；动物每次的饮水量按照平均采食量的2~3倍计算，算出每次总的给药量与饮水量，例如饲喂1000头育肥猪，每次的总给药量＝每头每次的给药量×1000，每次的总饮水量＝每头每次的饮水量×1000；②将药物均匀地混入到饮水中；③进行饮水给药。

饮水给药的注意事项如下：①给药的剂量不能计算错误；②饮水给药的药物一定是易溶解的，无异味，无刺激性；③饮水给药时，加入药的水（药水）最好在2小时内饮完，一般将每次药物与每次饮水量的二分之一或三分之一进行混合，待药物充分溶解后再进行饲喂，药水喝完后再加正常的饮水；④饮水给药前，最好先停饮3~4小时，且保证畜禽饮水位的充足；⑤随时注意观察饮水情况，饮完后及时补充。

三、注射给药

注射给药的方式有皮下注射、肌内注射及静脉注射三种。一般而言作用效果由低到高的顺序如下：皮下注射＜肌内注射＜静脉注射。有的药物仅能皮下注射，有的药物既可皮下注射也可肌内注射，有的药物皮下注射、肌内注射、静脉注射均可，对于有多种注射给药方式的药物，应根据病情的不同而采用不同的给药方法，如果病得很重、很急则采用静脉注射，如果病情不是很严重，采用皮下注射或肌内注射均可。

注射给药的缺点如下：①费时费力，尤其是饲养的动物数量多时，群体给药不方便；②对动物刺激大，易引起应激性疾病的发生；③如果操作过程不规范，易导致药量不足及感染的发生。

注射给药需注意以下几点：①使用的注射器具事先要消毒或使用一次性注射器具；②注射部位要消毒；③静脉注射要控制好速度，不能过快，一定要按照说明书的要求进行；④注射完毕后观察20~30分钟，有任何异常现象出现（多因过敏反应引起）要及时处理，如果没有异常反应发生则可离开。

不论是哪种给药方法，都是一个细活儿，估测动物体重、计算给药量、注射器消毒等，每一步都很重要，任何一个环节出现错误，都会影响药物的作用，所以要有爱心、耐心、细心、责任心，具备这"四心"是做好事情的基础。

小结

兽医临床常用的给药方法有三种，混饲给药多用于预防疾病；饮水给药一般用于治疗疾病，也可用于预防疾病，尤其是饲养动物数量多时注射给药费时费力，采取饮水给药则简单方便，但前提是动物没有停止饮水；如果动物生病较重，停食停饮，则必须注射给药。

讨论

除了以上三种给药方法外，其他给药方式有哪些？

练习

静脉注射给药、皮下注射给药、肌内注射给药。

> 你的收获与问题

_____
_____
_____
_____ 。

任务 31　动物疫苗使用技术

学习目标

▲知识目标
1. 掌握临床常用疫苗的种类。
2. 掌握疫苗的保存和运送的方法。
3. 掌握接种疫苗的方法。
4. 掌握接种疫苗的注意事项。

▲技能目标
能正确进行疫苗免疫接种。

▲素质目标与思政目标
培养学无止境的探索精神及创新理念。

扫码学课件

扫码看视频

无论是大动物养殖还是宠物养殖，预防疾病的发生是保障养殖效益的一个重要部分，预防疾病的措施有很多，比如化学药物预防、疫苗免疫预防、做好生物安全防控措施等。疫苗免疫预防是预防微生物感染的重要措施，掌握疫苗的种类、免疫接种的方法及免疫接种过程应注意的问题等，是掌握疫苗免疫预防的前提，只有掌握了这些知识，才能在临床正确选用疫苗、合理使用疫苗，提高免疫效果。

一、常用疫苗的种类

为预防动物疾病主动免疫使用的生物制品主要分为三大类，即常规疫苗、亚单位疫苗和生物技术疫苗；被动免疫使用的生物制品包括高免血清和高免卵黄抗体。在此主要介绍主动免疫使用的生物制品。

（一）常规疫苗

常规疫苗是指由细菌、病毒、立克次氏体、螺旋体、支原体等完整微生物制成的疫苗。有灭活苗、弱毒苗及类毒素等。

1. 灭活苗　灭活苗又称为死苗，是指选用免疫原性强的细菌、病毒等经人工培养后，用物理或化学方法致死(灭活)，使传染因子被破坏而保留免疫原性所制成的疫苗。

2. 弱毒苗　弱毒苗又称为活苗，是指利用人工诱变获得弱毒株，利用筛选获得的天然弱毒株或失去毒力但仍然保持抗原性的无毒株所制成的疫苗。

3. 类毒素　某些细菌产生的外毒素，经适当浓度(0.3%～0.4%)的甲醛脱毒后而制成的生物制品称为类毒素，如破伤风类毒素即为破伤风疫苗，在临床主要用于预防或治疗破伤风。

• 疫苗的种类有哪些？

• 兽医临床常用的常规疫苗有哪些？

此外临床使用的常规疫苗还有联苗和多价苗。由不同种微生物或其代谢物组成的疫苗称为联合疫苗或联苗,如犬瘟、犬细小二联苗;由同种微生物不同型或株所制成的疫苗称为多价苗。

(二) 亚单位疫苗

亚单位疫苗是指用理化方法提取病原微生物中一种或几种具有免疫原性的成分所制成的疫苗。此种疫苗接种动物能诱导机体产生对相应病原微生物的免疫抵抗力,由于去除了病原微生物中与激发保护性免疫无关的成分,没有病原微生物的遗传物质,因而副作用小、安全性高,具有广阔的应用前景,如大肠杆菌菌毛疫苗、脑膜炎链球菌的荚膜多糖疫苗等。

(三) 生物技术疫苗

生物技术疫苗是指利用分子生物学技术研制生产的新型疫苗,包括基因工程亚单位苗、合成肽疫苗、基因缺失苗等等。兽医临床使用较多的生物技术疫苗是基因缺失苗,是利用基因工程技术在 DNA 或 cDNA 水平上去除与病原微生物毒力相关的基因,利用仍具有复制能力及免疫原性的毒株制成的疫苗。其特点是毒株稳定,不易返祖,可制成免疫原性好、安全性高的疫苗。如生产中使用的猪伪狂犬基因缺失苗。

总之,随着科技的发展,安全有效的新型疫苗不断被研制出来,我们只有不断学习,才能跟紧时代的步伐。但是也有个别重大疫病如非洲猪瘟到目前仍然没有研制出有效的疫苗。我们要刻苦学习,不断钻研,努力为国家的疫苗事业作出贡献。

二、疫苗的保存和运送

灭活苗和类毒素应保存在 2～8 ℃的环境中,防止冻结。油乳剂灭活苗需要常温保存,冷冻后会出现破乳分层现象,影响其效力。大多数弱毒苗应在 −15 ℃以下冻结保存。马立克氏病活疫苗等细胞结合性疫苗必须在液氮中(−196 ℃)保存。总之,不同的疫苗保存的方式不一样,应按照说明书的要求储藏。

疫苗一般要求"冷链运输",即需要冷藏工具如冷藏车、冷藏箱、保温瓶等,严禁在高温和日光下保存和运输,灭活苗在运输中也要防止冻结。总之,生产中购买疫苗时,要弄清楚各种疫苗的保存和运输要求,按要求保存和运输。

三、疫苗免疫接种的方法

疫苗免疫接种可分为个体免疫接种和群体免疫接种,个体免疫接种的方法包括注射、点眼、滴鼻、刺种、静脉注射等;群体免疫接种的方法包括饮水、拌料、气雾免疫等,在生产中应根据具体情况采用合适的方法接种。

四、接种疫苗的注意事项

在疫苗免疫接种过程中,要注意以下几个问题。

一是选用合格的疫苗。选用通过 GMP 验收合格的生物制品生产企业生产的疫苗,疫苗应有农业农村部正式批准生产的许可证及批准文号,并附有说明书等。

二是事先要准备好免疫接种的器械物品。需准备注射器、针头、镊子、消毒酒精与碘伏消毒液等,注射器及针头应经过严格的消毒,或使用一次性注射器,或使用连续注射器等,总之应根据接种方法准备相应的物品。

三是注意免疫动物的健康状况。只有健康的动物才能进行免疫接种,凡疑似发病、体温升高、体质瘦弱、妊娠后期等动物均不宜接种疫苗,待动物健康或生产后适时补免。

四是接种疫苗后注意观察。30 分钟内没有出现异常情况才可离开,有异常问题出现应及时处理。

五是做好免疫接种记录。记录内容包括疫苗的种类、批号、生产日期、厂家、剂量、稀释液、接种方法和途径、畜禽数量、接种时间、参与人员等,还应注明对漏免者补免的时间,同时还应对免疫效果及免疫后出现的不良反应等进行记录。

动物是否只要注射了疫苗就安全了?

免疫预防注射。

。

任务 32　消毒液的配制

扫码学课件

扫码看视频

学习目标

▲知识目标
1. 明确配制消毒液时需要准备的器械物品。
2. 掌握配制消毒液的方法。
3. 掌握配制消毒液的注意事项。

▲技能目标
能正确配制消毒液。

▲素质目标与思政目标
培养规范操作的职业素养及树立安全意识的职业理念。

无论是在养殖场还是在动物医院,消毒这个环节都少不了。有些消毒药是生产厂家已经给配制好,买来就可以使用的,如75%的酒精,而有些消毒药则是需要我们配制以后才能使用的,如高锰酸钾、氢氧化钠、95%的医用酒精等。

下面我们就将临床常用的消毒药的配制方法做一个介绍,以便在临床能够进行正确的配制。

一、配制消毒液的准备工作

(1)量器的准备。需要准备的量器有量筒、台秤、天平、药勺、盛药容器(最好是耐腐蚀制品)等。

(2)防护用品的准备。需要准备的防护用品有工作服、口罩、护目镜、橡皮手套、胶靴、毛巾、肥皂等。

(3)消毒药品的准备。根据消毒对象的不同选择不同的消毒药,尽可能选择高效、低

• 你会配制消毒药吗?

• 配制消毒液需要准备的物品有哪些?

毒、使用方便、价格低廉的消毒药,同时根据消毒面积的大小计算消毒药的用量。

二、配制方法

下面用两个案例来介绍消毒液的配制方法。

1. 75%酒精溶液的配制 ①首先确定75%酒精溶液的需要量,如果需要1000 ml,则要准备1000 ml的量器;②然后计算出95%的医用酒精的需要量,根据公式 $C_1V_1 = C_2V_2$(质量守恒),计算出需要95%的医用酒精789.5 ml;③最后量取95%的医用酒精789.5 ml倒入1000 ml的量器中,加蒸馏水(或纯净水)至1000 ml,即为75%的酒精,配制完成后密闭保存。以上是用高浓度消毒液配制成低浓度消毒液的方法。

2. 5%氢氧化钠消毒液的配制 ①首先确定5%氢氧化钠溶液的需要量,如果需要5000 ml,则要准备5000 ml的量器;②然后计算出氢氧化钠的需要量,因为氢氧化钠是固体,根据公式 $S(溶质) = C_2V_2$,计算出需要氢氧化钠250 g;③最后称取氢氧化钠250 g倒入5000 ml的容器中,加入适量的蒸馏水(最好是60~70 ℃的热水)搅拌使其溶解,再加纯净水至5000 ml,即为5%的氢氧化钠溶液。以上是固体的消毒药配制成适当浓度消毒液的方法。

· 举例说明配制消毒液的方法。

三、注意事项

(1)做好个人防护。配制消毒液时需要做好个人防护,穿好工作服,戴好橡胶手套,严禁用手直接接触消毒液,以防灼伤。

(2)准备合适的量器。根据消毒液的需要量选用大小适宜的量器,不可大用小,也不可小用大,以免造成误差。

· 配制消毒液时需要注意哪些问题?

(3)需有严谨的工作态度。称取或量取消毒药时,不可估量随意而为,否则会影响消毒药的浓度,从而影响消毒的效果及安全性等。

(4)配制消毒药的容器必须清洁干净。不干净的容器上的残留物质与消毒药反应,会影响消毒药的浓度及消毒的效果。

(5)配制好的消毒药忌放置时间过长。配制好的消毒液若储藏时间过长,其消毒效力会降低或无效,尤其是用于环境、用具、器械等的消毒剂最好现配现用。

(6)收拾干净工作场地。消毒液配制完成后,将所用的器皿等工具清洗或擦洗干净后保管好,以备下次再用。

配制消毒液时最重要的环节是什么?

配制0.1%的高锰酸钾溶液1000 ml。

> 你的收获与问题

_____
_____
_____
_____。

任务 33　畜舍空栏消毒技术

扫码学课件

扫码看视频

学习目标

▲知识目标
1. 明确并掌握消毒前需准备的事项。
2. 掌握空栏消毒的过程。
3. 掌握空栏消毒的注意事项。

▲技能目标
能正确地进行空栏消毒。

▲素质目标与思政目标
1. 培养"三勤、四有、五不怕"的专业精神。
2. 培养规范操作的职业素养及树立安全意识的职业理念。

养殖场的消毒是当前养殖行业中必做而且是经常做的一项工作，听起来很简单，其实操作起来很烦琐，包括入场消毒、畜舍消毒、畜舍外环境的消毒、生产区专用设备的消毒及尸体消毒处理等。下面以畜舍空栏消毒为例介绍养殖场消毒的过程及注意的事项。

一、消毒前的准备工作

（1）消毒工具的准备：扫帚、喷雾机、水管、量器、容器等。

（2）消毒药的准备：可以用于畜舍消毒的消毒药有很多，如氢氧化钠、甲醛、复合酚、过氧乙酸、过硫酸氢钾、复合亚氯酸钠、二氯异氰脲酸钠等，根据不同的消毒方法选取相应的消毒药。

（3）电源、水管等设施设备的准备：检查电源是否通电、水管是否有破裂、喷雾机是否能正常工作等。

二、消毒过程

畜舍空栏消毒的整个消毒过程可以总结为十七个字，即一清、二洗、三泡、四除残、五雾、六白、七熏、八空。

一清：彻底清扫各种有机污染物，特别是一些卫生死角，有时甚至需要拆卸设备、搬动漏粪地板，还应清扫屋顶、窗户上的蜘蛛网、灰尘等。这是一个机械消毒的过程。

二洗：对已彻底清扫的圈舍地面、墙壁及不可拆卸的设备进行冲洗和刷洗，进一步除去有机污染物。这也是一个机械消毒的过程。

三泡：用消毒液浸泡地面，至少 24 小时。这是对地面进行化学消毒的过程。

四除残：用清水冲洗残留的消毒液。这是避免残留消毒液伤害动物。

五雾：对圈舍做好全面雾化消毒。这是对屋顶、墙壁、空气进行消毒的过程。

六白：用 20% 石灰乳对墙壁、地面、料槽进行刷白。这是再一次对畜舍进行消毒的过程。

七熏：关好门窗，用福尔马林或其他高效消毒剂熏蒸消毒。这是对圈舍的消毒死角再次通过熏蒸的方法进行消毒的过程。

八空：消毒好的畜舍至少空栏 1 周。打开门窗通风、干燥 1 周后才可使畜禽进入舍内。

•畜舍空栏消毒前的准备工作有哪些？

•简述消毒的过程。

三、消毒过程的注意事项

（1）消毒液的配制浓度（或配制比例）要恰当。按照药物说明要求进行配制，不可随意而行。

（2）不要经常使用同一种消毒药消毒。定期更换或交叉使用消毒药等可提高消毒的效果。

（3）畜舍空栏消毒属于大消毒，要做得彻底。畜舍空栏消毒是一个饲养周期才进行一次的消毒，是非常重要的一个环节，要做得彻底，消毒环节较复杂，不可偷工减料或者做过场走形式。我们要认真负责地对待消毒工作，这不仅是对工作负责，也是对自己负责。

（4）注意个人防护，避免受到药物伤害。在消毒之前要穿好工作服，戴好护目镜，戴好橡胶手套等，再进行消毒。不可轻视防护工作，不怕一万，只怕万一。提前准备好也是对自己负责。

（5）除了复方制剂外，不要将两种消毒药混合使用。

总之，消毒的过程是很辛苦的，我们一定要发扬专业精神，不怕苦、不怕累、不怕脏、不怕臭、不怕麻烦，以高度的责任心做好消毒工作，因为消毒效果是养殖成功的重要因素之一。

- 畜舍空栏消毒时需要注意哪些问题？

- 工作的责任心很重要！

- 安全意识很重要！

- 在工作中一定要发扬"三勤、四有、五不怕"的专业精神！

 讨论

你认为可以简化消毒过程吗？

 练习

畜舍空栏消毒。

 你的收获与问题

_____
_____
_____
_____。

任务 34 驱 虫 技 术

扫码学课件

扫码看视频

学习目标

▲知识目标
1. 掌握评估动物体内寄生虫感染的情况。
2. 掌握驱虫药物的选择及驱虫的方法。
3. 掌握给动物驱虫的注意事项。

> ▲技能目标
>
> 能正确地给动物驱虫。
>
> ▲素质目标与思政目标
>
> 牢固树立保障肉食品安全的责任使命。

- 无论是大动物养殖还是宠物养殖，驱虫是常规性的一项工作，如何驱虫？在驱虫过程中应该注意什么问题？
- 如何评估动物体内寄生虫的感染情况？

驱虫分为治疗性驱虫和预防性驱虫两种。治疗性驱虫是诊断出动物已经感染某种寄生虫后进行的驱虫工作，具有针对性，可以针对性地选择驱虫药物，驱虫效果显而易见。预防性驱虫是为预防寄生虫病的发生而采取的驱虫，选择的驱虫药物以广谱为主，针对性不强，不会出现立竿见影的效果。目前兽医临床主要以预防性驱虫为主，治疗性驱虫为辅，下面主要介绍预防性驱虫的方法及注意事项。

一、评估被驱虫动物的感染情况

养殖场的预防性驱虫主要以群体驱虫为主，养殖场的动物通常会感染什么寄生虫是兽医工作者需要弄清楚的问题，以便选择驱虫药物。例如一个规范化、科学化、标准化、规模化的猪场，在饮水正常的情况下，一般以线虫和体表寄生虫感染为主，不会感染吸虫和绦虫，预防性驱虫的药物主要以驱线虫和体表寄生虫的药物为主，如伊维菌素、多拉菌素、阿维菌素等；如果养殖场是以放养为主的牛场或羊场，放养的牛羊除了会感染线虫与体表寄生虫外，还会感染绦虫与吸虫等，驱虫时就需要选择广谱的驱虫药，如阿苯达唑与伊维菌素联合使用。此外还需要根据当地寄生虫感染及流行的情况来综合评估养殖场被驱虫动物的感染情况。

对待被驱虫的动物尤其是放养的动物要根据年龄、体重情况进行分组，特别是怀孕的动物要排除，暂时不要驱虫，等分娩后根据情况再进行驱虫。

二、驱虫药物的选择

- 选择什么样的驱虫药物驱虫较好？
- 预防性驱虫的方法是什么？

根据对动物的预估情况，选择合适的驱虫药物，一般选择高效、毒性低、广谱、安全性高、给药方便、适口性好、价格低、无药残的药物。

三、给药方法的选择

养殖场的预防性驱虫主要以群体驱虫为主。混饲给药的给药方法简单、易行、省时、省力，混饲给药的方法前面已讲述，应先按照动物的体重计算出给药量，然后将药物与饲料混合均匀，再进行投喂。

四、驱虫的注意事项

(1) 药物剂量要计算准确。驱虫药物的剂量尽可能计算准确，不可过大也不可过小，剂量过大易引起中毒，因为驱虫药物的毒性相对比较大的，剂量过小又起不到驱虫的作用，还会引起耐药性的产生。

- 动物驱虫时的注意事项有哪些？

(2) 确保药物安全有效。对于一种从来没使用过的新药，在群体驱虫之前最好做小批量实验，确认安全有效后再进行群体驱虫。

(3) 用药前最好禁饲。空腹喂药效果会更好，一是动物在饥饿状态下可以采食到足够的药物，二是可以减少肠道内容物对药物的影响。

(4) 用药后注意观察。有些动物对药物特别敏感，可能会出现过敏或中毒的现象，观察敏感个体可能出现的异常反应，对反应严重的动物应及时处理，减少损失。

(5) 注意驱虫后粪便的无害化处理。动物在驱虫后3天内排出的粪便要进行无害化处理（最好高温发酵处理），减少寄生虫虫卵等病原微生物对环境的污染，降低再次感染的概率。对于进行连续用药驱虫的，要收集1周内的粪便并进行无害化处理。

（6）注意药物的休药期。育肥动物要等驱虫药物的休药期结束后才能进行销售，以确保肉食品的安全，维护人们的健康。

（7）做好驱虫记录。对动物的数量、品种、驱虫时间、药物名称、给药量、驱虫效果、不良反应等情况做一个翔实的记录，为下次的驱虫工作奠定基础。

· 牢记保障肉食品安全的责任使命！

怀孕的动物可以驱虫吗？

给保育舍 200 头 25 kg 的保育猪拟定一份驱虫方案并进行驱虫。

→ 你的收获与问题

_____
_____
_____
_____
_____。

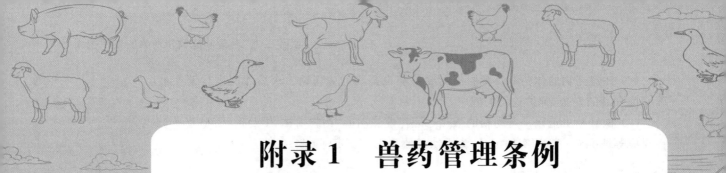

附录1　兽药管理条例

(2004年4月9日中华人民共和国国务院令第404号公布
根据2014年7月29日《国务院关于修改部分行政法规的决定》第一次修订
根据2016年2月6日《国务院关于修改部分行政法规的决定》第二次修订
根据2020年3月27日《国务院关于修改和废止部分行政法规的决定》第三次修订）

第一章　总则

第一条　为了加强兽药管理，保证兽药质量，防治动物疾病，促进养殖业的发展，维护人体健康，制定本条例。

第二条　在中华人民共和国境内从事兽药的研制、生产、经营、进出口、使用和监督管理，应当遵守本条例。

第三条　国务院兽医行政管理部门负责全国的兽药监督管理工作。

县级以上地方人民政府兽医行政管理部门负责本行政区域内的兽药监督管理工作。

第四条　国家实行兽用处方药和非处方药分类管理制度。兽用处方药和非处方药分类管理的办法和具体实施步骤，由国务院兽医行政管理部门规定。

第五条　国家实行兽药储备制度。

发生重大动物疫情、灾情或者其他突发事件时，国务院兽医行政管理部门可以紧急调用国家储备的兽药；必要时，也可以调用国家储备以外的兽药。

第二章　新兽药研制

第六条　国家鼓励研制新兽药，依法保护研制者的合法权益。

第七条　研制新兽药，应当具有与研制相适应的场所、仪器设备、专业技术人员、安全管理规范和措施。

研制新兽药，应当进行安全性评价。从事兽药安全性评价的单位应当遵守国务院兽医行政管理部门制定的兽药非临床研究质量管理规范和兽药临床试验质量管理规范。

省级以上人民政府兽医行政管理部门应当对兽药安全性评价单位是否符合兽药非临床研究质量管理规范和兽药临床试验质量管理规范的要求进行监督检查，并公布监督检查结果。

第八条　研制新兽药，应当在临床试验前向临床试验场所所在地省、自治区、直辖市人民政府兽医行政管理部门备案，并附具该新兽药实验室阶段安全性评价报告及其他临床前研究资料。

研制的新兽药属于生物制品的，应当在临床试验前向国务院兽医行政管理部门提出申请，国务院兽医行政管理部门应当自收到申请之日起60个工作日内将审查结果书面通知申请人。

研制新兽药需要使用一类病原微生物的，还应当具备国务院兽医行政管理部门规定的条件，并在实验室阶段前报国务院兽医行政管理部门批准。

第九条　临床试验完成后，新兽药研制者向国务院兽医行政管理部门提出新兽药注册申请时，应当提交该新兽药的样品和下列资料：

（一）名称、主要成分、理化性质；
（二）研制方法、生产工艺、质量标准和检测方法；
（三）药理和毒理试验结果、临床试验报告和稳定性试验报告；
（四）环境影响报告和污染防治措施。

研制的新兽药属于生物制品的，还应当提供菌（毒、虫）种、细胞等有关材料和资料。菌（毒、虫）种、细胞由国务院兽医行政管理部门指定的机构保藏。

研制用于食用动物的新兽药，还应当按照国务院兽医行政管理部门的规定进行兽药残留试验并提供休药期、最高残留限量标准、残留检测方法及其制定依据等资料。

国务院兽医行政管理部门应当自收到申请之日起 10 个工作日内，将决定受理的新兽药资料送其设立的兽药评审机构进行评审，将新兽药样品送其指定的检验机构复核检验，并自收到评审和复核检验结论之日起 60 个工作日内完成审查。审查合格的，发给新兽药注册证书，并发布该兽药的质量标准；不合格的，应当书面通知申请人。

第十条 国家对依法获得注册的、含有新化合物的兽药的申请人提交的其自己所取得且未披露的试验数据和其他数据实施保护。

自注册之日起 6 年内，对其他申请人未经已获得注册兽药的申请人同意，使用前款规定的数据申请兽药注册的，兽药注册机关不予注册；但是，其他申请人提交其自己所取得的数据的除外。

除下列情况外，兽药注册机关不得披露本条第一款规定的数据：
（一）公共利益需要；
（二）已采取措施确保该类信息不会被不正当地进行商业使用。

第三章 兽药生产

第十一条 从事兽药生产的企业，应当符合国家兽药行业发展规划和产业政策，并具备下列条件：
（一）与所生产的兽药相适应的兽医学、药学或者相关专业的技术人员；
（二）与所生产的兽药相适应的厂房、设施；
（三）与所生产的兽药相适应的兽药质量管理和质量检验的机构、人员、仪器设备；
（四）符合安全、卫生要求的生产环境；
（五）兽药生产质量管理规范规定的其他生产条件。

符合前款规定条件的，申请人方可向省、自治区、直辖市人民政府兽医行政管理部门提出申请，并附具符合前款规定条件的证明材料；省、自治区、直辖市人民政府兽医行政管理部门应当自收到申请之日起 40 个工作日内完成审查。经审查合格的，发给兽药生产许可证；不合格的，应当书面通知申请人。

第十二条 兽药生产许可证应当载明生产范围、生产地点、有效期和法定代表人姓名、住址等事项。

兽药生产许可证有效期为 5 年。有效期届满，需要继续生产兽药的，应当在许可证有效期届满前 6 个月到发证机关申请换发兽药生产许可证。

第十三条 兽药生产企业变更生产范围、生产地点的，应当依照本条例第十一条的规定申请换发兽药生产许可证；变更企业名称、法定代表人的，应当在办理工商变更登记手续后 15 个工作日内，到发证机关申请换发兽药生产许可证。

第十四条 兽药生产企业应当按照国务院兽医行政管理部门制定的兽药生产质量管理规范组织生产。

省级以上人民政府兽医行政管理部门，应当对兽药生产企业是否符合兽药生产质量管理规范的要求进行监督检查，并公布检查结果。

第十五条　兽药生产企业生产兽药,应当取得国务院兽医行政管理部门核发的产品批准文号,产品批准文号的有效期为5年。兽药产品批准文号的核发办法由国务院兽医行政管理部门制定。

第十六条　兽药生产企业应当按照兽药国家标准和国务院兽医行政管理部门批准的生产工艺进行生产。兽药生产企业改变影响兽药质量的生产工艺的,应当报原批准部门审核批准。

兽药生产企业应当建立生产记录,生产记录应当完整、准确。

第十七条　生产兽药所需的原料、辅料,应当符合国家标准或者所生产兽药的质量要求。

直接接触兽药的包装材料和容器应当符合药用要求。

第十八条　兽药出厂前应当经过质量检验,不符合质量标准的不得出厂。

兽药出厂应当附有产品质量合格证。

禁止生产假、劣兽药。

第十九条　兽药生产企业生产的每批兽用生物制品,在出厂前应当由国务院兽医行政管理部门指定的检验机构审查核对,并在必要时进行抽查检验;未经审查核对或者抽查检验不合格的,不得销售。

强制免疫所需兽用生物制品,由国务院兽医行政管理部门指定的企业生产。

第二十条　兽药包装应当按照规定印有或者贴有标签,附具说明书,并在显著位置注明"兽用"字样。

兽药的标签和说明书经国务院兽医行政管理部门批准并公布后,方可使用。

兽药的标签或者说明书,应当以中文注明兽药的通用名称、成分及其含量、规格、生产企业、产品批准文号(进口兽药注册证号)、产品批号、生产日期、有效期、适应证或者功能主治、用法、用量、休药期、禁忌、不良反应、注意事项、运输贮存保管条件及其他应当说明的内容。有商品名称的,还应当注明商品名称。

除前款规定的内容外,兽用处方药的标签或者说明书还应当印有国务院兽医行政管理部门规定的警示内容,其中兽用麻醉药品、精神药品、毒性药品和放射性药品还应当印有国务院兽医行政管理部门规定的特殊标志;兽用非处方药的标签或者说明书还应当印有国务院兽医行政管理部门规定的非处方药标志。

第二十一条　国务院兽医行政管理部门,根据保证动物产品质量安全和人体健康的需要,可以对新兽药设立不超过5年的监测期;在监测期内,不得批准其他企业生产或者进口该新兽药。生产企业应当在监测期内收集该新兽药的疗效、不良反应等资料,并及时报送国务院兽医行政管理部门。

第四章　兽药经营

第二十二条　经营兽药的企业,应当具备下列条件:

(一)与所经营的兽药相适应的兽药技术人员;

(二)与所经营的兽药相适应的营业场所、设备、仓库设施;

(三)与所经营的兽药相适应的质量管理机构或者人员;

(四)兽药经营质量管理规范规定的其他经营条件。

符合前款规定条件的,申请人方可向市、县人民政府兽医行政管理部门提出申请,并附具符合前款规定条件的证明材料;经营兽用生物制品的,应当向省、自治区、直辖市人民政府兽医行政管理部门提出申请,并附具符合前款规定条件的证明材料。

县级以上地方人民政府兽医行政管理部门,应当自收到申请之日起30个工作日内完成审查。审查合格的,发给兽药经营许可证;不合格的,应当书面通知申请人。

第二十三条 兽药经营许可证应当载明经营范围、经营地点、有效期和法定代表人姓名、住址等事项。

兽药经营许可证有效期为5年。有效期届满，需要继续经营兽药的，应当在许可证有效期届满前6个月到发证机关申请换发兽药经营许可证。

第二十四条 兽药经营企业变更经营范围、经营地点的，应当依照本条例第二十二条的规定申请换发兽药经营许可证；变更企业名称、法定代表人的，应当在办理工商变更登记手续后15个工作日内，到发证机关申请换发兽药经营许可证。

第二十五条 兽药经营企业，应当遵守国务院兽医行政管理部门制定的兽药经营质量管理规范。

县级以上地方人民政府兽医行政管理部门，应当对兽药经营企业是否符合兽药经营质量管理规范的要求进行监督检查，并公布检查结果。

第二十六条 兽药经营企业购进兽药，应当将兽药产品与产品标签或者说明书、产品质量合格证核对无误。

第二十七条 兽药经营企业，应当向购买者说明兽药的功能主治、用法、用量和注意事项。销售兽用处方药的，应当遵守兽用处方药管理办法。

兽药经营企业销售兽用中药材的，应当注明产地。

禁止兽药经营企业经营人用药品和假、劣兽药。

第二十八条 兽药经营企业购销兽药，应当建立购销记录。购销记录应当载明兽药的商品名称、通用名称、剂型、规格、批号、有效期、生产厂商、购销单位、购销数量、购销日期和国务院兽医行政管理部门规定的其他事项。

第二十九条 兽药经营企业，应当建立兽药保管制度，采取必要的冷藏、防冻、防潮、防虫、防鼠等措施，保持所经营兽药的质量。

兽药入库、出库，应当执行检查验收制度，并有准确记录。

第三十条 强制免疫所需兽用生物制品的经营，应当符合国务院兽医行政管理部门的规定。

第三十一条 兽药广告的内容应当与兽药说明书内容相一致，在全国重点媒体发布兽药广告的，应当经国务院兽医行政管理部门审查批准，取得兽药广告审查批准文号。在地方媒体发布兽药广告的，应当经省、自治区、直辖市人民政府兽医行政管理部门审查批准，取得兽药广告审查批准文号；未经批准的，不得发布。

第五章 兽药进出口

第三十二条 首次向中国出口的兽药，由出口方驻中国境内的办事机构或者其委托的中国境内代理机构向国务院兽医行政管理部门申请注册，并提交下列资料和物品：

（一）生产企业所在国家（地区）兽药管理部门批准生产、销售的证明文件。

（二）生产企业所在国家（地区）兽药管理部门颁发的符合兽药生产质量管理规范的证明文件。

（三）兽药的制造方法、生产工艺、质量标准、检测方法、药理和毒理试验结果、临床试验报告、稳定性试验报告及其他相关资料；用于食用动物的兽药的休药期、最高残留限量标准、残留检测方法及其制定依据等资料。

（四）兽药的标签和说明书样本。

（五）兽药的样品、对照品、标准品。

（六）环境影响报告和污染防治措施。

（七）涉及兽药安全性的其他资料。

申请向中国出口兽用生物制品的，还应当提供菌（毒、虫）种、细胞等有关材料和资料。

第三十三条 国务院兽医行政管理部门,应当自收到申请之日起10个工作日内组织初步审查。经初步审查合格的,应当将决定受理的兽药资料送其设立的兽药评审机构进行评审,将该兽药样品送其指定的检验机构复核检验,并自收到评审和复核检验结论之日起60个工作日内完成审查。经审查合格的,发给进口兽药注册证书,并发布该兽药的质量标准;不合格的,应当书面通知申请人。

在审查过程中,国务院兽医行政管理部门可以对向中国出口兽药的企业是否符合兽药生产质量管理规范的要求进行考察,并有权要求该企业在国务院兽医行政管理部门指定的机构进行该兽药的安全性和有效性试验。

国内急需兽药、少量科研用兽药或者注册兽药的样品、对照品、标准品的进口,按照国务院兽医行政管理部门的规定办理。

第三十四条 进口兽药注册证书的有效期为5年。有效期届满,需要继续向中国出口兽药的,应当在有效期届满前6个月到发证机关申请再注册。

第三十五条 境外企业不得在中国直接销售兽药。境外企业在中国销售兽药,应当依法在中国境内设立销售机构或者委托符合条件的中国境内代理机构。

进口在中国已取得进口兽药注册证书的兽药的,中国境内代理机构凭进口兽药注册证书到口岸所在地人民政府兽医行政管理部门办理进口兽药通关单。海关凭进口兽药通关单放行。兽药进口管理办法由国务院兽医行政管理部门会同海关总署制定。

兽用生物制品进口后,应当依照本条例第十九条的规定进行审查核对和抽查检验。其他兽药进口后,由当地兽医行政管理部门通知兽药检验机构进行抽查检验。

第三十六条 禁止进口下列兽药:

(一)药效不确定、不良反应大以及可能对养殖业、人体健康造成危害或者存在潜在风险的;

(二)来自疫区可能造成疫病在中国境内传播的兽用生物制品;

(三)经考察生产条件不符合规定的;

(四)国务院兽医行政管理部门禁止生产、经营和使用的。

第三十七条 向中国境外出口兽药,进口方要求提供兽药出口证明文件的,国务院兽医行政管理部门或者企业所在地的省、自治区、直辖市人民政府兽医行政管理部门可以出具出口兽药证明文件。

国内防疫急需的疫苗,国务院兽医行政管理部门可以限制或者禁止出口。

第六章 兽药使用

第三十八条 兽药使用单位,应当遵守国务院兽医行政管理部门制定的兽药安全使用规定,并建立用药记录。

第三十九条 禁止使用假、劣兽药以及国务院兽医行政管理部门规定禁止使用的药品和其他化合物。禁止使用的药品和其他化合物目录由国务院兽医行政管理部门制定公布。

第四十条 有休药期规定的兽药用于食用动物时,饲养者应当向购买者或者屠宰者提供准确、真实的用药记录;购买者或者屠宰者应当确保动物及其产品在用药期、休药期内不被用于食品消费。

第四十一条 国务院兽医行政管理部门,负责制定公布在饲料中允许添加的药物饲料添加剂品种目录。

禁止在饲料和动物饮用水中添加激素类药品和国务院兽医行政管理部门规定的其他禁用药品。

经批准可以在饲料中添加的兽药,应当由兽药生产企业制成药物饲料添加剂后方可添加。禁止将原料药直接添加到饲料及动物饮用水中或者直接饲喂动物。

禁止将人用药品用于动物。

第四十二条　国务院兽医行政管理部门,应当制定并组织实施国家动物及动物产品兽药残留监控计划。

县级以上人民政府兽医行政管理部门,负责组织对动物产品中兽药残留量的检测。兽药残留检测结果,由国务院兽医行政管理部门或者省、自治区、直辖市人民政府兽医行政管理部门按照权限予以公布。

动物产品的生产者、销售者对检测结果有异议的,可以自收到检测结果之日起7个工作日内向组织实施兽药残留检测的兽医行政管理部门或者其上级兽医行政管理部门提出申请,由受理申请的兽医行政管理部门指定检验机构进行复检。

兽药残留限量标准和残留检测方法,由国务院兽医行政管理部门制定发布。

第四十三条　禁止销售含有违禁药物或者兽药残留量超过标准的食用动物产品。

第七章　兽药监督管理

第四十四条　县级以上人民政府兽医行政管理部门行使兽药监督管理权。

兽药检验工作由国务院兽医行政管理部门和省、自治区、直辖市人民政府兽医行政管理部门设立的兽药检验机构承担。国务院兽医行政管理部门,可以根据需要认定其他检验机构承担兽药检验工作。

当事人对兽药检验结果有异议的,可以自收到检验结果之日起7个工作日内向实施检验的机构或者上级兽医行政管理部门设立的检验机构申请复检。

第四十五条　兽药应当符合兽药国家标准。

国家兽药典委员会拟定的、国务院兽医行政管理部门发布的《中华人民共和国兽药典》和国务院兽医行政管理部门发布的其他兽药质量标准为兽药国家标准。

兽药国家标准的标准品和对照品的标定工作由国务院兽医行政管理部门设立的兽药检验机构负责。

第四十六条　兽医行政管理部门依法进行监督检查时,对有证据证明可能是假、劣兽药的,应当采取查封、扣押的行政强制措施,并自采取行政强制措施之日起7个工作日内作出是否立案的决定;需要检验的,应当自检验报告书发出之日起15个工作日内作出是否立案的决定;不符合立案条件的,应当解除行政强制措施;需要暂停生产的,由国务院兽医行政管理部门或省、自治区、直辖市人民政府兽医行政管理部门按照权限作出决定;需要暂停经营、使用的,由县级以上人民政府兽医行政管理部门按照权限作出决定。

未经行政强制措施决定机关或者其上级机关批准,不得擅自转移、使用、销毁、销售被查封或者扣押的兽药及有关材料。

第四十七条　有下列情形之一的,为假兽药:

(一)以非兽药冒充兽药或者以他种兽药冒充此种兽药的;

(二)兽药所含成分的种类、名称与兽药国家标准不符合的。

有下列情形之一的,按照假兽药处理:

(一)国务院兽医行政管理部门规定禁止使用的;

(二)依照本条例规定应当经审查批准而未经审查批准即生产、进口的,或者依照本条例规定应当经抽查检验、审查核对而未经抽查检验、审查核对即销售、进口的;

(三)变质的;

(四)被污染的;

（五）所标明的适应证或者功能主治超出规定范围的。

第四十八条 有下列情形之一的，为劣兽药：

（一）成分含量不符合兽药国家标准或者不标明有效成分的；

（二）不标明或者更改有效期或者超过有效期的；

（三）不标明或者更改产品批号的；

（四）其他不符合兽药国家标准，但不属于假兽药的。

第四十九条 禁止将兽用原料药拆零销售或者销售给兽药生产企业以外的单位和个人。

禁止未经兽医开具处方销售、购买、使用国务院兽医行政管理部门规定实行处方药管理的兽药。

第五十条 国家实行兽药不良反应报告制度。

兽药生产企业、经营企业、兽药使用单位和开具处方的兽医人员发现可能与兽药使用有关的严重不良反应，应当立即向所在地人民政府兽医行政管理部门报告。

第五十一条 兽药生产企业、经营企业停止生产、经营超过6个月或者关闭的，由发证机关责令其交回兽药生产许可证、兽药经营许可证。

第五十二条 禁止买卖、出租、出借兽药生产许可证、兽药经营许可证和兽药批准证明文件。

第五十三条 兽药评审检验的收费项目和标准，由国务院财政部门会同国务院价格主管部门制定，并予以公告。

第五十四条 各级兽医行政管理部门、兽药检验机构及其工作人员，不得参与兽药生产、经营活动，不得以其名义推荐或者监制、监销兽药。

第八章　法律责任

第五十五条 兽医行政管理部门及其工作人员利用职务上的便利收取他人财物或者谋取其他利益，对不符合法定条件的单位和个人核发许可证、签署审查同意意见，不履行监督职责，或者发现违法行为不予查处，造成严重后果，构成犯罪的，依法追究刑事责任；尚不构成犯罪的，依法给予行政处分。

第五十六条 违反本条例规定，无兽药生产许可证、兽药经营许可证生产、经营兽药的，或者虽有兽药生产许可证、兽药经营许可证，生产、经营假、劣兽药的，或者兽药经营企业经营人用药品的，责令其停止生产、经营，没收用于违法生产的原料、辅料、包装材料及生产、经营的兽药和违法所得，并处违法生产、经营的兽药（包括已出售的和未出售的兽药，下同）货值金额2倍以上5倍以下罚款，货值金额无法查证核实的，处10万元以上20万元以下罚款；无兽药生产许可证生产兽药，情节严重的，没收其生产设备；生产、经营假、劣兽药，情节严重的，吊销兽药生产许可证、兽药经营许可证；构成犯罪的，依法追究刑事责任；给他人造成损失的，依法承担赔偿责任。生产、经营企业的主要负责人和直接负责的主管人员终身不得从事兽药的生产、经营活动。

擅自生产强制免疫所需兽用生物制品的，按照无兽药生产许可证生产兽药处罚。

第五十七条 违反本条例规定，提供虚假的资料、样品或者采取其他欺骗手段取得兽药生产许可证、兽药经营许可证或者兽药批准证明文件的，吊销兽药生产许可证、兽药经营许可证或者撤销兽药批准证明文件，并处5万元以上10万元以下罚款；给他人造成损失的，依法承担赔偿责任。其主要负责人和直接负责的主管人员终身不得从事兽药的生产、经营和进出口活动。

第五十八条 买卖、出租、出借兽药生产许可证、兽药经营许可证和兽药批准证明文件的，没收违法所得，并处1万元以上10万元以下罚款；情节严重的，吊销兽药生产许可证、兽药经营许可证或者撤销兽药批准证明文件；构成犯罪的，依法追究刑事责任；给他人造成损失的，依法承担赔偿责任。

第五十九条 违反本条例规定，兽药安全性评价单位、临床试验单位、生产和经营企业未按照规定实施兽药研究试验、生产、经营质量管理规范的，给予警告，责令其限期改正；逾期不改正的，责令停止兽药研究试验、生产、经营活动，并处5万元以下罚款；情节严重的，吊销兽药生产许可证、兽药经营许可证；给他人造成损失的，依法承担赔偿责任。

违反本条例规定，研制新兽药不具备规定的条件擅自使用一类病原微生物或者在实验室阶段前未经批准的，责令其停止实验，并处5万元以上10万元以下罚款；构成犯罪的，依法追究刑事责任；给他人造成损失的，依法承担赔偿责任。

违反本条例规定，开展新兽药临床试验应当备案而未备案的，责令其立即改正，给予警告，并处5万元以上10万元以下罚款；给他人造成损失的，依法承担赔偿责任。

第六十条 违反本条例规定，兽药的标签和说明书未经批准的，责令其限期改正；逾期不改正的，按照生产、经营假兽药处罚；有兽药产品批准文号的，撤销兽药产品批准文号；给他人造成损失的，依法承担赔偿责任。

兽药包装上未附有标签和说明书，或者标签和说明书与批准的内容不一致的，责令其限期改正；情节严重的，依照前款规定处罚。

第六十一条 违反本条例规定，境外企业在中国直接销售兽药的，责令其限期改正，没收直接销售的兽药和违法所得，并处5万元以上10万元以下罚款；情节严重的，吊销进口兽药注册证书；给他人造成损失的，依法承担赔偿责任。

第六十二条 违反本条例规定，未按照国家有关兽药安全使用规定使用兽药的、未建立用药记录或者记录不完整真实的，或者使用禁止使用的药品和其他化合物的，或者将人用药品用于动物的，责令其立即改正，并对饲喂了违禁药物及其他化合物的动物及其产品进行无害化处理；对违法单位处1万元以上5万元以下罚款；给他人造成损失的，依法承担赔偿责任。

第六十三条 违反本条例规定，销售尚在用药期、休药期内的动物及其产品用于食品消费的，或者销售含有违禁药物和兽药残留超标的动物产品用于食品消费的，责令其对含有违禁药物和兽药残留超标的动物产品进行无害化处理，没收违法所得，并处3万元以上10万元以下罚款；构成犯罪的，依法追究刑事责任；给他人造成损失的，依法承担赔偿责任。

第六十四条 违反本条例规定，擅自转移、使用、销毁、销售被查封或者扣押的兽药及有关材料的，责令其停止违法行为，给予警告，并处5万元以上10万元以下罚款。

第六十五条 违反本条例规定，兽药生产企业、经营企业、兽药使用单位和开具处方的兽医人员发现可能与兽药使用有关的严重不良反应，不向所在地人民政府兽医行政管理部门报告的，给予警告，并处5000元以上1万元以下罚款。

生产企业在新兽药监测期内不收集或者不及时报送该新兽药的疗效、不良反应等资料的，责令其限期改正，并处1万元以上5万元以下罚款；情节严重的，撤销该新兽药的产品批准文号。

第六十六条 违反本条例规定，未经兽医开具处方销售、购买、使用兽用处方药的，责令其限期改正，没收违法所得，并处5万元以下罚款；给他人造成损失的，依法承担赔偿责任。

第六十七条 违反本条例规定，兽药生产、经营企业把原料药销售给兽药生产企业以外的单位和个人的，或者兽药经营企业拆零销售原料药的，责令其立即改正，给予警告，没收违法所得，并处2万元以上5万元以下罚款；情节严重的，吊销兽药生产许可证、兽药经营许可证；给他人造成损失的，依法承担赔偿责任。

第六十八条　违反本条例规定,在饲料和动物饮用水中添加激素类药品和国务院兽医行政管理部门规定的其他禁用药品,依照《饲料和饲料添加剂管理条例》的有关规定处罚;直接将原料药添加到饲料及动物饮用水中,或者饲喂动物的,责令其立即改正,并处1万元以上3万元以下罚款;给他人造成损失的,依法承担赔偿责任。

第六十九条　有下列情形之一的,撤销兽药的产品批准文号或者吊销进口兽药注册证书:

（一）抽查检验连续2次不合格的;

（二）药效不确定、不良反应大以及可能对养殖业、人体健康造成危害或者存在潜在风险的;

（三）国务院兽医行政管理部门禁止生产、经营和使用的兽药。

被撤销产品批准文号或者被吊销进口兽药注册证书的兽药,不得继续生产、进口、经营和使用。已经生产、进口的,由所在地兽医行政管理部门监督销毁,所需费用由违法行为人承担;给他人造成损失的,依法承担赔偿责任。

第七十条　本条例规定的行政处罚由县级以上人民政府兽医行政管理部门决定;其中吊销兽药生产许可证、兽药经营许可证,撤销兽药批准证明文件或者责令停止兽药研究试验的,由发证、批准、备案部门决定。

上级兽医行政管理部门对下级兽医行政管理部门违反本条例的行政行为,应当责令限期改正;逾期不改正的,有权予以改变或者撤销。

第七十一条　本条例规定的货值金额以违法生产、经营兽药的标价计算;没有标价的,按照同类兽药的市场价格计算。

第九章　附则

第七十二条　本条例下列用语的含义是:

（一）兽药,是指用于预防、治疗、诊断动物疾病或者有目的地调节动物生理机能的物质（含药物饲料添加剂）,主要包括:血清制品、疫苗、诊断制品、微生态制品、中药材、中成药、化学药品、抗生素、生化药品、放射性药品及外用杀虫剂、消毒剂等。

（二）兽用处方药,是指凭兽医处方方可购买和使用的兽药。

（三）兽用非处方药,是指由国务院兽医行政管理部门公布的、不需要凭兽医处方就可以自行购买并按照说明书使用的兽药。

（四）兽药生产企业,是指专门生产兽药的企业和兼产兽药的企业,包括从事兽药分装的企业。

（五）兽药经营企业,是指经营兽药的专营企业或者兼营企业。

（六）新兽药,是指未曾在中国境内上市销售的兽用药品。

（七）兽药批准证明文件,是指兽药产品批准文号、进口兽药注册证书、出口兽药证明文件、新兽药注册证书等文件。

第七十三条　兽用麻醉药品、精神药品、毒性药品和放射性药品等特殊药品,依照国家有关规定管理。

第七十四条　水产养殖中的兽药使用、兽药残留检测和监督管理以及水产养殖过程中违法用药的行政处罚,由县级以上人民政府渔业主管部门及其所属的渔政监督管理机构负责。

第七十五条　本条例自2004年11月1日起施行。

附录2　兽药生产质量管理规范（2020年修订）

（2020年4月21日农业农村部令2020年第3号公布）

第一章　总则

第一条　为加强兽药生产质量管理，根据《兽药管理条例》，制定兽药生产质量管理规范（兽药GMP）。

第二条　本规范是兽药生产管理和质量控制的基本要求，旨在确保持续稳定地生产出符合注册要求的兽药。

第三条　企业应当严格执行本规范，坚持诚实守信，禁止任何虚假、欺骗行为。

第二章　质量管理

第一节　原则

第四条　企业应当建立符合兽药质量管理要求的质量目标，将兽药有关安全、有效和质量可控的所有要求，系统地贯彻到兽药生产、控制及产品放行、贮存、销售的全过程中，确保所生产的兽药符合注册要求。

第五条　企业高层管理人员应当确保实现既定的质量目标，不同层次的人员应当共同参与并承担各自的责任。

第六条　企业配备的人员、厂房、设施和设备等条件，应当满足质量目标的需要。

第二节　质量保证

第七条　企业应当建立质量保证系统，同时建立完整的文件体系，以保证系统有效运行。

企业应当对高风险产品的关键生产环节建立信息化管理系统，进行在线记录和监控。

第八条　质量保证系统应当确保：

（一）兽药的设计与研发体现本规范的要求；

（二）生产管理和质量控制活动符合本规范的要求；

（三）管理职责明确；

（四）采购和使用的原辅料和包装材料符合要求；

（五）中间产品得到有效控制；

（六）确认、验证的实施；

（七）严格按照规程进行生产、检查、检验和复核；

（八）每批产品经质量管理负责人批准后方可放行；

（九）在贮存、销售和随后的各种操作过程中有保证兽药质量的适当措施；

（十）按照自检规程，定期检查评估质量保证系统的有效性和适用性。

第九条　兽药生产质量管理的基本要求：

（一）制定生产工艺，系统地回顾并证明其可持续稳定地生产出符合要求的产品。

（二）生产工艺及影响产品质量的工艺变更均须经过验证。

（三）配备所需的资源，至少包括：

1. 具有相应能力并经培训合格的人员；

2. 足够的厂房和空间；

3. 适用的设施、设备和维修保障；

4. 正确的原辅料、包装材料和标签；

5. 经批准的工艺规程和操作规程；

6. 适当的贮运条件。

（四）应当使用准确、易懂的语言制定操作规程。

（五）操作人员经过培训，能够按照操作规程正确操作。

（六）生产全过程应当有记录，偏差均经过调查并记录。

（七）批记录、销售记录和电子追溯码信息应当能够追溯批产品的完整历史，并妥善保存、便于查阅。

（八）采取适当的措施，降低兽药销售过程中的质量风险。

（九）建立兽药召回系统，确保能够召回已销售的产品。

（十）调查导致兽药投诉和质量缺陷的原因，并采取措施，防止类似投诉和质量缺陷再次发生。

第三节　质量控制

第十条　质量控制包括相应的组织机构、文件系统以及取样、检验等，确保物料或产品在放行前完成必要的检验，确认其质量符合要求。

第十一条　质量控制的基本要求：

（一）应当配备适当的设施、设备、仪器和经过培训的人员，有效、可靠地完成所有质量控制的相关活动；

（二）应当有批准的操作规程，用于原辅料、包装材料、中间产品和成品的取样、检查、检验以及产品的稳定性考察，必要时进行环境监测，以确保符合本规范的要求；

（三）由经授权的人员按照规定的方法对原辅料、包装材料、中间产品和成品取样；

（四）检验方法应当经过验证或确认；

（五）应当按照质量标准对物料、中间产品和成品进行检查和检验；

（六）取样、检查、检验应当有记录，偏差应当经过调查并记录；

（七）物料和成品应当有足够的留样，以备必要的检查或检验；除最终包装容器过大的成品外，成品的留样包装应当与最终包装相同。最终包装容器过大的成品应使用材质和结构一样的市售模拟包装。

第四节　质量风险管理

第十二条　质量风险管理是在整个产品生命周期中采用前瞻或回顾的方式，对质量风险进行识别、评估、控制、沟通、审核的系统过程。

第十三条　应当根据科学知识及经验对质量风险进行评估，以保证产品质量。

第十四条　质量风险管理过程所采用的方法、措施、形式及形成的文件应当与存在风险的级别相适应。

第三章 机构与人员

第一节 原则

第十五条 企业应当建立与兽药生产相适应的管理机构,并有组织机构图。

企业应当设立独立的质量管理部门,履行质量保证和质量控制的职责。质量管理部门可以分别设立质量保证部门和质量控制部门。

第十六条 质量管理部门应当参与所有与质量有关的活动,负责审核所有与本规范有关的文件。质量管理部门人员不得将职责委托给其他部门的人员。

第十七条 企业应当配备足够数量并具有相应能力(含学历、培训和实践经验)的管理和操作人员,应当明确规定每个部门和每个岗位的职责。岗位职责不得遗漏,交叉的职责应当有明确规定。每个人承担的职责不得过多。

所有人员应当明确并理解自己的职责,熟悉与其职责相关的要求,并接受必要的培训,包括上岗前培训和继续培训。

第十八条 职责通常不得委托给他人。确需委托的,其职责应委托给具有相当资质的指定人员。

第二节 关键人员

第十九条 关键人员应当为企业的全职人员,至少包括企业负责人、生产管理负责人和质量管理负责人。

质量管理负责人和生产管理负责人不得互相兼任。企业应当制定操作规程确保质量管理负责人独立履行职责,不受企业负责人和其他人员的干扰。

第二十条 企业负责人是兽药质量的主要责任人,全面负责企业日常管理。为确保企业实现质量目标并按照本规范要求生产兽药,企业负责人负责提供并合理计划、组织和协调必要的资源,保证质量管理部门独立履行其职责。

第二十一条 生产管理负责人

(一)资质:

生产管理负责人应当至少具有药学、兽医学、生物学、化学等相关专业本科学历(中级专业技术职称),具有至少三年从事兽药(药品)生产或质量管理的实践经验,其中至少有一年的兽药(药品)生产管理经验,接受过与所生产产品相关的专业知识培训。

(二)主要职责:

1. 确保兽药按照批准的工艺规程生产、贮存,以保证兽药质量;
2. 确保严格执行与生产操作相关的各种操作规程;
3. 确保批生产记录和批包装记录已经指定人员审核并送交质量管理部门;
4. 确保厂房和设备的维护保养,以保持其良好的运行状态;
5. 确保完成各种必要的验证工作;
6. 确保生产相关人员经过必要的上岗前培训和继续培训,并根据实际需要调整培训内容。

第二十二条 质量管理负责人

(一)资质:

质量管理负责人应当至少具有药学、兽医学、生物学、化学等相关专业本科学历(中级专业技术职称),具有至少五年从事兽药(药品)生产或质量管理的实践经验,其中至少一年的兽药(药品)质量管理经验,接受过与所生产产品相关的专业知识培训。

(二)主要职责:
1. 确保原辅料、包装材料、中间产品和成品符合工艺规程的要求和质量标准;
2. 确保在产品放行前完成对批记录的审核;
3. 确保完成所有必要的检验;
4. 批准质量标准、取样方法、检验方法和其他质量管理的操作规程;
5. 审核和批准所有与质量有关的变更;
6. 确保所有重大偏差和检验结果超标已经过调查并得到及时处理;
7. 监督厂房和设备的维护,以保持其良好的运行状态;
8. 确保完成各种必要的确认或验证工作,审核和批准确认或验证方案和报告;
9. 确保完成自检;
10. 评估和批准物料供应商;
11. 确保所有与产品质量有关的投诉已经过调查,并得到及时、正确的处理;
12. 确保完成产品的持续稳定性考察计划,提供稳定性考察的数据;
13. 确保完成产品质量回顾分析;
14. 确保质量控制和质量保证人员都已经过必要的上岗前培训和继续培训,并根据实际需要调整培训内容。

第三节 培训

第二十三条 企业应当指定部门或专人负责培训管理工作,应当有批准的培训方案或计划,培训记录应当予以保存。

第二十四条 与兽药生产、质量有关的所有人员都应当经过培训,培训的内容应当与岗位的要求相适应。除进行本规范理论和实践的培训外,还应当有相关法规、相应岗位的职责、技能的培训,并定期评估培训实际效果。应对检验人员进行检验能力考核,合格后上岗。

第二十五条 高风险操作区(如高活性、高毒性、传染性、高致敏性物料的生产区)的工作人员应当接受专门的专业知识和安全防护要求的培训。

第四节 人员卫生

第二十六条 企业应当建立人员卫生操作规程,最大限度地降低人员对兽药生产造成污染的风险。

第二十七条 人员卫生操作规程应当包括与健康、卫生习惯及人员着装相关的内容。企业应当采取措施确保人员卫生操作规程的执行。

第二十八条 企业应当对人员健康进行管理,并建立健康档案。直接接触兽药的生产人员上岗前应当接受健康检查,以后每年至少进行一次健康检查。

第二十九条 企业应当采取适当措施,避免体表有伤口、患有传染病或其他疾病可能污染兽药的人员从事直接接触兽药的生产活动。

第三十条 参观人员和未经培训的人员不得进入生产区和质量控制区,特殊情况确需进入的,应当经过批准,并对进入人员的个人卫生、更衣等事项进行指导。

第三十一条 任何进入生产区的人员均应当按照规定更衣。工作服的选材、式样及穿戴方式应当与所从事的工作和空气洁净度级别要求相适应。

第三十二条 进入洁净生产区的人员不得化妆和佩戴饰物。

第三十三条 生产区、检验区、仓储区应当禁止吸烟和饮食,禁止存放食品、饮料、香烟和个人用品等非生产用物品。

第三十四条 操作人员应当避免裸手直接接触兽药以及与兽药直接接触的容器具、包装材料和设备表面。

第四章 厂房与设施

第一节 原则

第三十五条 厂房的选址、设计、布局、建造、改造和维护必须符合兽药生产要求,应当能够最大限度地避免污染、交叉污染、混淆和差错,便于清洁、操作和维护。

第三十六条 应当根据厂房及生产防护措施综合考虑选址,厂房所处的环境应当能够最大限度地降低物料或产品遭受污染的风险。

第三十七条 企业应当有整洁的生产环境;厂区的地面、路面等设施及厂内运输等活动不得对兽药的生产造成污染;生产、行政、生活和辅助区的总体布局应当合理,不得互相妨碍;厂区和厂房内的人、物流走向应当合理。

第三十八条 应当对厂房进行适当维护,并确保维修活动不影响兽药的质量。应当按照详细的书面操作规程对厂房进行清洁或必要的消毒。

第三十九条 厂房应当有适当的照明、温度、湿度和通风,确保生产和贮存的产品质量以及相关设备性能不会直接或间接地受到影响。

第四十条 厂房、设施的设计和安装应当能够有效防止昆虫或其他动物进入。应当采取必要的措施,避免所使用的灭鼠药、杀虫剂、烟熏剂等对设备、物料、产品造成污染。

第四十一条 应当采取适当措施,防止未经批准人员的进入。生产、贮存和质量控制区不得作为非本区工作人员的直接通道。

第四十二条 应当保存厂房、公用设施、固定管道建造或改造后的竣工图纸。

第二节 生产区

第四十三条 为降低污染和交叉污染的风险,厂房、生产设施和设备应当根据所生产兽药的特性、工艺流程及相应洁净度级别要求合理设计、布局和使用,并符合下列要求:

(一)应当根据兽药的特性、工艺等因素,确定厂房、生产设施和设备供多产品共用的可行性,并有相应的评估报告。

(二)生产青霉素类等高致敏性兽药应使用相对独立的厂房、生产设施及专用的空气净化系统,分装室应保持相对负压,排至室外的废气应经净化处理并符合要求,排风口应远离其他空气净化系统的进风口。如需利用停产的该类车间分装其他产品时,则必须进行清洁处理,不得有残留并经测试合格后才能生产其他产品。

(三)生产高生物活性兽药(如性激素类等)应使用专用的车间、生产设施及空气净化系统,并与其他兽药生产区严格分开。

(四)生产吸入麻醉剂类兽药应使用专用的车间、生产设施及空气净化系统;配液和分装工序应保持相对负压,其空调排风系统采用全排风,不得利用回风方式。

(五)兽用生物制品应按微生物类别、性质的不同分开生产。强毒菌种与弱毒菌种、病毒与细菌、活疫苗与灭活疫苗、灭活前与灭活后、脱毒前与脱毒后其生产操作区域和储存设备等应严格分开。

生产兽用生物制品涉及高致病性病原微生物、有感染人风险的人兽共患病病原微生物以及芽孢类微生物的,应在生物安全风险评估基础上,至少采取专用区域、专用设备和专用空调排风系统等措施,确保生物安全。有生物安全三级防护要求的兽用生物制品的生产,还应符合相关规定。

(六)用于上述第(二)、(三)、(四)、(五)项的空调排风系统,其排风应当经过无害化处理。

（七）生产厂房不得用于生产非兽药产品。

（八）对易燃易爆、腐蚀性强的消毒剂（如固体含氯制剂等）生产车间和仓库应设置独立的建筑物。

第四十四条 生产区和贮存区应当有足够的空间，确保有序地存放设备、物料、中间产品和成品，避免不同产品或物料的混淆、交叉污染，避免生产或质量控制操作发生遗漏或差错。

第四十五条 应当根据兽药品种、生产操作要求及外部环境状况等配置空气净化系统，使生产区有效通风，并有温度、湿度控制和空气净化过滤，保证兽药的生产环境符合要求。

洁净区与非洁净区之间、不同级别洁净区之间的压差应当不低于10帕斯卡。必要时，相同洁净度级别的不同功能区域（操作间）之间也应当保持适当的压差梯度，并应有指示压差的装置和（或）设置监控系统。

兽药生产洁净室（区）分为A级、B级、C级和D级4个级别。生产不同类别兽药的洁净室（区）设计应当符合相应的洁净度要求，包括达到"静态"和"动态"的标准。

第四十六条 洁净区的内表面（墙壁、地面、天棚）应当平整光滑、无裂缝、接口严密、无颗粒物脱落，避免积尘，便于有效清洁，必要时应当进行消毒。

第四十七条 各种管道、工艺用水的水处理及其配套设施、照明设施、风口和其他公用设施的设计和安装应当避免出现不易清洁的部位，应当尽可能在生产区外部对其进行维护。

与无菌兽药直接接触的干燥用空气、压缩空气和惰性气体应经净化处理，其洁净程度、管道材质等应与对应的洁净区的要求相一致。

第四十八条 排水设施应当大小适宜，并安装防止倒灌的装置。含高致病性病原微生物以及有感染人风险的人兽共患病病原微生物的活毒废水，应有有效的无害化处理设施。

第四十九条 制剂的原辅料称量通常应当在专门设计的称量室内进行。

第五十条 产尘操作间（如干燥物料或产品的取样、称量、混合、包装等操作间）应当保持相对负压或采取专门的措施，防止粉尘扩散、避免交叉污染并便于清洁。

第五十一条 用于兽药包装的厂房或区域应当合理设计和布局，以避免混淆或交叉污染。如同一区域内有数条包装线，应当有隔离措施。

第五十二条 生产区应根据功能要求提供足够的照明，目视操作区域的照明应当满足操作要求。

第五十三条 生产区内可设中间产品检验区域，但中间产品检验操作不得给兽药带来质量风险。

第三节 仓储区

第五十四条 仓储区应当有足够的空间，确保有序存放待验、合格、不合格、退货或召回的原辅料、包装材料、中间产品和成品等各类物料和产品。

第五十五条 仓储区的设计和建造应当确保良好的仓储条件，并有通风和照明设施。仓储区应当能够满足物料或产品的贮存条件（如温湿度、避光）和安全贮存的要求，并进行检查和监控。

第五十六条 如采用单独的隔离区域贮存待验物料或产品，待验区应当有醒目的标识，且仅限经批准的人员出入。

不合格、退货或召回的物料或产品应当隔离存放。

如果采用其他方法替代物理隔离，则该方法应当具有同等的安全性。

第五十七条 易燃、易爆和其他危险品的生产和贮存的厂房设施应符合国家有关规定。兽用麻醉药品、精神药品、毒性药品的贮存设施应符合有关规定。

第五十八条 高活性的物料或产品以及印刷包装材料应当贮存于安全的区域。

第五十九条 接收、发放和销售区域及转运过程应当能够保护物料、产品免受外界天气（如雨、雪）的影响。接收区的布局和设施，应当能够确保物料在进入仓储区前可对外包装进行必要的清洁。

第六十条 贮存区域应当设置托盘等设施，避免物料、成品受潮。

第六十一条 应当有单独的物料取样区，取样区的空气洁净度级别应当与生产要求相一致。如在其他区域或采用其他方式取样，应当能够防止污染或交叉污染。

第四节　质量控制区

第六十二条 质量控制实验室通常应当与生产区分开。根据生产品种，应有相应符合无菌检查、微生物限度检查和抗生素微生物检定等要求的实验室。生物检定和微生物实验室还应当彼此分开。

第六十三条 实验室的设计应当确保其适用于预定的用途，并能够避免混淆和交叉污染，应当有足够的区域用于样品处置、留样和稳定性考察样品的存放以及记录的保存。

第六十四条 有特殊要求的仪器应当设置专门的仪器室，使灵敏度高的仪器免受静电、震动、潮湿或其他外界因素的干扰。

第六十五条 处理生物样品等特殊物品的实验室应当符合国家的有关要求。

第六十六条 实验动物房应当与其他区域严格分开，其设计、建造应当符合国家有关规定，并设有专用的空气处理设施以及动物的专用通道。如需采用动物生产兽用生物制品，生产用动物房必须单独设置，并设有专用的空气处理设施以及动物的专用通道。

生产兽用生物制品的企业应设置检验用动物实验室。同一集团控股的不同生物制品生产企业，可由每个生产企业分别设置检验用动物实验室或委托集团内具备相应检验条件和能力的生产企业进行有关动物实验。有生物安全三级防护要求的兽用生物制品检验用实验室和动物实验室，还应符合相关规定。

生产兽用生物制品外其他需使用动物进行检验的兽药产品，兽药生产企业可采取自行设置检验用动物实验室或委托其他单位进行有关动物实验。接受委托检验的单位，其检验用动物实验室必须具备相应的检验条件，并应符合相关规定要求。采取委托检验的，委托方对检验结果负责。

第五节　辅助区

第六十七条 休息室的设置不得对生产区、仓储区和质量控制区造成不良影响。

第六十八条 更衣室和盥洗室应当方便人员进出，并与使用人数相适应。盥洗室不得与生产区和仓储区直接相通。

第六十九条 维修间应当尽可能远离生产区。存放在洁净区内的维修用备件和工具，应当放置在专门的房间或工具柜中。

第五章　设备

第一节　原则

第七十条 设备的设计、选型、安装、改造和维护必须符合预定用途，应当尽可能降低产生污染、交叉污染、混淆和差错的风险，便于操作、清洁、维护以及必要时进行的消毒或灭菌。

第七十一条　应当建立设备使用、清洁、维护和维修的操作规程,以保证设备的性能,应按规程使用设备并记录。

第七十二条　主要生产和检验设备、仪器、衡器均应建立设备档案,内容包括:生产厂家、型号、规格、技术参数、说明书、设备图纸、备件清单、安装位置及竣工图,以及检修和维修保养内容及记录、验证记录、事故记录等。

第二节　设计和安装

第七十三条　生产设备应当避免对兽药质量产生不利影响。与兽药直接接触的生产设备表面应当平整、光洁、易清洗或消毒、耐腐蚀,不得与兽药发生化学反应、吸附兽药或向兽药中释放物质而影响产品质量。

第七十四条　生产、检验设备的性能、参数应能满足设计要求和实际生产需求,并应当配备有适当量程和精度的衡器、量具、仪器和仪表。相关设备还应符合实施兽药产品电子追溯管理的要求。

第七十五条　应当选择适当的清洗、清洁设备,并防止这类设备成为污染源。

第七十六条　设备所用的润滑剂、冷却剂等不得对兽药或容器造成污染,与兽药可能接触的部位应当使用食用级或级别相当的润滑剂。

第七十七条　生产用模具的采购、验收、保管、维护、发放及报废应当制定相应操作规程,设专人专柜保管,并有相应记录。

第三节　使用、维护和维修

第七十八条　主要生产和检验设备都应当有明确的操作规程。

第七十九条　生产设备应当在确认的参数范围内使用。

第八十条　生产设备应当有明显的状态标识,标明设备编号、名称、运行状态等。运行的设备应当标明内容物的信息,如名称、规格、批号等,没有内容物的生产设备应当标明清洁状态。

第八十一条　与设备连接的主要固定管道应当标明内容物名称和流向。

第八十二条　应当制定设备的预防性维护计划,设备的维护和维修应当有相应的记录。

第八十三条　设备的维护和维修应保持设备的性能,并不得影响产品质量。

第八十四条　经改造或重大维修的设备应当进行再确认,符合要求后方可继续使用。

第八十五条　不合格的设备应当搬出生产和质量控制区,如未搬出,应当有醒目的状态标识。

第八十六条　用于兽药生产或检验的设备和仪器,应当有使用和维修、维护记录,使用记录内容包括使用情况、日期、时间、所生产及检验的兽药名称、规格和批号等。

第四节　清洁和卫生

第八十七条　兽药生产设备应保持良好的清洁卫生状态,不得对兽药的生产造成污染和交叉污染。

第八十八条　生产、检验设备及器具均应制定清洁操作规程,并按照规程进行清洁和记录。

第八十九条　已清洁的生产设备应当在清洁、干燥的条件下存放。

第五节　检定或校准

第九十条　应当根据国家标准及仪器使用特点对生产和检验用衡器、量具、仪表、记录和控制设备以及仪器制定检定（校准）计划，检定（校准）的范围应当涵盖实际使用范围。应按计划进行检定或校准，并保存相关证书、报告或记录。

第九十一条 应当确保生产和检验使用的衡器、量具、仪器仪表经过校准，控制设备得到确认，确保得到的数据准确、可靠。

第九十二条 仪器的检定和校准应当符合国家有关规定，应保证校验数据的有效性。

自校仪器、量具应制定自校规程，并具备自校设施条件，校验人员具有相应资质，并做好校验记录。

第九十三条 衡器、量具、仪表、用于记录和控制的设备以及仪器应当有明显的标识，标明其检定或校准有效期。

第九十四条 在生产、包装、仓储过程中使用自动或电子设备的，应当按照操作规程定期进行校准和检查，确保其操作功能正常。校准和检查应当有相应的记录。

第六节 制药用水

第九十五条 制药用水应当适合其用途，并符合《中华人民共和国兽药典》的质量标准及相关要求。制药用水至少应当采用饮用水。

第九十六条 水处理设备及其输送系统的设计、安装、运行和维护应当确保制药用水达到设定的质量标准。水处理设备的运行不得超出其设计能力。

第九十七条 纯化水、注射用水储罐和输送管道所用材料应当无毒、耐腐蚀；储罐的通气口应当安装不脱落纤维的疏水性除菌滤器；管道的设计和安装应当避免死角、盲管。

第九十八条 纯化水、注射用水的制备、贮存和分配应当能够防止微生物的滋生。纯化水可采用循环，注射用水可采用 70 ℃以上保温循环。

第九十九条 应当对制药用水及原水的水质进行定期监测，并有相应的记录。

第一百条 应当按照操作规程对纯化水、注射用水管道进行清洗消毒，并有相关记录。发现制药用水微生物污染达到警戒限度、纠偏限度时应当按照操作规程处理。

第六章 物料与产品

第一节 原则

第一百零一条 兽药生产所用的原辅料、与兽药直接接触的包装材料应当符合兽药标准、药品标准、包装材料标准或其他有关标准。兽药上直接印字所用油墨应当符合食用标准要求。

进口原辅料应当符合国家相关的进口管理规定。

第一百零二条 应当建立相应的操作规程，确保物料和产品的正确接收、贮存、发放、使用和销售，防止污染、交叉污染、混淆和差错。

物料和产品的处理应当按照操作规程或工艺规程执行，并有记录。

第一百零三条 物料供应商的确定及变更应当进行质量评估，并经质量管理部门批准后方可采购。必要时对关键物料进行现场考察。

第一百零四条 物料和产品的运输应当能够满足质量和安全的要求，对运输有特殊要求的，其运输条件应当予以确认。

第一百零五条 原辅料、与兽药直接接触的包装材料和印刷包装材料的接收应当有操作规程，所有到货物料均应当检查，确保与订单一致，并确认供应商已经质量管理部门批准。

物料的外包装应当有标签，并注明规定的信息。必要时应当进行清洁，发现外包装损坏或其他可能影响物料质量的问题,应当向质量管理部门报告并进行调查和记录。

每次接收均应当有记录,内容包括:

(一) 交货单和包装容器上所注物料的名称;

(二) 企业内部所用物料名称和(或)代码;

(三) 接收日期;

(四) 供应商和生产商(如不同)的名称;

(五) 供应商和生产商(如不同)标识的批号;

(六) 接收总量和包装容器数量;

(七) 接收后企业指定的批号或流水号;

(八) 有关说明(如包装状况);

(九) 检验报告单等合格性证明材料。

第一百零六条 物料接收和成品生产后应当及时按照待验管理,直至放行。

第一百零七条 物料和产品应当根据其性质有序分批贮存和周转,发放及销售应当符合先进先出和近效期先出的原则。

第一百零八条 使用计算机化仓储管理的,应当有相应的操作规程,防止因系统故障、停机等特殊情况而造成物料和产品的混淆和差错。

第二节 原辅料

第一百零九条 应当制定相应的操作规程,采取核对或检验等适当措施,确认每一批次的原辅料准确无误。

第一百一十条 一次接收数个批次的物料,应当按批取样、检验、放行。

第一百一十一条 仓储区内的原辅料应当有适当的标识,并至少标明下述内容:

(一) 指定的物料名称或企业内部的物料代码;

(二) 企业接收时设定的批号;

(三) 物料质量状态(如待验、合格、不合格、已取样);

(四) 有效期或复验期。

第一百一十二条 只有经质量管理部门批准放行并在有效期或复验期内的原辅料方可使用。

第一百一十三条 原辅料应当按照有效期或复验期贮存。贮存期内,如发现对质量有不良影响的特殊情况,应当进行复验。

第三节 中间产品

第一百一十四条 中间产品应当在适当的条件下贮存。

第一百一十五条 中间产品应当有明确的标识,并至少标明下述内容:

(一) 产品名称或企业内部的产品代码;

(二) 产品批号;

(三) 数量或重量(如毛重、净重等);

(四) 生产工序(必要时);

(五) 产品质量状态(必要时,如待验、合格、不合格、已取样)。

第四节 包装材料

第一百一十六条 与兽药直接接触的包装材料以及印刷包装材料的管理和控制要求与原辅料相同。

第一百一十七条 包装材料应当由专人按照操作规程发放,并采取措施避免混淆和差错,确保用于兽药生产的包装材料正确无误。

第一百一十八条 应当建立印刷包装材料设计、审核、批准的操作规程,确保印刷包装材料印制的内容与畜牧兽医主管部门核准的一致,并建立专门文档,保存经签名批准的印刷包装材料原版实样。

第一百一十九条 印刷包装材料的版本变更时,应当采取措施,确保产品所用印刷包装材料的版本正确无误。应收回作废的旧版印刷模板并予以销毁。

第一百二十条 印刷包装材料应当设置专门区域妥善存放,未经批准,人员不得进入。切割式标签或其他散装印刷包装材料应当分别置于密闭容器内储运,以防混淆。

第一百二十一条 印刷包装材料应当由专人保管,并按照操作规程和需求量发放。

第一百二十二条 每批或每次发放的与兽药直接接触的包装材料或印刷包装材料,均应当有识别标志,标明所用产品的名称和批号。

第一百二十三条 过期或废弃的印刷包装材料应当予以销毁并记录。

第五节 成品

第一百二十四条 成品放行前应当待验贮存。

第一百二十五条 成品的贮存条件应当符合兽药质量标准。

第六节 特殊管理的物料和产品

第一百二十六条 兽用麻醉药品、精神药品、毒性药品(包括药材)和放射类药品等特殊药品,易制毒化学品及易燃、易爆和其他危险品的验收、贮存、管理应当执行国家有关规定。

第七节 其他

第一百二十七条 不合格的物料、中间产品和成品的每个包装容器或批次上均应当有清晰醒目的标志,并在隔离区内妥善保存。

第一百二十八条 不合格的物料、中间产品和成品的处理应当经质量管理负责人批准,并有记录。

第一百二十九条 产品回收需经预先批准,并对相关的质量风险进行充分评估,根据评估结论决定是否回收。回收应当按照预定的操作规程进行,并有相应记录。回收处理后的产品应当按照回收处理中最早批次产品的生产日期确定有效期。

第一百三十条 制剂产品原则上不得进行重新加工。不合格的制剂中间产品和成品一般不得进行返工。只有不影响产品质量、符合相应质量标准,且根据预定、经批准的操作规程以及对相关风险充分评估后,才允许返工处理。返工应当有相应记录。

第一百三十一条 对返工或重新加工或回收合并后生产的成品,质量管理部门应当评估对产品质量的影响,必要时需要进行额外相关项目的检验和稳定性考察。

第一百三十二条 企业应当建立兽药退货的操作规程,并有相应的记录,内容至少应包括:产品名称、批号、规格、数量、退货单位及地址、退货原因及日期、最终处理意见。同一产品同一批号不同渠道的退货应当分别记录、存放和处理。

第一百三十三条 只有经检查、检验和调查,有证据证明退货产品质量未受影响,且经质量管理部门根据操作规程评价后,方可考虑将退货产品重新包装、重新销售。评价考虑的因素至少应当包括兽药的性质、所需的贮存条件、兽药的现状、历史,以及销售与退货之间的间隔时间等因素。对退货产品质量存有怀疑时,不得重新销售。

对退货产品进行回收处理的,回收后的产品应当符合预定的质量标准和第一百二十九条的要求。

退货产品处理的过程和结果应当有相应记录。

第七章　确认与验证

第一百三十四条　企业应当确定需要进行的确认或验证工作,以证明有关操作的关键要素能够得到有效控制。确认或验证的范围和程度应当经过风险评估来确定。

第一百三十五条　企业的厂房、设施、设备和检验仪器应当经过确认,应当采用经过验证的生产工艺、操作规程和检验方法进行生产、操作和检验,并保持持续的验证状态。

第一百三十六条　企业应当制定验证总计划,包括厂房与设施、设备、检验仪器、生产工艺、操作规程、清洁方法和检验方法等,确立验证工作的总体原则,明确企业所有验证的总体计划,规定各类验证应达到的目标、验证机构和人员的职责和要求。

第一百三十七条　应当建立确认与验证的文件和记录,并能以文件和记录证明达到以下预定的目标：

（一）设计确认应当证明厂房、设施、设备的设计符合预定用途和本规范要求；

（二）安装确认应当证明厂房、设施、设备的建造和安装符合设计标准；

（三）运行确认应当证明厂房、设施、设备的运行符合设计标准；

（四）性能确认应当证明厂房、设施、设备在正常操作方法和工艺条件下能够持续符合标准；

（五）工艺验证应当证明一个生产工艺按照规定的工艺参数能够持续生产出符合预定用途和注册要求的产品。

第一百三十八条　采用新的生产处方或生产工艺前,应当验证其常规生产的适用性。生产工艺在使用规定的原辅料和设备条件下,应当能够始终生产出符合注册要求的产品。

第一百三十九条　当影响产品质量的主要因素,如原辅料、与药品直接接触的包装材料、生产设备、生产环境(厂房)、生产工艺、检验方法等发生变更时,应当进行确认或验证。必要时,还应当经畜牧兽医主管部门批准。

第一百四十条　清洁方法应当经过验证,证实其清洁的效果,以有效防止污染和交叉污染。清洁验证应当综合考虑设备使用情况、所使用的清洁剂和消毒剂、取样方法和位置以及相应的取样回收率、残留物的性质和限度、残留物检验方法的灵敏度等因素。

第一百四十一条　应当根据确认或验证的对象制定确认或验证方案,并经审核、批准。确认或验证方案应当明确职责,验证合格标准的设立及进度安排科学合理,可操作性强。

第一百四十二条　确认或验证应当按照预先确定和批准的方案实施,并有记录。确认或验证工作完成后,应当对验证结果进行评价,写出报告(包括评价与建议),并经审核、批准。验证的文件应存档。

第一百四十三条　应当根据验证的结果确认工艺规程和操作规程。

第一百四十四条　确认和验证不是一次性的行为。首次确认或验证后,应当根据产品质量回顾分析情况进行再确认或再验证。关键的生产工艺和操作规程应当定期进行再验证,确保其能够达到预期结果。

第八章　文件管理

第一节　原则

第一百四十五条　文件是质量保证系统的基本要素。企业应当有内容正确的书面质量标准、生产处方和工艺规程、操作规程以及记录等文件。

第一百四十六条 企业应当建立文件管理的操作规程,系统地设计、制定、审核、批准、发放、收回和销毁文件。

第一百四十七条 文件的内容应当覆盖与兽药生产有关的所有方面,包括人员、设施设备、物料、验证、生产管理、质量管理、销售、召回和自检等,以及兽药产品赋电子追溯码(二维码)标识制度,保证产品质量可控并有助于追溯每批产品的历史情况。

第一百四十八条 文件的起草、修订、审核、批准、替换或撤销、复制、保管和销毁等应当按照操作规程管理,并有相应的文件分发、撤销、复制、收回、销毁记录。

第一百四十九条 文件的起草、修订、审核、批准均应当由适当的人员签名并注明日期。

第一百五十条 文件应当标明题目、种类、目的以及文件编号和版本号。文字应当确切、清晰、易懂,不能模棱两可。

第一百五十一条 文件应当分类存放、条理分明,便于查阅。

第一百五十二条 原版文件复制时,不得产生任何差错;复制的文件应当清晰可辨。

第一百五十三条 文件应当定期审核、修订;文件修订后,应当按照规定管理,防止旧版文件的误用。分发、使用的文件应当为批准的现行文本,已撤销的或旧版文件除留档备查外,不得在工作现场出现。

第一百五十四条 与本规范有关的每项活动均应当有记录,记录数据应完整可靠,以保证产品生产、质量控制和质量保证、包装所赋电子追溯码等活动可追溯。记录应当留有填写数据的足够空格。记录应当及时填写,内容真实,字迹清晰、易读,不易擦除。

第一百五十五条 应当尽可能采用生产和检验设备自动打印的记录、图谱和曲线图等,并标明产品或样品的名称、批号和记录设备的信息,操作人应当签注姓名和日期。

第一百五十六条 记录应当保持清洁,不得撕毁和任意涂改。记录填写的任何更改都应当签注姓名和日期,并使原有信息仍清晰可辨,必要时,应当说明更改的理由。记录如需重新誊写,则原有记录不得销毁,应当作为重新誊写记录的附件保存。

第一百五十七条 每批兽药应当有批记录,包括批生产记录、批包装记录、批检验记录和兽药放行审核记录以及电子追溯码标识记录等。批记录应当由质量管理部门负责管理,至少保存至兽药有效期后一年。质量标准、工艺规程、操作规程、稳定性考察、确认、验证、变更等其他重要文件应当长期保存。

第一百五十八条 如使用电子数据处理系统、照相技术或其他可靠方式记录数据资料,应当有所用系统的操作规程;记录的准确性应当经过核对。

使用电子数据处理系统的,只有经授权的人员方可输入或更改数据,更改和删除情况应当有记录;应当使用密码或其他方式来控制系统的登录;关键数据输入后,应当由他人独立进行复核。

用电子方法保存的批记录,应当采用磁带、缩微胶卷、纸质副本或其他方法进行备份,以确保记录的安全,且数据资料在保存期内便于查阅。

第二节 质量标准

第一百五十九条 物料和成品应当有经批准的现行质量标准;必要时,中间产品也应当有质量标准。

第一百六十条 物料的质量标准一般应当包括:

(一)物料的基本信息:

1. 企业统一指定的物料名称或内部使用的物料代码;

2. 质量标准的依据。

(二)取样、检验方法或相关操作规程编号。

(三)定性和定量的限度要求。
(四)贮存条件和注意事项。
(五)有效期或复验期。

第一百六十一条 成品的质量标准至少应当包括:
(一)产品名称或产品代码;
(二)对应的产品处方编号(如有);
(三)产品规格和包装形式;
(四)取样、检验方法或相关操作规程编号;
(五)定性和定量的限度要求;
(六)贮存条件和注意事项;
(七)有效期。

第三节 工艺规程

第一百六十二条 每种兽药均应当有经企业批准的工艺规程,不同兽药规格的每种包装形式均应当有各自的包装操作要求。工艺规程的制定应当以注册批准的工艺为依据。

第一百六十三条 工艺规程不得任意更改。如需更改,应当按照相关的操作规程修订、审核、批准,影响兽药产品质量的更改应当经过验证。

第一百六十四条 制剂的工艺规程内容至少应当包括:
(一)生产处方:
1. 产品名称;
2. 产品剂型、规格和批量;
3. 所用原辅料清单(包括生产过程中使用,但不在成品中出现的物料),阐明每一物料的指定名称和用量;原辅料的用量需要折算时,还应当说明计算方法。
(二)生产操作要求:
1. 对生产场所和所用设备的说明(如操作间的位置、洁净度级别、温湿度要求、设备型号等);
2. 关键设备的准备(如清洗、组装、校准、灭菌等)所采用的方法或相应操作规程编号;
3. 详细的生产步骤和工艺参数说明(如物料的核对、预处理、加入物料的顺序、混合时间、温度等);
4. 中间控制方法及标准;
5. 预期的最终产量限度,必要时,还应当说明中间产品的产量限度,以及物料平衡的计算方法和限度;
6. 待包装产品的贮存要求,包括容器、标签、贮存时间及特殊贮存条件;
7. 需要说明的注意事项。
(三)包装操作要求:
1. 以最终包装容器中产品的数量、重量或体积表示的包装形式;
2. 所需全部包装材料的完整清单,包括包装材料的名称、数量、规格、类型;
3. 印刷包装材料的实样或复制品,并标明产品批号、有效期打印位置;
4. 需要说明的注意事项,包括对生产区和设备进行的检查,在包装操作开始前,确认包装生产线的清场已经完成等;
5. 包装操作步骤的说明,包括重要的辅助性操作和所用设备的注意事项、包装材料使用前的核对;

6. 中间控制的详细操作,包括取样方法及标准;
7. 待包装产品、印刷包装材料的物料平衡计算方法和限度。

第四节 批生产与批包装记录

第一百六十五条 每批产品均应当有相应的批生产记录,记录的内容应确保该批产品的生产历史以及与质量有关的情况可追溯。

第一百六十六条 批生产记录应当依据批准的现行工艺规程的相关内容制定。批生产记录的每一工序应当标注产品的名称、规格和批号。

第一百六十七条 原版空白的批生产记录应当经生产管理负责人和质量管理负责人审核和批准。批生产记录的复制和发放均应当按照操作规程进行控制并有记录,每批产品的生产只能发放一份原版空白批生产记录的复制件。

第一百六十八条 在生产过程中,进行每项操作时应当及时记录,操作结束后,应当由生产操作人员确认并签注姓名和日期。

第一百六十九条 批生产记录的内容应当包括:
(一)产品名称、规格、批号;
(二)生产以及中间工序开始、结束的日期和时间;
(三)每一生产工序的负责人签名;
(四)生产步骤操作人员的签名;必要时,还应当有操作(如称量)复核人员的签名;
(五)每一原辅料的批号以及实际称量的数量(包括投入的回收或返工处理产品的批号及数量);
(六)相关生产操作或活动、工艺参数及控制范围,以及所用主要生产设备的编号;
(七)中间控制结果的记录以及操作人员的签名;
(八)不同生产工序所得产量及必要时的物料平衡计算;
(九)对特殊问题或异常事件的记录,包括对偏离工艺规程的偏差情况的详细说明或调查报告,并经签字批准。

第一百七十条 产品的包装应当有批包装记录,以便追溯该批产品包装操作以及与质量有关的情况。

第一百七十一条 批包装记录应当依据工艺规程中与包装相关的内容制定。

第一百七十二条 批包装记录应当有待包装产品的批号、数量以及成品的批号和计划数量。原版空白的批包装记录的审核、批准、复制和发放的要求与原版空白的批生产记录相同。

第一百七十三条 在包装过程中,进行每项操作时应当及时记录,操作结束后,应当由包装操作人员确认并签注姓名和日期。

第一百七十四条 批包装记录的内容包括:
(一)产品名称、规格、包装形式、批号、生产日期和有效期。
(二)包装操作日期和时间。
(三)包装操作负责人签名。
(四)包装工序的操作人员签名。
(五)每一包装材料的名称、批号和实际使用的数量。
(六)包装操作的详细情况,包括所用设备及包装生产线的编号。
(七)兽药产品赋电子追溯码标识操作的详细情况,包括所用设备、编号。电子追溯码信息以及对两级以上包装进行赋码关联关系信息等记录可采用电子方式保存。
(八)所用印刷包装材料的实样,并印有批号、有效期及其他打印内容;不易随批包装记录归档的印刷包装材料可采用印有上述内容的复制品。

（九）对特殊问题或异常事件的记录，包括对偏离工艺规程的偏差情况的详细说明或调查报告，并经签字批准。

（十）所有印刷包装材料和待包装产品的名称、代码，以及发放、使用、销毁或退库的数量、实际产量等的物料平衡检查。

第五节　操作规程和记录

第一百七十五条　操作规程的内容应当包括：题目、编号、版本号、颁发部门、生效日期、分发部门以及制定人、审核人、批准人的签名并注明日期，标题、正文及变更历史。

第一百七十六条　厂房、设备、物料、文件和记录应当有编号（代码），并制定编制编号（代码）的操作规程，确保编号（代码）的唯一性。

第一百七十七条　下述活动也应当有相应的操作规程，其过程和结果应当有记录：

（一）确认和验证；

（二）设备的装配和校准；

（三）厂房和设备的维护、清洁和消毒；

（四）培训、更衣、卫生等与人员相关的事宜；

（五）环境监测；

（六）虫害控制；

（七）变更控制；

（八）偏差处理；

（九）投诉；

（十）兽药召回；

（十一）退货。

第九章　生产管理

第一节　原则

第一百七十八条　兽药生产应当按照批准的工艺规程和操作规程进行操作并有相关记录，确保兽药达到规定的质量标准，并符合兽药生产许可和注册批准的要求。

第一百七十九条　应当建立划分产品生产批次的操作规程，生产批次的划分应当能够确保同一批次产品质量和特性的均一性。

第一百八十条　应当建立编制兽药批号和确定生产日期的操作规程。每批兽药均应当编制唯一的批号。除另有法定要求外，生产日期不得迟于产品成型或灌装（封）前经最后混合的操作开始日期，不得以产品包装日期作为生产日期。

第一百八十一条　每批产品应当检查产量和物料平衡，确保物料平衡符合设定的限度。如有差异，必须查明原因，确认无潜在质量风险后，方可按照正常产品处理。

第一百八十二条　不得在同一生产操作间同时进行不同品种和规格兽药的生产操作，除非没有发生混淆或交叉污染的可能。

第一百八十三条　在生产的每一阶段，应当保护产品和物料免受微生物和其他污染。

第一百八十四条　在干燥物料或产品，尤其是高活性、高毒性或高致敏性物料或产品的生产过程中，应当采取特殊措施，防止粉尘的产生和扩散。

第一百八十五条　生产期间使用的所有物料、中间产品的容器及主要设备、必要的操作室应当粘贴标签标识，或以其他方式标明生产中的产品或物料名称、规格和批号，如有必要，还应当标明生产工序。

第一百八十六条 容器、设备或设施所用标识应当清晰明了,标识的格式应当经企业相关部门批准。除在标识上使用文字说明外,还可采用不同颜色区分被标识物的状态(如待验、合格、不合格或已清洁等)。

第一百八十七条 应当检查产品从一个区域输送至另一个区域的管道和其他设备连接,确保连接正确无误。

第一百八十八条 每次生产结束后应当进行清场,确保设备和工作场所没有遗留与本次生产有关的物料、产品和文件。下次生产开始前,应当对前次清场情况进行确认。

第一百八十九条 应当尽可能避免出现任何偏离工艺规程或操作规程的偏差。一旦出现偏差,应当按照偏差处理操作规程执行。

第二节 防止生产过程中的污染和交叉污染

第一百九十条 生产过程中应当尽可能采取措施,防止污染和交叉污染,如:
(一)在分隔的区域内生产不同品种的兽药;
(二)采用阶段性生产方式;
(三)设置必要的气锁间和排风;空气洁净度级别不同的区域应当有压差控制;
(四)应当降低未经处理或未经充分处理的空气再次进入生产区导致污染的风险;
(五)在易产生交叉污染的生产区内,操作人员应当穿戴该区域专用的防护服;
(六)采用经过验证或已知有效的清洁和去污染操作规程进行设备清洁;必要时,应当对与物料直接接触的设备表面的残留物进行检测;
(七)采用密闭系统生产;
(八)干燥设备的进风应当有空气过滤器,且过滤后的空气洁净度应当与所干燥产品要求的洁净度相匹配,排风应当有防止空气倒流装置;
(九)生产和清洁过程中应当避免使用易碎、易脱屑、易发霉器具;使用筛网时,应当有防止因筛网断裂而造成污染的措施;
(十)液体制剂的配制、过滤、灌封、灭菌等工序应当在规定时间内完成;
(十一)软膏剂、乳膏剂、凝胶剂等半固体制剂以及栓剂的中间产品应当规定贮存期和贮存条件。

第一百九十一条 应当定期检查防止污染和交叉污染的措施并评估其适用性和有效性。

第三节 生产操作

第一百九十二条 生产开始前应当进行检查,确保设备和工作场所没有上批遗留的产品、文件和物料,设备处于已清洁及待用状态。检查结果应当有记录。

生产操作前,还应当核对物料或中间产品的名称、代码、批号和标识,确保生产所用物料或中间产品正确且符合要求。

第一百九十三条 应当由配料岗位人员按照操作规程进行配料,核对物料后,精确称量或计量,并做好标识。

第一百九十四条 配制的每一物料及其重量或体积应当由他人进行复核,并有复核记录。

第一百九十五条 每批产品的每一生产阶段完成后必须由生产操作人员清场,并填写清场记录。清场记录内容包括:操作间名称或编号、产品名称、批号、生产工序、清场日期、检查项目及结果、清场负责人及复核人签名。清场记录应当纳入批生产记录。

第一百九十六条 包装操作规程应当规定降低污染和交叉污染、混淆或差错风险的措施。

第一百九十七条 包装开始前应当进行检查,确保工作场所、包装生产线、印刷机及其他设备已处于清洁或待用状态,无上批遗留的产品和物料。检查结果应当有记录。

第一百九十八条 包装操作前,还应当检查所领用的包装材料正确无误,核对待包装产品和所用包装材料的名称、规格、数量、质量状态,且与工艺规程相符。

第一百九十九条 每一包装操作场所或包装生产线,应当有标识标明包装中的产品名称、规格、批号和批量的生产状态。

第二百条 有数条包装线同时进行包装时,应当采取隔离或其他有效防止污染、交叉污染或混淆的措施。

第二百零一条 产品分装、封口后应当及时贴签。

第二百零二条 单独打印或包装过程中在线打印、赋码的信息(如产品批号或有效期)均应当进行检查,确保其准确无误,并予以记录。如手工打印,应当增加检查频次。

第二百零三条 使用切割式标签或在包装线以外单独打印标签,应当采取专门措施,防止混淆。

第二百零四条 应当对电子读码机、标签计数器或其他类似装置的功能进行检查,确保其准确运行。检查应当有记录。

第二百零五条 包装材料上印刷或模压的内容应当清晰,不易褪色和擦除。

第二百零六条 包装期间,产品的中间控制检查应当至少包括以下内容:

(一)包装外观;

(二)包装是否完整;

(三)产品和包装材料是否正确;

(四)打印、赋码信息是否正确;

(五)在线监控装置的功能是否正常。

第二百零七条 因包装过程产生异常情况需要重新包装产品的,必须经专门检查、调查并由指定人员批准。重新包装应当有详细记录。

第二百零八条 在物料平衡检查中,发现待包装产品、印刷包装材料以及成品数量有显著差异时,应当进行调查,未得出结论前,成品不得放行。

第二百零九条 包装结束时,已打印批号的剩余包装材料应当由专人负责全部计数销毁,并有记录。如将未打印批号的印刷包装材料退库,应当按照操作规程执行。

第十章 质量控制与质量保证

第一节 质量控制实验室管理

第二百一十条 质量控制实验室的人员、设施、设备和环境洁净要求应当与产品性质和生产规模相适应。

第二百一十一条 质量控制负责人应当具有足够的管理实验室的资质和经验,可以管理同一企业的一个或多个实验室。

第二百一十二条 质量控制实验室的检验人员至少应当具有药学、兽医学、生物学、化学等相关专业大专学历或从事检验工作3年以上的中专、高中以上学历,并经过与所从事的检验操作相关的实践培训且考核通过。

第二百一十三条 质量控制实验室应当配备《中华人民共和国兽药典》、兽药质量标准、标准图谱等必要的工具书,以及标准品或对照品等相关的标准物质。

第二百一十四条 质量控制实验室的文件应当符合第八章的原则,并符合下列要求:

(一)质量控制实验室应当至少有下列文件:

1. 质量标准;
2. 取样操作规程和记录;
3. 检验操作规程和记录(包括检验记录或实验室工作记事簿);
4. 检验报告或证书;
5. 必要的环境监测操作规程、记录和报告;
6. 必要的检验方法验证方案、记录和报告;
7. 仪器校准和设备使用、清洁、维护的操作规程及记录。

(二)每批兽药的检验记录应当包括中间产品和成品的质量检验记录,可追溯该批兽药所有相关的质量检验情况;

(三)应保存和统计(宜采用便于趋势分析的方法)相关的检验和监测数据(如检验数据、环境监测数据、制药用水的微生物监测数据);

(四)除与批记录相关的资料信息外,还应当保存与检验相关的其他原始资料或记录,便于追溯查阅。

第二百一十五条 取样应当至少符合以下要求:

(一)质量管理部门的人员可进入生产区和仓储区进行取样及调查;

(二)应当按照经批准的操作规程取样,操作规程应当详细规定:

1. 经授权的取样人;
2. 取样方法;
3. 取样用器具;
4. 样品量;
5. 分样的方法;
6. 存放样品容器的类型和状态;
7. 实施取样后物料及样品的处置和标识;
8. 取样注意事项,包括为降低取样过程产生的各种风险所采取的预防措施,尤其是无菌或有害物料的取样以及防止取样过程中污染和交叉污染的取样注意事项;
9. 贮存条件;
10. 取样器具的清洁方法和贮存要求。

(三)取样方法应当科学、合理,以保证样品的代表性;

(四)样品应当能够代表被取样批次的产品或物料的质量状况,为监控生产过程中最重要的环节(如生产初始或结束),也可抽取该阶段样品进行检测;

(五)样品容器应当贴有标签,注明样品名称、批号、取样人、取样日期等信息;

(六)样品应当按照被取样产品或物料规定的贮存要求保存。

第二百一十六条 物料和不同生产阶段产品的检验应当至少符合以下要求:

(一)企业应当确保成品按照质量标准进行全项检验。

(二)有下列情形之一的,应当对检验方法进行验证:

1. 采用新的检验方法;
2. 检验方法需变更的;
3. 采用《中华人民共和国兽药典》及其他法定标准未收载的检验方法;
4. 法规规定的其他需要验证的检验方法。

(三)对不需要进行验证的检验方法,必要时企业应当对检验方法进行确认,确保检验数据准确、可靠。

(四)检验应当有书面操作规程,规定所用方法、仪器和设备,检验操作规程的内容应当与经确认或验证的检验方法一致。

(五)检验应当有可追溯的记录并应当复核,确保结果与记录一致。所有计算均应当严格核对。

(六)检验记录应当至少包括以下内容:

1. 产品或物料的名称、剂型、规格、批号或供货批号,必要时注明供应商和生产商(如不同)的名称或来源;

2. 依据的质量标准和检验操作规程;

3. 检验所用的仪器或设备的型号和编号;

4. 检验所用的试液和培养基的配制批号、对照品或标准品的来源和批号;

5. 检验所用动物的相关信息;

6. 检验过程,包括对照品溶液的配制、各项具体的检验操作、必要的环境温湿度;

7. 检验结果,包括观察情况、计算和图谱或曲线图,以及依据的检验报告编号;

8. 检验日期;

9. 检验人员的签名和日期;

10. 检验、计算复核人员的签名和日期。

(七)所有中间控制(包括生产人员所进行的中间控制),均应当按照经质量管理部门批准的方法进行,检验应当有记录。

(八)应当对实验室容量分析用玻璃仪器、试剂、试液、对照品以及培养基进行质量检查。

(九)必要时检验用实验动物应当在使用前进行检验或隔离检疫。

第二百一十七条 质量控制实验室应当建立检验结果超标调查的操作规程。任何检验结果超标都必须按照操作规程进行调查,并有相应的记录。

第二百一十八条 企业按规定保存的、用于兽药质量追溯或调查的物料、产品样品为留样。用于产品稳定性考察的样品不属于留样。

留样应当至少符合以下要求:

(一)应当按照操作规程对留样进行管理。

(二)留样应当能够代表被取样批次的物料或产品。

(三)成品的留样:

1. 每批兽药均应当有留样;如果一批兽药分成数次进行包装,则每次包装至少应当保留一件最小市售包装的成品;

2. 留样的包装形式应当与兽药市售包装形式相同,大包装规格或原料药的留样如无法采用市售包装形式的,可采用模拟包装;

3. 每批兽药的留样量一般至少应当能够确保按照批准的质量标准完成两次全检(无菌检查和热原检查等除外);

4. 如果不影响留样的包装完整性,保存期间内至少应当每年对留样进行一次目检或接触观察,如发现异常,应当调查分析原因并采取相应的处理措施;

5. 留样观察应当有记录;

6. 留样应当按照注册批准的贮存条件至少保存至兽药有效期后一年;

7. 企业终止兽药生产或关闭的,应当告知当地畜牧兽医主管部门,并将留样转交授权单位保存,以便在必要时可随时取得留样。

(四)物料的留样:

1. 制剂生产用每批原辅料和与兽药直接接触的包装材料均应当有留样。与兽药直接接触的包装材料(如安瓿瓶),在成品已有留样后,可不必单独留样。

2. 物料的留样量应当至少满足鉴别检查的需要。

3. 除稳定性较差的原辅料外,用于制剂生产的原辅料(不包括生产过程中使用的溶剂、气体或制药用水)的留样应当至少保存至产品失效后。如果物料的有效期较短,则留样时间可相应缩短。

4. 物料的留样应当按照规定的条件贮存,必要时还应当适当包装密封。

第二百一十九条 试剂、试液、培养基和检定菌的管理应当至少符合以下要求:

(一)商品化试剂和培养基应当从可靠的、有资质的供应商处采购,必要时应当对供应商进行评估。

(二)应当有接收试剂、试液、培养基的记录,必要时,应当在试剂、试液、培养基的容器上标注接收日期和首次开口日期、有效期(如有)。

(三)应当按照相关规定或使用说明配制、贮存和使用试剂、试液和培养基。特殊情况下,在接收或使用前,还应当对试剂进行鉴别或其他检验。

(四)试液和已配制的培养基应当标注配制批号、配制日期和配制人员姓名,并有配制(包括灭菌)记录。不稳定的试剂、试液和培养基应当标注有效期及特殊贮存条件。标准液、滴定液还应当标注最后一次标化的日期和校正因子,并有标化记录。

(五)配制的培养基应当进行适用性检查,并有相关记录。应当有培养基使用记录。

(六)应当有检验所需的各种检定菌,并建立检定菌保存、传代、使用、销毁的操作规程和相应记录。

(七)检定菌应当有适当的标识,内容至少包括菌种名称、编号、代次、传代日期、传代操作人。

(八)检定菌应当按照规定的条件贮存,贮存的方式和时间不得对检定菌的生长特性有不利影响。

第二百二十条 标准品或对照品的管理应当至少符合以下要求:

(一)标准品或对照品应当按照规定贮存和使用;

(二)标准品或对照品应当有适当的标识,内容至少包括名称、批号、制备日期(如有)、有效期(如有)、首次开启日期、含量或效价、贮存条件;

(三)企业如需自制工作标准品或对照品,应当建立工作标准品或对照品的质量标准以及制备、鉴别、检验、批准和贮存的操作规程,每批工作标准品或对照品应当用法定标准品或对照品进行标化,并确定有效期,还应当通过定期标化证明工作标准品或对照品的效价或含量在有效期内保持稳定。标化的过程和结果应当有相应的记录。

第二节 物料和产品放行

第二百二十一条 应当分别建立物料和产品批准放行的操作规程,明确批准放行的标准、职责,并有相应的记录。

第二百二十二条 物料的放行应当至少符合以下要求:

(一)物料的质量评价内容应当至少包括生产商的检验报告、物料入库接收初验情况(是否为合格供应商、物料包装完整性和密封性的检查情况等)和检验结果;

(二)物料的质量评价应当有明确的结论,如批准放行、不合格或其他决定;

(三)物料应当由指定的质量管理人员签名批准放行。

第二百二十三条 产品的放行应当至少符合以下要求:

(一)在批准放行前,应当对每批兽药进行质量评价,并确认以下各项内容:

1. 已完成所有必需的检查、检验,批生产和检验记录完整;

2. 所有必需的生产和质量控制均已完成并经相关主管人员签名;

3. 确认与该批相关的变更或偏差已按照相关规程处理完毕,包括所有必要的取样、检查、检验和审核;

4. 所有与该批产品有关的偏差均已有明确的解释或说明,或者已经过彻底调查和适当处理;如偏差还涉及其他批次产品,应当一并处理。

（二）兽药的质量评价应当有明确的结论，如批准放行、不合格或其他决定。

（三）每批兽药均应当由质量管理负责人签名批准放行。

（四）兽用生物制品放行前还应当取得批签发合格证明。

第三节　持续稳定性考察

第二百二十四条　持续稳定性考察的目的是在有效期内监控已上市兽药的质量，以发现兽药与生产相关的稳定性问题（如杂质含量或溶出度特性的变化），并确定兽药能够在标示的贮存条件下，符合质量标准的各项要求。

第二百二十五条　持续稳定性考察主要针对市售包装兽药，但也需兼顾待包装产品。此外，还应当考虑对贮存时间较长的中间产品进行考察。

第二百二十六条　持续稳定性考察应当有考察方案，结果应当有报告。用于持续稳定性考察的设备（即稳定性试验设备或设施）应当按照第七章和第五章的要求进行确认和维护。

第二百二十七条　持续稳定性考察的时间应当涵盖兽药有效期，考察方案应当至少包括以下内容：

（一）每种规格、每种生产批量兽药的考察批次数；

（二）相关的物理、化学、微生物和生物学检验方法，可考虑采用稳定性考察专属的检验方法；

（三）检验方法依据；

（四）合格标准；

（五）容器密封系统的描述；

（六）试验间隔时间（测试时间点）；

（七）贮存条件（应当采用与兽药标示贮存条件相对应的《中华人民共和国兽药典》规定的长期稳定性试验标准条件）；

（八）检验项目，如检验项目少于成品质量标准所包含的项目，应当说明理由。

第二百二十八条　考察批次数和检验频次应当能够获得足够的数据，用于趋势分析。通常情况下，每种规格、每种内包装形式至少每年应当考察一个批次，除非当年没有生产。

第二百二十九条　某些情况下，持续稳定性考察中应当额外增加批次数，如重大变更或生产和包装有重大偏差的兽药应当列入稳定性考察。此外，重新加工、返工或回收的批次，也应当考虑列入考察，除非已经过验证和稳定性考察。

第二百三十条　应当对不符合质量标准的结果或重要的异常趋势进行调查。对任何已确认的不符合质量标准的结果或重大不良趋势，企业都应当考虑是否可能对已上市兽药造成影响，必要时应当实施召回，调查结果以及采取的措施应当报告当地畜牧兽医主管部门。

第二百三十一条　应当根据获得的全部数据资料，包括考察的阶段性结论，撰写总结报告并保存。应当定期审核总结报告。

第四节　变更控制

第二百三十二条　企业应当建立变更控制系统，对所有影响产品质量的变更进行评估和管理。

第二百三十三条　企业应当建立变更控制操作规程，规定原辅料、包装材料、质量标准、检验方法、操作规程、厂房、设施、设备、仪器、生产工艺和计算机软件变更的申请、评估、审核、批准和实施。质量管理部门应当指定专人负责变更控制。

第二百三十四条 企业可以根据变更的性质、范围、对产品质量潜在影响的程度进行变更分类(如主要、次要变更)并建档。

第二百三十五条 与产品质量有关的变更由申请部门提出后,应当经评估、制定实施计划并明确实施职责,由质量管理部门审核批准后实施,变更实施应当有相应的完整记录。

第二百三十六条 改变原辅料、与兽药直接接触的包装材料、生产工艺、主要生产设备以及其他影响兽药质量的主要因素时,还应当根据风险评估对变更实施后最初至少三个批次的兽药质量进行评估。如果变更可能影响兽药的有效期,则质量评估还应当包括对变更实施后生产的兽药进行稳定性考察。

第二百三十七条 变更实施时,应当确保与变更相关的文件均已修订。

第二百三十八条 质量管理部门应当保存所有变更的文件和记录。

第五节 偏差处理

第二百三十九条 各部门负责人应当确保所有人员正确执行生产工艺、质量标准、检验方法和操作规程,防止偏差的产生。

第二百四十条 企业应当建立偏差处理的操作规程,规定偏差的报告、记录、评估、调查、处理以及所采取的纠正、预防措施,并保存相应的记录。

第二百四十一条 企业应当评估偏差对产品质量的潜在影响。质量管理部门可以根据偏差的性质、范围、对产品质量潜在影响的程度进行偏差分类(如重大、次要偏差),对重大偏差的评估应当考虑是否需要对产品进行额外的检验以及产品是否可以放行,必要时,应当对涉及重大偏差的产品进行稳定性考察。

第二百四十二条 任何偏离生产工艺、物料平衡限度、质量标准、检验方法、操作规程等的情况均应当有记录,并立即报告主管人员及质量管理部门,重大偏差应当由质量管理部门会同其他部门进行彻底调查,并有调查报告。偏差调查应当包括相关批次产品的评估,偏差调查报告应当由质量管理部门的指定人员审核并签字。

第二百四十三条 质量管理部门应当保存偏差调查、处理的文件和记录。

第六节 纠正措施和预防措施

第二百四十四条 企业应当建立纠正措施和预防措施系统,对投诉、召回、偏差、自检或外部检查结果、工艺性能和质量监测趋势等进行调查并采取纠正和预防措施。调查的深度和形式应当与风险的级别相适应。纠正措施和预防措施系统应当能够增进对产品和工艺的理解,改进产品和工艺。

第二百四十五条 企业应当建立实施纠正和预防措施的操作规程,内容至少包括:

(一)对投诉、召回、偏差、自检或外部检查结果、工艺性能和质量监测趋势以及其他来源的质量数据进行分析,确定已有和潜在的质量问题;

(二)调查与产品、工艺和质量保证系统有关的原因;

(三)确定需采取的纠正和预防措施,防止问题的再次发生;

(四)评估纠正和预防措施的合理性、有效性和充分性;

(五)对实施纠正和预防措施过程中所有发生的变更应当予以记录;

(六)确保相关信息已传递到质量管理负责人和预防问题再次发生的直接负责人;

(七)确保相关信息及其纠正和预防措施已通过高层管理人员的评审。

第二百四十六条 实施纠正和预防措施应当有文件记录,并由质量管理部门保存。

第七节 供应商的评估和批准

第二百四十七条 质量管理部门应当对生产用关键物料的供应商进行质量评估,必要时会同有关部门对主要物料供应商(尤其是生产商)的质量体系进行现场质量考察,并对质量评估不符合要求的供应商行使否决权。

第二百四十八条 应当建立物料供应商评估和批准的操作规程,明确供应商的资质、选择的原则、质量评估方式、评估标准、物料供应商批准的程序。

如质量评估需采用现场质量考察方式的,还应当明确考察内容、周期、考察人员的组成及资质。需采用样品小批量试生产的,还应当明确生产批量、生产工艺、产品质量标准、稳定性考察方案。

第二百四十九条 质量管理部门应当指定专人负责物料供应商质量评估和现场质量考察,被指定的人员应当具有相关的法规和专业知识,具有足够的质量评估和现场质量考察的实践经验。

第二百五十条 现场质量考察应当核实供应商资质证明文件。应当对其人员机构、厂房设施和设备、物料管理、生产工艺流程和生产管理、质量控制实验室的设备、仪器、文件管理等进行检查,以全面评估其质量保证系统。现场质量考察应当有报告。

第二百五十一条 必要时,应当对主要物料供应商提供的样品进行小批量试生产,并对试生产的兽药进行稳定性考察。

第二百五十二条 质量管理部门对物料供应商的评估至少应当包括:供应商的资质证明文件、质量标准、检验报告、企业对物料样品的检验数据和报告。如进行现场质量考察和样品小批量试生产的,还应当包括现场质量考察报告,以及小试产品的质量检验报告和稳定性考察报告。

第二百五十三条 改变物料供应商,应当对新的供应商进行质量评估;改变主要物料供应商的,还需要对产品进行相关的验证及稳定性考察。

第二百五十四条 质量管理部门应当向物料管理部门分发经批准的合格供应商名单,该名单内容至少包括物料名称、规格、质量标准、生产商名称和地址、经销商(如有)名称等,并及时更新。

第二百五十五条 质量管理部门应当与主要物料供应商签订质量协议,在协议中应当明确双方所承担的质量责任。

第二百五十六条 质量管理部门应当定期对物料供应商进行评估或现场质量考察,回顾分析物料质量检验结果、质量投诉和不合格处理记录。如物料出现质量问题或生产条件、工艺、质量标准和检验方法等可能影响质量的关键因素发生重大改变时,还应当尽快进行相关的现场质量考察。

第二百五十七条 企业应当对每家物料供应商建立质量档案,档案内容应当包括供应商资质证明文件、质量协议、质量标准、样品检验数据和报告、供应商检验报告、供应商评估报告、定期的质量回顾分析报告等。

第八节 产品质量回顾分析

第二百五十八条 企业应当建立产品质量回顾分析操作规程,每年对所有生产的兽药按品种进行产品质量回顾分析,以确认工艺稳定可靠性,以及原辅料、成品现行质量标准的适用性,及时发现不良趋势,确定产品及工艺改进的方向。

企业至少应当对下列情形进行回顾分析:

(一)产品所用原辅料的所有变更,尤其是来自新供应商的原辅料;

(二)关键中间控制点及成品的检验结果以及趋势图;

(三)所有不符合质量标准的批次及其调查;

(四)所有重大偏差及变更相关的调查、所采取的纠正措施和预防措施的有效性;

(五)稳定性考察的结果及任何不良趋势;

（六）所有因质量原因造成的退货、投诉、召回及调查；
（七）当年执行法规自查情况；
（八）验证评估概述；
（九）对该产品该年度质量评估和总结。

第二百五十九条 应当对回顾分析的结果进行评估，提出是否需要采取纠正和预防措施，并及时、有效地完成整改。

第九节 投诉与不良反应报告

第二百六十条 应当建立兽药投诉与不良反应报告制度，设立专门机构并配备专职人员负责管理。

第二百六十一条 应当主动收集兽药不良反应，对不良反应应当详细记录、评价、调查和处理，及时采取措施控制可能存在的风险，并按照要求向企业所在地畜牧兽医主管部门报告。

第二百六十二条 应当建立投诉操作规程，规定投诉登记、评价、调查和处理的程序，并规定因可能的产品缺陷发生投诉时所采取的措施，包括考虑是否有必要从市场召回兽药。

第二百六十三条 应当有专人负责进行质量投诉的调查和处理，所有投诉、调查的信息应当向质量管理负责人通报。

第二百六十四条 投诉调查和处理应当有记录，并注明所查相关批次产品的信息。

第二百六十五条 应当定期回顾分析投诉记录，以便发现需要预防、重复出现以及可能需要从市场召回兽药的问题，并采取相应措施。

第二百六十六条 企业出现生产失误、兽药变质或其他重大质量问题，应当及时采取相应措施，必要时还应当向当地畜牧兽医主管部门报告。

第十一章 产品销售与召回

第一节 原则

第二百六十七条 企业应当建立产品召回系统，必要时可迅速、有效地从市场召回任何一批存在安全隐患的产品。

第二百六十八条 因质量原因退货和召回的产品，均应当按照规定监督销毁，有证据证明退货产品质量未受影响的除外。

第二节 销售

第二百六十九条 企业应当建立产品销售管理制度，并有销售记录。根据销售记录，应当能够追查每批产品的销售情况，必要时应当能够及时全部追回。

第二百七十条 每批产品均应当有销售记录。销售记录内容应当包括：产品名称、规格、批号、数量、收货单位和地址、联系方式、发货日期、运输方式等。

第二百七十一条 产品上市销售前，应将产品生产和入库信息上传到国家兽药产品追溯系统。销售出库时，需向国家兽药产品追溯系统上传产品出库信息。

第二百七十二条 兽药的零头可直接销售，若需合箱，包装只限两个批号为一个合箱，合箱外应当标明全部批号，并建立合箱记录。

第二百七十三条 销售记录应当至少保存至兽药有效期后一年。

第三节 召回

第二百七十四条 应当制定召回操作规程，确保召回工作的有效性。

第二百七十五条 应当指定专人负责组织协调召回工作,并配备足够数量的人员。如产品召回负责人不是质量管理负责人,则应当向质量管理负责人通报召回处理情况。

第二百七十六条 召回应当随时启动,产品召回负责人应当根据销售记录迅速组织召回。

第二百七十七条 因产品存在安全隐患决定从市场召回的,应当立即向当地畜牧兽医主管部门报告。

第二百七十八条 已召回的产品应当有标识,并单独、妥善贮存,等待最终处理决定。

第二百七十九条 召回的进展过程应当有记录,并有最终报告。产品销售数量、已召回数量以及数量平衡情况应当在报告中予以说明。

第二百八十条 应当定期对产品召回系统的有效性进行评估。

第十二章 自检

第一节 原则

第二百八十一条 质量管理部门应当定期组织对企业进行自检,监控本规范的实施情况,评估企业是否符合本规范要求,并提出必要的纠正和预防措施。

第二节 自检

第二百八十二条 自检应当有计划,对机构与人员、厂房与设施、设备、物料与产品、确认与验证、文件管理、生产管理、质量控制与质量保证、产品销售与召回等项目定期进行检查。

第二百八十三条 应当由企业指定人员进行独立、系统、全面的自检,也可由外部人员或专家进行独立的质量审计。

第二百八十四条 自检应当有记录。自检完成后应当有自检报告,内容至少包括自检过程中观察到的所有情况、评价的结论以及提出纠正和预防措施的建议。有关部门和人员应立即进行整改,自检和整改情况应当报告企业高层管理人员。

第十三章 附则

第二百八十五条 本规范为兽药生产质量管理的基本要求。对不同类别兽药或生产质量管理活动的特殊要求,列入本规范附录,另行以公告发布。

第二百八十六条 本规范中下列用语的含义:

(一)包装材料,是指兽药包装所用的材料,包括与兽药直接接触的包装材料和容器、印刷包装材料,但不包括运输用的外包装材料。

(二)操作规程,是指经批准用来指导设备操作、维护与清洁、验证、环境控制、生产操作、取样和检验等兽药生产活动的通用性文件,也称标准操作规程。

(三)产品生命周期,是指产品从最初的研发、上市直至退市的所有阶段。

(四)成品,是指已完成所有生产操作步骤和最终包装的产品。

(五)重新加工,是指将某一生产工序生产的不符合质量标准的一批中间产品的一部分或全部,采用不同的生产工艺进行再加工,以符合预定的质量标准。

(六)待验,是指原辅料、包装材料、中间产品或成品,采用物理手段或其他有效方式将其隔离或区分,在允许用于投料生产或上市销售之前贮存、等待作出放行决定的状态。

(七)发放,是指生产过程中物料、中间产品、文件、生产用模具等在企业内部流转的一系列操作。

（八）复验期，是指原辅料、包装材料贮存一定时间后，为确保其仍适用于预定用途，由企业确定的需重新检验的日期。

（九）返工，是指将某一生产工序生产的不符合质量标准的一批中间产品、成品的一部分或全部返回到之前的工序，采用相同的生产工艺进行再加工，以符合预定的质量标准。

（十）放行，是指对一批物料或产品进行质量评价，作出批准使用或投放市场或其他决定的操作。

（十一）高层管理人员，是指在企业内部最高层指挥和控制企业、具有调动资源的权力和职责的人员。

（十二）工艺规程，是指为生产特定数量的成品而制定的一个或一套文件，包括生产处方、生产操作要求和包装操作要求，规定原辅料和包装材料的数量、工艺参数和条件、加工说明（包括中间控制）、注意事项等内容。

（十三）供应商，是指物料、设备、仪器、试剂、服务等的提供方，如生产商、经销商等。

（十四）回收，是指在某一特定的生产阶段，将以前生产的一批或数批符合相应质量要求的产品的一部分或全部，加入另一批次中的操作。

（十五）计算机化系统，是指用于报告或自动控制的集成系统，包括数据输入、电子处理和信息输出。

（十六）交叉污染，是指不同原料、辅料及产品之间发生的相互污染。

（十七）校准，是指在规定条件下，确定测量、记录、控制仪器或系统的示值（尤指称量）或实物量具所代表的量值，与对应的参照标准量值之间关系的一系列活动。

（十八）阶段性生产方式，是指在共用生产区内，在一段时间内集中生产某一产品，再对相应的共用生产区、设施、设备、工器具等进行彻底清洁，更换生产另一种产品的方式。

（十九）洁净区，是指需要对环境中尘粒及微生物数量进行控制的房间（区域），其建筑结构、装备及其使用应当能够减少该区域内污染物的引入、产生和滞留。

（二十）警戒限度，是指系统的关键参数超出正常范围，但未达到纠偏限度，需要引起警觉，可能需要采取纠正措施的限度标准。

（二十一）纠偏限度，是指系统的关键参数超出可接受标准，需要进行调查并采取纠正措施的限度标准。

（二十二）检验结果超标，是指检验结果超出法定标准及企业制定标准的所有情形。

（二十三）批，是指经一个或若干加工过程生产的、具有预期均一质量和特性的一定数量的原辅料、包装材料或成品。为完成某些生产操作步骤，可能有必要将一批产品分成若干亚批，最终合并成为一个均一的批。在连续生产情况下，批必须与生产中具有预期均一特性的确定数量的产品相对应，批量可以是固定数量或固定时间段内生产的产品量。例如：口服或外用的固体、半固体制剂在成型或分装前使用同一台混合设备一次混合所生产的均质产品为一批；口服或外用的液体制剂以灌装（封）前经最后混合的药液所生产的均质产品为一批。

（二十四）批号，是指用于识别一个特定批的具有唯一性的数字和（或）字母的组合。

（二十五）批记录，是指用于记述每批兽药生产、质量检验和放行审核的所有文件和记录，可追溯所有与成品质量有关的历史信息。

（二十六）气锁间，是指设置于两个或数个房间之间（如不同洁净度级别的房间之间）的具有两扇或多扇门的隔离空间。设置气锁间的目的是在人员或物料出入时，对气流进行控制。气锁间有人员气锁间和物料气锁间。

（二十七）确认，是指证明厂房、设施、设备能正确运行并可达到预期结果的一系列活动。

(二十八)退货,是指将兽药退还给企业的活动。

(二十九)文件,包括质量标准、工艺规程、操作规程、记录、报告等。

(三十)物料,是指原料、辅料和包装材料等。例如:化学药品制剂的原料是指原料药;生物制品的原料是指原材料;中药制剂的原料是指中药材、中药饮片和外购中药提取物;原料药的原料是指用于原料药生产的除包装材料以外的其他物料。

(三十一)物料平衡,是指产品或物料实际产量或实际用量及收集到的损耗之和与理论产量或理论用量之间的比较,并考虑可允许的偏差范围。

(三十二)污染,是指在生产、取样、包装或重新包装、贮存或运输等操作过程中,原辅料、中间产品、成品受到具有化学或微生物特性的杂质或异物的不利影响。

(三十三)验证,是指证明任何操作规程(方法)、生产工艺或系统能够达到预期结果的一系列活动。

(三十四)印刷包装材料,是指具有特定式样和印刷内容的包装材料,如印字铝箔、标签、说明书、纸盒等。

(三十五)原辅料,是指除包装材料之外,兽药生产中使用的任何物料。

(三十六)中间控制,也称过程控制,是指为确保产品符合有关标准,生产中对工艺过程加以监控,以便在必要时进行调节而做的各项检查。可将对环境或设备控制视作中间控制的一部分。

第二百八十七条 本规范自2020年6月1日起施行。具体实施要求另行公告。

附录3 兽药经营质量管理规范

(2010年1月15日农业部令2010年第3号公布，
2017年11月30日农业部令2017年第8号部分修订)

第一章 总则

第一条 为加强兽药经营质量管理，保证兽药质量，根据《兽药管理条例》，制定本规范。

第二条 本规范适用于中华人民共和国境内的兽药经营企业。

第二章 场所与设施

第三条 兽药经营企业应当具有固定的经营场所和仓库，其面积应当符合省、自治区、直辖市人民政府兽医行政管理部门的规定。经营场所和仓库应当布局合理，相对独立。

经营场所的面积、设施和设备应当与经营的兽药品种、经营规模相适应。兽药经营区域与生活区域、动物诊疗区域应当分别独立设置，避免交叉污染。

第四条 兽药经营企业的经营地点应当与兽药经营许可证载明的地点一致。兽药经营许可证应当悬挂在经营场所的显著位置。

变更经营地点的，应当申请换发兽药经营许可证。

变更经营场所面积的，应当在变更后30个工作日内向发证机关备案。

第五条 兽药经营企业应当具有与经营的兽药品种、经营规模适应并能够保证兽药质量的常温库、阴凉库(柜)、冷库(柜)等仓库和相关设施、设备。

仓库面积和相关设施、设备应当满足合格兽药区、不合格兽药区、待验兽药区、退货兽药区等不同区域划分和不同兽药品种分区、分类保管、储存的要求。

变更仓库位置，增加、减少仓库数量、面积以及相关设施、设备的，应当在变更后30个工作日内向发证机关备案。

第六条 兽药直营连锁经营企业在同一县(市)内有多家经营门店的，可以统一配置仓储和相关设施、设备。

第七条 兽药经营企业的经营场所和仓库的地面、墙壁、顶棚等应当平整、光洁，门、窗应当严密、易清洁。

第八条 兽药经营企业的经营场所和仓库应当具有下列设施、设备：

(一)与经营兽药相适应的货架、柜台；

(二)避光、通风、照明的设施、设备；

(三)与储存兽药相适应的控制温度、湿度的设施、设备；

(四)防尘、防潮、防霉、防污染和防虫、防鼠、防鸟的设施、设备；

(五)进行卫生清洁的设施、设备等；

(六)实施兽药电子追溯管理的相关设备。

第九条 兽药经营企业经营场所和仓库的设施、设备应当齐备、整洁、完好，并根据兽药品种、类别、用途等设立醒目标志。

第三章 机构与人员

第十条 兽药经营企业直接负责的主管人员应当熟悉兽药管理法律、法规及政策规定,具备相应兽药专业知识。

第十一条 兽药经营企业应当配备与经营兽药相适应的质量管理人员。有条件的,可以建立质量管理机构。

第十二条 兽药经营企业主管质量的负责人和质量管理机构的负责人应当具备相应兽药专业知识,且其专业学历或技术职称应当符合省、自治区、直辖市人民政府兽医行政管理部门的规定。

兽药质量管理人员应当具有兽药、兽医等相关专业中专以上学历,或者具有兽药、兽医等相关专业初级以上专业技术职称。经营兽用生物制品的,兽药质量管理人员应当具有兽药、兽医等相关专业大专以上学历,或者具有兽药、兽医等相关专业中级以上专业技术职称,并具备兽用生物制品专业知识。

兽药质量管理人员不得在本企业以外的其他单位兼职。

主管质量的负责人、质量管理机构的负责人、质量管理人员发生变更的,应当在变更后30个工作日内向发证机关备案。

第十三条 兽药经营企业从事兽药采购、保管、销售、技术服务等工作的人员,应当具有高中以上学历,并具有相应兽药、兽医等专业知识,熟悉兽药管理法律、法规及政策规定。

第十四条 兽药经营企业应当制定培训计划,定期对员工进行兽药管理法律、法规、政策规定和相关专业知识、职业道德培训、考核,并建立培训、考核档案。

第四章 规章制度

第十五条 兽药经营企业应当建立质量管理体系,制定管理制度、操作程序等质量管理文件。

质量管理文件应当包括下列内容:

(一)企业质量管理目标;

(二)企业组织机构、岗位和人员职责;

(三)对供货单位和所购兽药的质量评估制度;

(四)兽药采购、验收、入库、陈列、储存、运输、销售、出库等环节的管理制度;

(五)环境卫生的管理制度;

(六)兽药不良反应报告制度;

(七)不合格兽药和退货兽药的管理制度;

(八)质量事故、质量查询和质量投诉的管理制度;

(九)企业记录、档案和凭证的管理制度;

(十)质量管理培训、考核制度;

(十一)兽药产品追溯管理制度。

第十六条 兽药经营企业应当建立下列记录:

(一)人员培训、考核记录;

(二)控制温度、湿度的设施、设备的维护、保养、清洁、运行状态记录;

(三)兽药质量评估记录;

(四)兽药采购、验收、入库、储存、销售、出库等记录;

(五)兽药清查记录;

（六）兽药质量投诉、质量纠纷、质量事故、不良反应等记录；

（七）不合格兽药和退货兽药的处理记录；

（八）兽医行政管理部门的监督检查情况记录；

（九）兽药产品追溯记录。

记录应当真实、准确、完整、清晰，不得随意涂改、伪造和变造。确需修改的，应当签名、注明日期，原数据应当清晰可辨。

第十七条　兽药经营企业应当建立兽药质量管理档案，设置档案管理室或者档案柜，并由专人负责。

质量管理档案应当包括：

（一）人员档案、培训档案、设备设施档案、供应商质量评估档案、产品质量档案；

（二）开具的处方、进货及销售凭证；

（三）购销记录及本规范规定的其他记录。

质量管理档案不得涂改，保存期限不得少于2年；购销等记录和凭证应当保存至产品有效期后一年。

第五章　采购与入库

第十八条　兽药经营企业应当采购合法兽药产品。兽药经营企业应当对供货单位的资质、质量保证能力、质量信誉和产品批准证明文件进行审核，并与供货单位签订采购合同。

第十九条　兽药经营企业购进兽药时，应当依照国家兽药管理规定、兽药标准和合同约定，对每批兽药的包装、标签、说明书、质量合格证等内容进行检查，符合要求的方可购进。必要时，应当对购进兽药进行检验或者委托兽药检验机构进行检验，检验报告应当与产品质量档案一起保存。

兽药经营企业应当保存采购兽药的有效凭证，建立真实、完整的采购记录，做到有效凭证、账、货相符。采购记录应当载明兽药的通用名称、商品名称、批准文号、批号、剂型、规格、有效期、生产单位、供货单位、购入数量、购入日期、经手人或者负责人等内容。

第二十条　兽药入库时，应当进行检查验收，将兽药入库的信息上传兽药产品追溯系统，并做好记录。

有下列情形之一的兽药，不得入库：

（一）与进货单不符的；

（二）内、外包装破损可能影响产品质量的；

（三）没有标识或者标识模糊不清的；

（四）质量异常的；

（五）其他不符合规定的。

兽用生物制品入库，应当由两人以上进行检查验收。

第六章　陈列与储存

第二十一条　陈列、储存兽药应当符合下列要求：

（一）按照品种、类别、用途以及温度、湿度等储存要求，分类、分区或者专库存放；

（二）按照兽药外包装图示标志的要求搬运和存放；

（三）与仓库地面、墙、顶等之间保持一定间距；

（四）内用兽药与外用兽药分开存放，兽用处方药与非处方药分开存放；易串味兽药、危险药品等特殊兽药与其他兽药分库存放；

（五）待验兽药、合格兽药、不合格兽药、退货兽药分区存放；

（六）同一企业的同一批号的产品集中存放。

第二十二条 不同区域、不同类型的兽药应当具有明显的识别标识。标识应当放置准确、字迹清楚。

不合格兽药以红色字体标识；待验和退货兽药以黄色字体标识；合格兽药以绿色字体标识。

第二十三条 兽药经营企业应当定期对兽药及其陈列、储存的条件和设施、设备的运行状态进行检查，并做好记录。

第二十四条 兽药经营企业应当及时清查兽医行政管理部门公布的假劣兽药，并做好记录。

第七章 销售与运输

第二十五条 兽药经营企业销售兽药，应当遵循先产先出和按批号出库的原则。兽药出库时，应当进行检查、核对，建立出库记录，并将出库信息上传兽药产品追溯系统。兽药出库记录应当包括兽药通用名称、商品名称、批号、剂型、规格、生产厂商、数量、日期、经手人或者负责人等内容。

有下列情形之一的兽药，不得出库销售：

（一）标识模糊不清或者脱落的；

（二）外包装出现破损、封口不牢、封条严重损坏的；

（三）超出有效期限的；

（四）其他不符合规定的。

第二十六条 兽药经营企业应当建立销售记录。销售记录应当载明兽药通用名称、商品名称、批准文号、批号、有效期、剂型、规格、生产厂商、购货单位、销售数量、销售日期、经手人或者负责人等内容。

第二十七条 兽药经营企业销售兽药，应当开具有效凭证，做到有效凭证、账、货、记录相符。

第二十八条 兽药经营企业销售兽用处方药的，应当遵守兽用处方药管理规定；销售兽用中药材、中药饮片的，应当注明产地。

第二十九条 兽药拆零销售时，不得拆开最小销售单元。

第三十条 兽药经营企业应当按照兽药外包装图示标志的要求运输兽药。有温度控制要求的兽药，在运输时应当采取必要的温度控制措施，并建立详细记录。

第八章 售后服务

第三十一条 兽药经营企业应当按照兽医行政管理部门批准的兽药标签、说明书及其他规定进行宣传，不得误导购买者。

第三十二条 兽药经营企业应当向购买者提供技术咨询服务，在经营场所明示服务公约和质量承诺，指导购买者科学、安全、合理使用兽药。

第三十三条 兽药经营企业应当注意收集兽药使用信息，发现假、劣兽药和质量可疑兽药以及严重兽药不良反应时，应当及时向所在地兽医行政管理部门报告，并根据规定做好相关工作。

第九章 附则

第三十四条 兽药经营企业经营兽用麻醉药品、精神药品、易制毒化学药品、毒性药品、放射性药品等特殊药品，还应当遵守国家其他有关规定。

第三十五条　动物防疫机构依法从事兽药经营活动的,应当遵守本规范。

第三十六条　各省、自治区、直辖市人民政府兽医行政管理部门可以根据本规范,结合本地实际,制定实施细则,并报农业部备案。

第三十七条　本规范自 2010 年 3 月 1 日起施行。

本规范施行前已开办的兽药经营企业,应当自本规范施行之日起 24 个月内达到本规范的要求,并依法申领兽药经营许可证。

附录4　兽用处方药和非处方药管理办法

(2013年9月11日农业部令2013年第2号公布)

第一条　为加强兽药监督管理,促进兽医临床合理用药,保障动物产品安全,根据《兽药管理条例》,制定本办法。

第二条　国家对兽药实行分类管理,根据兽药的安全性和使用风险程度,将兽药分为兽用处方药和非处方药。

兽用处方药是指凭兽医处方笺方可购买和使用的兽药。

兽用非处方药是指不需要兽医处方笺即可自行购买并按照说明书使用的兽药。

兽用处方药目录由农业部制定并公布。兽用处方药目录以外的兽药为兽用非处方药。

第三条　农业部主管全国兽用处方药和非处方药管理工作。

县级以上地方人民政府兽医行政管理部门负责本行政区域内兽用处方药和非处方药的监督管理,具体工作可以委托所属执法机构承担。

第四条　兽用处方药的标签和说明书应当标注"兽用处方药"字样,兽用非处方药的标签和说明书应当标注"兽用非处方药"字样。

前款字样应当在标签和说明书的右上角以宋体红色标注,背景应当为白色,字体大小根据实际需要设定,但必须醒目、清晰。

第五条　兽药生产企业应当跟踪本企业所生产兽药的安全性和有效性,发现不适合按兽用非处方药管理的,应当及时向农业部报告。

兽药经营者、动物诊疗机构、行业协会或者其他组织和个人发现兽用非处方药有前款规定情形的,应当向当地兽医行政管理部门报告。

第六条　兽药经营者应当在经营场所显著位置悬挂或者张贴"兽用处方药必须凭兽医处方购买"的提示语。

兽药经营者对兽用处方药、兽用非处方药应当分区或分柜摆放。兽用处方药不得采用开架自选方式销售。

第七条　兽用处方药凭兽医处方笺方可买卖,但下列情形除外:

(一)进出口兽用处方药的;

(二)向动物诊疗机构、科研单位、动物疫病预防控制机构和其他兽药生产企业、经营者销售兽用处方药的;

(三)向聘有依照《执业兽医管理办法》规定注册的专职执业兽医的动物饲养场(养殖小区)、动物园、实验动物饲育场等销售兽用处方药的。

第八条　兽医处方笺由依法注册的执业兽医按照其注册的执业范围开具。

第九条　兽医处方笺应当记载下列事项:

(一)畜主姓名或动物饲养场名称;

(二)动物种类、年(日)龄、体重及数量;

(三)诊断结果;

(四)兽药通用名称、规格、数量、用法、用量及休药期;

(五)开具处方日期及开具处方执业兽医注册号和签章。

处方笺一式三联,第一联由开具处方药的动物诊疗机构或执业兽医保存,第二联由兽药经营者保存,第三联由畜主或动物饲养场保存。动物饲养场(养殖小区)、动物园、实验动物饲育场等单位专职执业兽医开具的处方签由专职执业兽医所在单位保存。

处方笺应当保存二年以上。

第十条　兽药经营者应当对兽医处方笺进行查验,单独建立兽用处方药的购销记录,并保存二年以上。

第十一条　兽用处方药应当依照处方笺所载事项使用。

第十二条　乡村兽医应当按照农业部制定、公布的《乡村兽医基本用药目录》使用兽药。

第十三条　兽用麻醉药品、精神药品、毒性药品等特殊药品的生产、销售和使用,还应当遵守国家有关规定。

第十四条　违反本办法第四条规定的,依照《兽药管理条例》第六十条第二款的规定进行处罚。

第十五条　违反本办法规定,未经注册执业兽医开具处方销售、购买、使用兽用处方药的,依照《兽药管理条例》第六十六条的规定进行处罚。

第十六条　违反本办法规定,有下列情形之一的,依照《兽药管理条例》第五十九条第一款的规定进行处罚:

(一)兽药经营者未在经营场所明显位置悬挂或者张贴提示语的;

(二)兽用处方药与兽用非处方药未分区或分柜摆放的;

(三)兽用处方药采用开架自选方式销售的;

(四)兽医处方笺和兽用处方药购销记录未按规定保存的。

第十七条　违反本办法其他规定的,依照《中华人民共和国动物防疫法》《兽药管理条例》有关规定进行处罚。

第十八条　本办法自2014年3月1日起施行。

附录5　兽用处方药品种目录(第一批)

一、抗微生物药

(一)抗生素类

1. β-内酰胺类:注射用青霉素钠、注射用青霉素钾、氨苄西林混悬注射液、氨苄西林可溶性粉、注射用氨苄西林钠、注射用氯唑西林钠、阿莫西林注射液、注射用阿莫西林钠、阿莫西林片、阿莫西林可溶性粉、阿莫西林克拉维酸钾注射液、阿莫西林硫酸黏菌素注射液、注射用苯唑西林钠、注射用普鲁卡因青霉素、普鲁卡因青霉素注射液、注射用苄星青霉素。

2. 头孢菌素类:注射用头孢噻呋、盐酸头孢噻呋注射液、注射用头孢噻呋钠、头孢氨苄注射液、硫酸头孢喹肟注射液。

3. 氨基糖苷类:注射用硫酸链霉素、注射用硫酸双氢链霉素、硫酸双氢链霉素注射液、硫酸卡那霉素注射液、注射用硫酸卡那霉素、硫酸庆大霉素注射液、硫酸安普霉素注射液、硫酸安普霉素可溶性粉、硫酸安普霉素预混剂、硫酸新霉素溶液、硫酸新霉素粉(水产用)、硫酸新霉素预混剂、硫酸新霉素可溶性粉、盐酸大观霉素可溶性粉、盐酸大观霉素盐酸林可霉素可溶性粉。

4. 四环素类:土霉素注射液、长效土霉素注射液、盐酸土霉素注射液、注射用盐酸土霉素、长效盐酸土霉素注射液、四环素片、注射用盐酸四环素、盐酸多西环素粉(水产用)、盐酸多西环素可溶性粉、盐酸多西环素片、盐酸多西环素注射液。

5. 大环内酯类:红霉素片、注射用乳糖酸红霉素、硫氰酸红霉素可溶性粉、泰乐菌素注射液、注射用酒石酸泰乐菌素、酒石酸泰乐菌素可溶性粉、酒石酸泰乐菌素磺胺二甲嘧啶可溶性粉、磷酸泰乐菌素磺胺二甲嘧啶预混剂、替米考星注射液、替米考星可溶性粉、替米考星预混剂、替米考星溶液、磷酸替米考星预混剂、酒石酸吉他霉素可溶性粉。

6. 酰胺醇类:氟苯尼考粉、氟苯尼考粉(水产用)、氟苯尼考注射液、氟苯尼考可溶性粉、氟苯尼考预混剂、氟苯尼考预混剂(50%)、甲砜霉素注射液、甲砜霉素粉、甲砜霉素粉(水产用)、甲砜霉素可溶性粉、甲砜霉素片、甲砜霉素颗粒。

7. 林可胺类:盐酸林可霉素注射液、盐酸林可霉素片、盐酸林可霉素可溶性粉、盐酸林可霉素预混剂、盐酸林可霉素硫酸大观霉素预混剂。

8. 其他:延胡索酸泰妙菌素可溶性粉。

(二)合成抗菌药

1. 磺胺类药:复方磺胺嘧啶预混剂、复方磺胺嘧啶粉(水产用)、磺胺对甲氧嘧啶二甲氧苄啶预混剂、复方磺胺对甲氧嘧啶粉、磺胺间甲氧嘧啶粉、磺胺间甲氧嘧啶预混剂、复方磺胺间甲氧嘧啶可溶性粉、复方磺胺间甲氧嘧啶预混剂、磺胺间甲氧嘧啶钠粉(水产用)、磺胺间甲氧嘧啶钠可溶性粉、复方磺胺间甲氧嘧啶钠粉、复方磺胺间甲氧嘧啶钠可溶性粉、复方磺胺二甲嘧啶粉(水产用)、复方磺胺二甲嘧啶可溶性粉、复方磺胺甲噁唑粉、复方磺胺甲噁唑粉(水产用)、复方磺胺氯达嗪钠粉、磺胺氯吡嗪钠可溶性粉、复方磺胺氯吡嗪钠预混剂、磺胺喹噁啉二甲氧苄啶预混剂、磺胺喹噁啉钠可溶性粉。

2. 喹诺酮类药:恩诺沙星注射液、恩诺沙星粉(水产用)、恩诺沙星片、恩诺沙星溶液、恩诺沙星可溶性粉、恩诺沙星混悬液、盐酸恩诺沙星可溶性粉、乳酸环丙沙星可溶性粉、乳酸环丙沙星注射液、盐酸环丙沙星注射液、盐酸环丙沙星可溶性粉、盐酸环丙沙星盐酸小檗碱预混剂、维生素C磷酸酯镁盐酸环丙沙星预混剂、盐酸沙拉沙星注射液、盐酸沙拉沙星片、盐酸沙拉沙星可溶性粉、盐酸沙拉沙星溶液、甲磺酸达氟沙星注射液、甲磺酸达氟沙星溶液、甲磺酸达氟沙星粉、甲磺酸培氟沙星可溶性粉、甲磺酸培氟沙星注射液、甲磺酸培氟沙星颗粒、盐酸二氟沙星片、盐酸二氟沙星注射液、盐酸二氟沙星粉、盐酸二氟沙星溶液、诺氟沙星粉(水产用)、诺氟沙星盐酸小檗碱预混剂(水产用)、乳酸诺氟沙星可溶性粉(水产用)、乳酸诺氟沙星注射液、烟酸诺氟沙星注射液、烟酸诺氟沙星可溶性粉、烟酸诺氟沙星溶液、烟酸诺氟沙星预混剂(水产用)、噁喹酸散、噁喹酸混悬液、噁喹酸溶液、氟甲喹可溶性粉、氟甲喹粉、盐酸洛美沙星片、盐酸洛美沙星可溶性粉、盐酸洛美沙星注射液、氧氟沙星片、氧氟沙星可溶性粉、氧氟沙星注射液、氧氟沙星溶液(酸性)、氧氟沙星溶液(碱性)。

3. 其他：乙酰甲喹片、乙酰甲喹注射液。

二、抗寄生虫药

(一) 抗蠕虫药：阿苯达唑硝氯酚片、甲苯咪唑溶液(水产用)、硝氯酚伊维菌素片、阿维菌素注射液、碘硝酚注射液、精制敌百虫片、精制敌百虫粉(水产用)。

(二) 抗原虫药：注射用三氮脒、注射用喹嘧胺、盐酸吖啶黄注射液、甲硝唑片、地美硝唑预混剂。

(三) 杀虫药：辛硫磷溶液(水产用)、氯氰菊酯溶液(水产用)、溴氰菊酯溶液(水产用)。

三、中枢神经系统药物

(一) 中枢兴奋药：安钠咖注射液、尼可刹米注射液、樟脑磺酸钠注射液、硝酸士的宁注射液、盐酸苯噁唑注射液。

(二) 镇静药与抗惊厥药：盐酸氯丙嗪片、盐酸氯丙嗪注射液、地西泮片、地西泮注射液、苯巴比妥片、注射用苯巴比妥钠。

(三) 麻醉性镇痛药：盐酸吗啡注射液、盐酸哌替啶注射液。

(四) 全身麻醉药与化学保定药：注射用硫喷妥钠、注射用异戊巴比妥钠、盐酸氯胺酮注射液、复方氯胺酮注射液、盐酸赛拉嗪注射液、盐酸赛拉唑注射液、氯化琥珀胆碱注射液。

四、外周神经系统药物

(一) 拟胆碱药：氯化氨甲酰甲胆碱注射液、甲硫酸新斯的明注射液。

(二) 抗胆碱药：硫酸阿托品片、硫酸阿托品注射液、氢溴酸东莨菪碱注射液。

(三) 拟肾上腺素药：重酒石酸去甲肾上腺素注射液、盐酸肾上腺素注射液。

(四) 局部麻醉药：盐酸普鲁卡因注射液、盐酸利多卡因注射液。

五、抗炎药

氢化可的松注射液、醋酸可的松注射液、醋酸氢化可的松注射液、醋酸泼尼松片、地塞米松磷酸钠注射液、醋酸地塞米松片、倍他米松片。

六、泌尿生殖系统药物

丙酸睾酮注射液、苯丙酸诺龙注射液、苯甲酸雌二醇注射液、黄体酮注射液、注射用促黄体素释放激素A2、注射用促黄体素释放激素A3、注射用复方鲑鱼促性腺激素释放激素类似物、注射用复方绒促性素A型、注射用复方绒促性素B型。

七、抗过敏药

盐酸苯海拉明注射液、盐酸异丙嗪注射液、马来酸氯苯那敏注射液。

八、局部用药物

注射用氯唑西林钠、头孢氨苄乳剂、苄星氯唑西林注射液、氯唑西林钠氨苄西林钠乳剂(泌乳期)、氨苄西林钠氯唑西林钠乳房注入剂(泌乳期)、盐酸林可霉素硫酸新霉素乳房注入剂(泌乳期)、盐酸林可霉素乳房注入剂(泌乳期)、盐酸吡利霉素乳房注入剂(泌乳期)。

九、解毒药

(一)金属络合剂:二巯丙醇注射液、二巯丙磺钠注射液。

(二)胆碱酯酶复活剂:碘解磷定注射液。

(三)高铁血红蛋白还原剂:亚甲蓝注射液。

(四)氰化物解毒剂:亚硝酸钠注射液。

(五)其他解毒剂:乙酰胺注射液。

附录6　兽用处方药品种目录(第二批)

序　号	通　用　名　称	分　　类	备　　注
1	硫酸黏菌素预混剂	抗生素类	
2	硫酸黏菌素预混剂(发酵)	抗生素类	
3	硫酸黏菌素可溶性粉	抗生素类	
4	三合激素注射液	泌尿生殖系统药物	
5	复方水杨酸钠注射液	中枢神经系统药物	含巴比妥
6	复方阿莫西林粉	抗生素类	
7	盐酸氨丙啉磺胺喹噁啉钠可溶性粉	磺胺类药	
8	复方氨苄西林粉	抗生素类	
9	氨苄西林钠可溶性粉	抗生素类	
10	高效氯氰菊酯溶液	杀虫药	
11	硫酸庆大-小诺霉素注射液	抗生素类	
12	复方磺胺二甲嘧啶钠可溶性粉	磺胺类药	
13	联磺甲氧苄啶预混剂	磺胺类药	
14	复方磺胺喹噁啉钠可溶性粉	磺胺类药	
15	精制敌百虫粉	杀虫药	
16	敌百虫溶液(水产用)	杀虫药	
17	磺胺氯达嗪钠乳酸甲氧苄啶可溶性粉	磺胺类药	
18	注射用硫酸头孢喹肟	抗生素类	
19	乙酰氨基阿维菌素注射液	抗生素类	

附录7 兽用处方药品种目录(第三批)

序号	通用名称	分类	备注
1	吉他霉素预混剂	抗生素类	
2	金霉素预混剂	抗生素类	
3	磷酸替米考星可溶性粉	抗生素类	
4	亚甲基水杨酸杆菌肽可溶性粉	抗生素类	
5	头孢氨苄片	抗生素类	
6	头孢噻呋注射液	抗生素类	
7	阿莫西林克拉维酸钾片	抗生素类	
8	阿莫西林硫酸黏菌素可溶性粉	抗生素类	
9	阿莫西林硫酸黏菌素注射液	抗生素类	
10	盐酸沃尼妙林预混剂	抗生素类	
11	阿维拉霉素预混剂	抗生素类	
12	马波沙星片	合成抗菌药	
13	马波沙星注射液	合成抗菌药	
14	注射用马波沙星	合成抗菌药	
15	恩诺沙星混悬液	合成抗菌药	
16	美洛昔康注射液	抗炎药	
17	戈那瑞林注射液	泌尿生殖系统药物	
18	注射用戈那瑞林	泌尿生殖系统药物	
19	土霉素子宫注入剂	局部用药物	
20	复方阿莫西林乳房注入剂	局部用药物	
21	硫酸头孢喹肟乳房注入剂(泌乳期)	局部用药物	
22	硫酸头孢喹肟子宫注入剂	局部用药物	

参考文献

[1] 陈杖榴,曾振灵.兽医药理学[M].4版.北京:中国农业出版社,2017.

[2] 贺生中,李荣誉,裴春生.动物药理[M].北京:中国农业大学出版社,2011.

[3] 中国兽药典委员会.中华人民共和国兽药典(2020年版)[M].北京:中国农业出版社,2020.

[4] 陈桂先,谢麟.兽药问答(1100问)[M].北京:化学工业出版社,2008.

[5] 张穹,贾幼陵.兽药管理条例释义[M].北京:中国农业出版社,2005.

[6] 路燕,郝菊秋.动物寄生虫病防治[M].2版.北京:中国轻工业出版社,2017.

[7] 陆承平.兽医微生物学[M].3版.北京:中国农业出版社,2001.

[8] 梁运霞,宋冶萍.动物药理与毒理[M].北京:中国农业出版社,2006.

[9] 张玉仙,王文利.动物药理[M].北京:科学出版社,2013.